IS MATHS REAL?

How simple questions lead us to mathematics' deepest truths

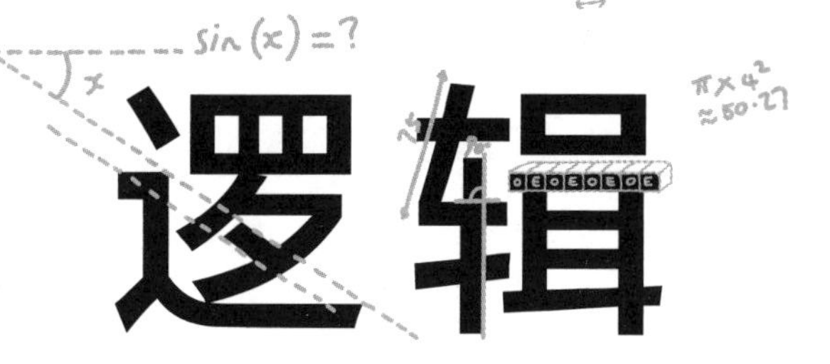

[英] 郑乐隽 著 崔凯 译

中信出版集团 | 北京

图书在版编目（CIP）数据

数学的逻辑 /（英）郑乐隽著；崔凯译 . -- 北京：
中信出版社，2024.3
ISBN 978-7-5217-6313-3

Ⅰ . ①数… Ⅱ . ①郑… ②崔… Ⅲ . ①数学－普及读
物 Ⅳ . ① O1-49

中国国家版本馆 CIP 数据核字（2024）第 008324 号

数学的逻辑

著者：　［英］郑乐隽
译者：　崔凯
出版发行：中信出版集团股份有限公司
（北京市朝阳区东三环北路 27 号嘉铭中心　邮编　100020）
承印者：　三河市中晟雅豪印务有限公司

开本：787mm×1092mm 1/16　　印张：23　　字数：245 千字
版次：2024 年 3 月第 1 版　　印次：2024 年 3 月第 1 次印刷
京权图字：01–2024–0139　　书号：ISBN 978–7–5217–6313–3
定价：69.00 元

服务热线：400–600–8099
投稿邮箱：author@citicpub.com

致所有数学成绩不佳的人。

你没有让数学不及格：是数学让你不及格。

目录

前言

我上学的时候，最喜欢的一门课程就是制作毛绒玩具。我做过一只毛茸茸的鬈毛狗，和一只耷拉着天鹅绒般的耳朵、懒洋洋的小幼犬。我喜欢整个制作过程，从裁剪每一个形状，看着它们如何被神奇地拼凑成一个动物的样子，到把它们缝在一起，从内向外翻过来那神奇的一刻，以及塞进填充物后就像赋予它生命的愉悦过程。

你完全可以去买一个毛绒玩具，为什么还要自己做呢？几乎所有东西都有现成的产品，你为什么还要自己动手呢？

有时候是因为我们自己做出来的东西更好，我觉得自己做的蛋糕比从外面买来的更好吃。但有时候我们自己做的东西从客观上说算不上“更好”。我很喜欢弹钢琴，但是播放一张唱片或者去听一场音乐会，的确能让我享受到“更好”的音乐。我有时候甚至喜欢自己做衣服，尽管做出来的东西实属粗制滥造。

还有可能是因为便宜，自己剪头发要便宜得多，我就是这么做的，尽管专业理发师的作品看起来“更好”。

但是通常，自己动手会带来一种满足感。对我来说，食物、音乐、衣服都是如此，当然，不同的人会对不同的事物产生满足感。用另一种方式来阐述这个问题，或许就像徒手攀岩（我可做不来），不借助氧气瓶登上珠穆朗玛峰（不是我的专长），或者划船横渡大西洋（还是找别人吧）。抑或你要踏上露营探险之旅，你需要背上所有的东西，包括食物和帐篷，这样你就可以在野外享受一段自给自足的生活。

对我来说，数学就相当于自己动手制作一些东西：我自己来创造真理。仿佛是在思想的荒原中过着自给自足的生活。在我看来，这是一个充满兴奋、挫折、敬畏又极其愉悦的过程，这也是我接下来要讲述的事情。

我想要说说数学的“感觉”，而且不打算借助通常人们对它的理解方式。我会描述数学广阔的一面，它的创造性、想象力、探索性，以及能让我们去追求梦想、遵从内心的直觉、感受到理解的乐趣的那一部分数学，这就像驱散迷雾，重见阳光。

这不是一本数学教科书，也不是一本数学历史书，而是一部数学情绪手册。

数学在不同的人群中会引发不同的情绪反应。对有些人来说，它基本上代表了恐惧和愚笨的回忆。我想用一种不同的情感来展示数学。

有些人喜欢数学，有些人讨厌数学，可惜的是，有些数学热爱者谈论它的方式让那些不喜欢数学的人更讨厌它了。可以说，人们喜欢数学有两个截然不同的原因。有些人喜欢它是因为他们觉得数学有极为清晰的正误之别，他们很容易就能找到正确的答案，这让他们觉得自己很聪明。有些人讨厌数学也基于同样的原因，只不过出于一个相反的逻辑：数学有明确的正误之别，但是他们很难找到正确的答案，这让他们觉得自己很愚蠢。或者，更准确地说，那些轻松找到正确答案的人让很难找到正确答案的人觉得自己很愚蠢。而且，这些人甚至不喜欢正误之别这个概念。生活中充满了各种微妙的差异，他们不认为那些非黑即白的东西能捕捉到他们生活中最有趣的东西。

然而，这种非黑即白的僵化世界观仅仅是对数学的一种极为狭隘的理解。抽象的数学其实并没有明确的正误之别，尤其是在研究层面上，但毕竟只有极少数人能达到这个层面并见证它的真面目。一个非常有趣的现象是，数学家热爱数学的原因其实与数学厌恶者讨厌它的原因一样：他们喜爱数学的精妙之处和细微差别，并用它们来表述、探索生活中最有趣的东西。从根本上说，数学逻辑体现的不是一个不明确的答案，而是一个可以不断让我们在其中探索各类真相的世界。

所以有一个奇怪的结果：专业数学家和数学厌恶者对数学所秉持的态度极为相似。只不过前者的态度往往会得到鼓励和赞扬，而后者经常遭到鄙视甚至嘲笑，他们可能永远不会发现他们的思想和感觉与专业数学家是多么接近。

数学的客观现实与人们对数学的认知之间存在一定的差距，我希望能缩小这个差距。有太多的人出于一些不必要的原因对数学产生了反感情绪，也有太多的人觉得自己很愚蠢，就因为他们提出了一些听起来非常基础但实际上非常重要且深奥的数学问题，或者他们被告知不该提出这些实际上非常有趣的数学专业问题。我想要尝试回答这些问题，但更重要的是，我想要验证并赞扬这种渴望深入探究而不是盲目接受数学事实的精神。这非常重要，因为数学的全部意义就在于不要把任何事情视为理所当然。

我的目的不是要传播数学的福音，也不打算劝说所有的人都爱上数学。不同的事物对不同的人有不同的吸引力和阻力，因此没有一个解决方案能让所有人都爱上这门学科。我的目的仅仅是阐明数学究竟是什么样子的，破除围绕数学的那些迷思，消除人们的误解，避免由于错误的认知而产生的对数学的反感。如果你看到数学的本质但仍然兴味索然，那也凭你裁夺——我们不需要让所有人都喜欢上同一样东西。我只是觉得很遗憾，有那么多人仅仅看到了数学极为狭窄、缺乏想象力、独断专行的一面，容不下任何个人见解和好奇心的一面，就转身离去了。

个人投入感对我来说非常重要。有时候，尤其是当一天漫长的授课结束之后，疲劳感让我实在不愿动手做晚餐，尽管大多数情况下晚餐都是现成的，只需要打开一包意大利面煮熟就可以了。但是，我永远不会因为劳累而不愿意自己做蛋糕。我意识到这都是个人投入所致。我或许没有力气去做那些让我感觉既没有个人投入也没有创造力的事情，但我依然有力气去做一些虽然烦琐，却包含了更多个人投入和创造力，从而让我感到值得去做的事情。

这也是人们对数学望而却步的原因之一。如果你喜欢在一件事情上投入更多的精力和创造力，那么遵循既定公式的常规数学问题肯定不是那么有趣，因为你无须投入太多的精力。你可能更愿意花时间用培乐多彩泥做一套微缩茶具，就像我的班上一位艺术系学生在我们使用培乐多彩泥做数学练习时所做的那样，我告诉他们，在讨论时还可以继续使用这些彩泥。

在数学课上，我们经常会对部分学生的表现感到担忧。因为我们总想让这些学生把所有事情都“做对”、做准确，以确保他们能胜任将要从事的数学研究和相关专业工作，但事实上，基础数学课堂中的大部分学生将来并不会从事这类工作。试图让每个人都达到数学专业工作的标准水平，就像以专业厨师的水准教孩子们做饭。所以我们最好还是（我觉得无论是教数学还是教做饭）给他们展示尽可能多的可能性，培养他们的兴趣和好奇心，并充分相信他们在需要的情况下有能力学习更高深的技能。

每当我提起这件事时，总会有人举起手来说：“但是有一些基本的数学技巧在日常生活中是至关重要的呀！”我想的确如此，但或许没那么多，也没那么重要。很多令数学变得“至关重要”的生活场景其实大都是臆想中的产物。不管怎样，我们都会教给学生很多根本不重要的知识，我们需要权衡一下，我们用枯燥无味、画地为牢的方式让很多人对数学望而却步，为此付出的代价是否真的值得。

数学看似源自一套僵硬的规则，难怪它总会让人退避三舍。但实际上，数学源于好奇心，它来自人类本能的好奇心理，以及人们不满足于既有答案，试图进行更深入探索的欲望。也就是说，它来自问题。

你是否曾经提出过一些数学问题，之后被人嘲笑那是愚蠢的问题？孩子们也会提出很多天真的问题：数学是真实的吗？它来自哪里？我们怎么知道它是正确的？遗憾的是，人们大都不被鼓励提出这些问题，还被告知这些问题很“愚蠢”。但是数学的世界里没有愚蠢的问题。实际上，这些“愚蠢”的问题恰恰是数学家皓首穷经想要搞清楚的事情，也是推动数学研究、突破人类数学认知极限的动力。

似乎数学存在的意义就是要回答一些问题，但是数学研究最重要的一个方面其实是如何提出问题。在本书中，我会讲述这些貌似天真、模糊、幼稚、简单或混乱的问题是如何把我们引向最深奥的数学研究课题的。这些问题所代表的一些品质往往让我们无法与数学联系到一起：创造力、想象力、打破规则、娱乐性。

我们应当鼓励人们提出这类问题，而不是压制他们。

如果我们让学生感到他们不应该提出这些问题，那就等于告诉他们数学是一门僵化、专横的学科，容不得任何质疑，然而，这与数学的本质截然相反。数学的全部意义在于，它建立在极为缜密的基础之上，正是为了经受住深层次的质疑，所有的质疑。如果我们无法回答某些问题，作为数学家的本能反应不是压制这些问题，而是做更多的数学运算来找到这些问题的答案。

这就是为什么问题能把我们引向深奥的数学研究。

当你作为一名博士生开始从事专业领域的研究时，最困难的一件事就是该从哪个问题着手，这也往往是导师要扮演的最重要的角色之一。根据我在抽象范畴论领域所从事的研究，大部分工作都是首先弄清楚我们到底在问什么问题。在学校的数学课上，我们过分强调如何回答问题，忽视了如何提出问题。我曾经在网络上搜索“孩子们提出的最好的数学问题”，得到的结果都是如何给孩子们提出最好的数学问题。仿佛所有人都觉得我们只需要提出问题让孩子们来回答，这可真是大错特错。

我想鼓励并认可提出问题的行为，尤其是那些你一直想问但从未得到解答的问题，那些在人们口中不重要的问题，那些让人们说你只要认真做好作业就能知道答案的问题，那些让你感觉自己没有“数学脑筋”因为考试成绩优秀的人从来不会提出的问题，那些拖慢你前进的脚步因为你不想照猫画虎写下正确答案的问题。这本书就是关于这些问题的，因为它们是数学最深层形式的基础。我并不打算讨论一种通过加加减减就能得到答案的数学，或者找出三角形的一个角是多少度，计算某个随机图形的面积，或者只是为了取得一个好分数而解开某个毫无意义的方程。我所关注的，是那种推动研究人员投身抽象数学前沿的数学，是那种值得投入半生精力去理解的数学，是历经成百上千年人们依然一知半解的数学，是似乎对我们日常生活没有直接影响的数学，是无法立即解决某些具体问题、造出某种新机器的数学，是主要存在于我们大脑中的数学。

这样的数学是真实的吗?

我在学校中制作的毛茸茸的小狗是真实的吗？当然，它们不是真的小狗，它们都是不折不扣的毛绒玩具。

数学并不完全是“真实的生活”，但它依然是真实的。它是真实的思想、真实的见解，并能引发真实的理解力。我喜欢它给我的清晰与明确，也很遗憾地看到这样的特征有时会把它变成一个非黑即白的概念，而不是一门兼顾模糊性的学科。对于产生这种印象的人我怀有深深的同情，因为数学经常给人留下这样的印象，我在学校的数学课上也有这种体会。

下图表示随着时间的推移我对数学的喜爱程度，或者我对数学课的喜爱程度。

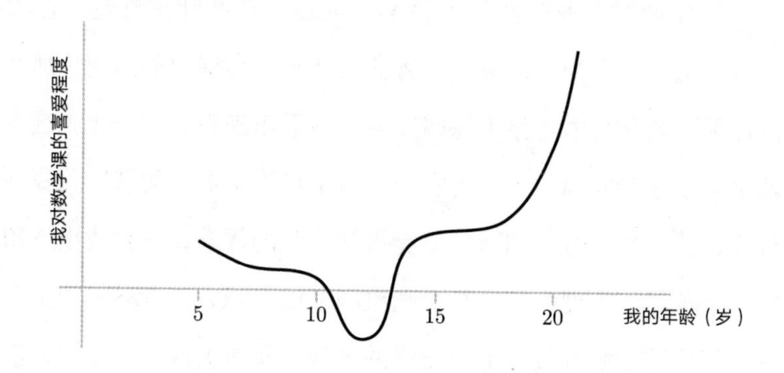

在我 5 岁刚知道数学是怎么回事时，我就爱上了它。但我和它的感情在小学阶段不断恶化，到了初中我开始彻底厌恶这门学科，因为我觉得它既乏味又迂腐。我一点儿也不责怪我的老师，这都是课程设置和考试制度的问题。在我开始接触少许高等数学之后，情况有了一些改观，尤其是普通中等教育证书（GCSE）的研究项目令我对数学钟爱有加。那都是一些开放性的课题，每个学期需要花费几周的时间来完成。我们从一个结构严谨的问题出发，独立探索由它引发的无限可能性。之后我开始学习 A-Level 进阶数学，我非常喜欢纯粹数学的一些内容，特别是抽象代数、归纳证明、极坐标

（我在本书后面会提到这些内容）。直到我上了大学，事情才真正开始好转。等到我开始攻读博士学位时，我对数学的喜爱程度已经超过了图表所能表示的范围。当然，那个时候我们已经不再上课，而是通过阅读、集体讨论、参加研讨会来学习。

但实际上，我对数学的喜爱随着时间的推移并没有发生改变，或许我应该在上图中画一条恒定的水平线，远远高于我喜爱数学课的曲线。我很幸运，小时候母亲就让我看到了数学极为有趣、神秘、令人兴奋又令人难以置信的一面，与课本里的内容完全不同。这让我有了一个坚定的信念：数学不仅仅是课本里的东西，而且是一门有趣、神秘、令人兴奋又令人难以置信的学问。我对它的喜爱从未动摇过。我知道，很多人都没有一个能把他们领进数学这扇大门并耐心解答他们天真问题的母亲，所以他们对数学的喜爱或许就像我一样跌到了谷底，再也没有攀上高峰。这也是我希望我们能改变的一点。

我想帮助那些数学厌恶者克服他们的恐惧（也许还有创伤），了解一下数学家为什么如此喜爱数学，这与仅仅“喜欢数字”或乐于找到正确的答案大不相同。我想要解释清楚，人们厌恶数学的原因是非常不幸的，并不是基于数学真正的本质。我想要说明，那些天真、开放、“愚蠢”的数学问题绝对是有意义的，它们都是好问题，这样的问题在数学研究过程中是不可或缺的。我想要告诉你，如果你觉得自己不擅长数学，或者在学校里被认为数学成绩很糟糕，那么完全有可能你只是在探寻对数学更深层次的理解，而身边没有人能帮助你达到那个水平。我还要讲一讲真正的数学研究是什么样的：在数学的世界里探索，在神秘的底层丛林里渐渐深入，不断发掘更深奥的真理。

在每一个章节的开始，我都会提出一个貌似天真、有时也被视为“愚蠢”的问题，之后我会讲述对这个问题的深入探究将如何把我们引向一项重要的数学研究，通常是整个研究领域。这是一个缓慢探索的过程，需要拨开底层树丛看看下面还有些什么。有时候我们似乎不得不后退几步才能更清楚地了解我们究竟在做什么。有时我们也可能看起来只是迈出了很小的一步，却在某个瞬间发现我们其实已经越过了一座高山。所有这一切都会令人不安，但是接受少许智力上的不适感（有时候是很多）是在数学研究中取得进展的重要一步，这种不适感往往是发展和成长的起点。有时候我们还会有眩晕感，尤其是当我们发现自己的直觉与严密的逻辑推理结论出现巨大的差异，或者两种不同的直觉之间也存在差异时，就像我在新冠病毒感染疫情隔离两年后第一次看到一个朋友一样，感觉才分别一日，又恍若隔世。

我会从广义的数学概念讲起，然后逐步聚焦，首先讨论数学中一些具体的问题，然后讲述一些故事。所以前 4 章都是有关数学的常规概念：数学从哪里来（第 1 章），数学的逻辑（第 2 章），为什么要学习数学（第 3 章），什么是好的数学（第 4 章）。之后我会讨论数学的某些具体层面：字母（第 5 章）、公式（第 6 章）和图形（第 7 章）。

在第 8 章，我会讲一些小故事。先从幼稚的问题谈起，然后讲述数学家如何将这些问题与现有的知识结构联系起来，从深层次的数学研究中寻找问题的答案。

我将试着描述跟随直觉探索曲折复杂的数学思想，而不是奉命在有限时间内抵达目的地是什么样的感觉。抱着尽快抵达另一边的心理穿越一片森林，与学习如何穿越森林、欣赏沿途的生物并观察林下的灌木丛是完全不同的两件事。前者有其必要性，但后者具有更广泛的目的性，后者的过程更漫长、更艰苦，但有可能更容易获得满足感。我当然觉得自由探索一片广袤的土地更有满足感、更有乐趣，也更有启发性。正如我将要解释的那样，这样的方式甚至能在日常生活中让我受益，它比从事具体的工作，比如分摊账单或报税，具有更广泛的意义，因为它能让我用更清晰的头脑思考周围的一切。

或许，在能被简单描述、清晰定义的具体用途和难以界定、领域宽泛、相对普遍的适用性之间存在一些矛盾。但是难以界定并不意味着我们可以置之不理，恰恰相反，难以界定的事物往往是最值得我们关注的事物。这些都不是可以简单记忆、轻松背诵的数学事实，而是深奥的真理。

所以，本书探索的就是有关数学逻辑的真理，或者更准确地说，它是有关我们如何抵达数学逻辑的真理。真理本身固然重要，但是我想说的是，我们如何获得这些真理更重要，正如一句古话所说，“授人以鱼不如授人以渔”。如果我告诉你一些深奥的数学真理，那么我给予你的只是这些真理。但是如果我告诉你如何获得数学真理，那么所有的数学真理都会为你所用。从表面上看，本书呈现了一些具体的问题和答案，但是在更深的层次、更重要的层面上，本书讲述的是问题如何带领我们踏上一段征途，这条路把我们引向哪里，我们为什么要走上这条路，以及我们在沿途都看到了什么。

乍一看，数学似乎就是为了获得正确的答案，但实际上它是一个关于探索和发现的过程，是通往数学真理的过程，也是让我们知道是否已经掌握真理的过程。这段漫长的旅程始于好奇心，而好奇心以问题的形式表现出来。

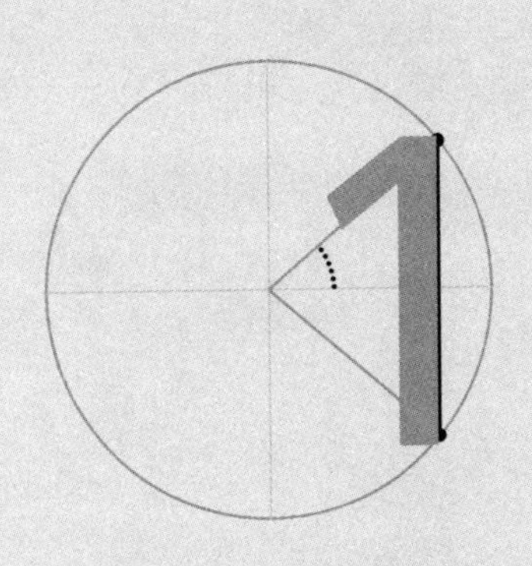

数学从哪里来

为什么 1 + 1=2？

对于这个问题，一个可能的回答是：“因为它就是这样！”它所隐含的意思是：“因为我就是这么说的！”这是一个让一代又一代孩子无比沮丧的回答。“因为我就是这么说的”意味着有那么一个高高在上的权威人物在制定规则，他可以随心所欲地使用他的权威而不需要解释任何理由，其他人必须臣服于这些规则。

由此产生沮丧感其实并不奇怪。实际上，数学所包含的一股强大冲动就是要打破所有的规则，找出这些规则不适用的阴暗场景，以表明所谓的权威人物其实并不像他们想象的那么有权威。

数学似乎是一个你不得不去遵守的规则世界，难怪它会给人僵化、枯燥之感。相比之下，我对数学的热爱源于我对打破规则的热爱，或者至少是对推动规则改变的热爱。这种行为经常让我产生一种羞怯感，因为我就像个永远都长不大的少年。我对数学的热爱还因为我总是对所有的事情问一个“为什么”，这更让我觉得自己就像个长不大的孩子。然而，恰恰是这两股冲动推动了人类认知的不断进步，尤其是对数学的理解，它们可以说是数学重要的起源。这一章我们就来谈谈这个问题。

我想强调一点，在日常生活中我是个奉公守法的人，因为我明白规则代表着群体的凝聚力，是社会安全的重要保障。我相信这些规则，也不介意遵守那些有明确目的性的规则。然而我不相信那些武断专横的规则，它们往往没有正当理由，或者我不相信它们所谓的正当理由。比如，“你必须每天整理好自己的床铺”（我实在不喜欢做这件事），或者“绝对不要用微波炉熔化巧克力”（这的确容易把事情搞糟，但只要你每隔 15 秒钟搅拌一次，我发现它是没有问题的）。

所以，我想去探究数学那些显而易见的“规则”来自哪里，以及数学这个概念来自哪里。我会尝试描述，它如何从一粒种子以自然的过程成长为参天大树。所谓种子，就是我们每个人，尤其是孩子，经常会提出的那些幼稚的问题，比如为什么“1 + 1=2”，而且不会在知道答案之后心满意足地离开。就像任何植物的种子一样，它们也需要以正确的方式去培养，需要肥沃的土壤、足够的空间来伸展它们庞大的根系，当然还需要营养。不幸的是，我们这些幼稚的问题往往没有以这种方式得到足够的滋养，而是被贴上“愚蠢”的标签丢在一旁。在数学研究中，深刻与幼稚问题之间的差别或许就在于不同的滋养方式，也就是说，它们本无差别，都是同样的种子。

不喜欢数学的人经常被那些明显带有专横意味的结论困扰，即宣称什么东西就是正确答案，而没有任何解释：“1 + 1 就是等于

2！”然而，探究某些结论背后的原因让我们有机会构建起数学强大的基础，使其具有清晰的脉络和缜密的论证过程。有些人觉得清晰性和可靠性令人心神愉悦，其他人则感觉到一种约束感和强迫感。但是类似于“为什么 1 + 1 = 2”的问题让我们有机会发现，数学其实并没有明确的正确答案，而是在不同的背景下，不同的事情可能是真的。这将引导我们探索数字最初从何而来，算术概念的起源，以及我们如何把这些概念应用到其他数学问题，比如图形问题上。它涉及数学发展过程中很多重要的主题，从建立事物之间的联系开始，认真对待抽象的概念，然后一点一点扩展我们的思维过程，以涵盖我们周围更多的世界。

与其思考“为什么 1 + 1 = 2”，我们还不如先深入一步，思考一下这个等式是否在所有条件下都成立。

突破限制

儿童的天性似乎就是喜欢寻找反例。所谓反例，就是证明某件事不正确的真实案例。宣称某事永远正确就像为其构筑了一道高墙，而寻找与之矛盾的例子就像为推倒这道高墙而付出的努力。这是一种重要的数学学科发展动力。

要想了解孩子们对 1 + 1 这个概念的认知，你可以尝试询问：“如果我给你一块蛋糕，再给你一块蛋糕，那么现在你有几块蛋糕？”但他们有可能会兴高采烈地说：“一块都没有，因为我把它们都吃掉了。”也有可能会说：“一块都没有，因为我不喜欢蛋糕。”

父母们在互联网上贴出的无忌童言，总让我觉得兴味盎然。我最喜欢的一段对话是，当被问“乔有 7 个苹果，他用其中的 5 个苹果做了一个苹果派，他还剩下几个苹果”时，我朋友的孩子说：“他已经把苹果派吃掉了吗？”我喜欢那些在道理上正确的答案，而不是那些被公认为正确的答案。这是数学非常重要的一个层面，儿童的思维过程往往会揭露一些极为重要却经常被忽视的数学天性，也就是挑战不公正权威的天性。

孩子们挑战权威，或许是因为他们有意探索某些事物的边界，也可能是因为他们想寻找一种自我意识，毕竟这个世界没有留给他们太多的话语权。我清晰地记得在小时候，遵照大人们的指示做事是多么令人沮丧。而对某个成年人提出的具有引导性的问题，最有趣的回应方式是将问题的前提一举推翻，比如我会说我根本不喜欢蛋糕。

从某种程度上说，这样的回答有点儿恶作剧和破坏性的味道，但我觉得这也算是一种数学的动力。的确，数学或许就是某种恶作剧和破坏性的行为。换一种方式来说，数学就是在探寻事物的边界，就和孩子们的行为一样。我们想要搞清楚令某些事物为真的具体边界，这样我们就可以确定何时处于“安全”区域，然后在好奇心和勇气的驱使之下去探索更广阔的外部世界。这就像一个蹒跚学步的孩子有意跑远，想看看自己究竟跑到哪里才能让大人来追他们。思考 1 + 1 不等于 2 的成立条件就是一个绝佳的例子。

如果我说“我不是不累”，那就是说“我的确很累”。于是有的孩子发明了一个有趣的游戏，说“我不是不是不是不是不是不是不是不是不是不是不累”，进而变得有些歇斯底里，因为他们知道谁也记不住他们究竟说了几次“不是”。这让我想起了一道令人发狂的数学题，那是一个冗长、烦琐的计算过程，学生们很容易在负号上犯错。批改作业的痛苦之处在于，如果学生犯了2次错误，或者更糟糕犯了4次错误，他们的答案将是正确的。但是在数学的世界里，答案正确不是唯一的标准，过程也必须正确（下一章我会讨论这个问题），所以我不得不仔细查看每一个计算过程。

另一个让 1 + 1 = 0 的场景，就是所有的一切都已经是零。就像我小时候的那些糖果：我天生对人工色素过敏，而当时所有的糖果都含有人工色素，所以不管有多少糖果，对我来说都等于零。

有时候，四舍五入的误差也会导致 1 + 1 大于 2。如果我们只讨论整数，那么 1.4 被视为 1（最接近的整数），两个 1.4 就是 2.8，应被视为 3（最接近的整数）。所以在四舍五入的世界里，1 + 1 有可能等于 3。一个与此相似但稍有不同的情形是，如果你手里的钱只够买一杯咖啡，你的朋友也只带了够买一杯咖啡的钱，但把你们俩的钱合起来，或许可以买到第三杯咖啡，因为如果你们每个人手里的钱是一杯咖啡价格的 1.5 倍甚至 1.9 倍，你们就足够买 3 杯咖啡了。

有时候 1 + 1 大于 2 与繁殖有关。比如，你把一只公兔子与一只母兔子放在一起，之后你很有可能得到一大群兔子。还有可能是你把相对复杂的事物加在了一起，如果一对网球运动员与另一对网球运动员对垒，那么不同的排列组合会出现两对以上的网球运动员。如果第一对是 A 和 B，第二对是 C 和 D，我们就会有以下几种组合：AB、AC、AD、BC、BD、CD。所以一对网球运动员加另一对网球运动员就等于 6 对网球运动员。

有时候 1 + 1 = 1：你把一堆沙子放在另一堆沙子上，结果还是一堆沙子。或者，就像我的一位艺术系学生指出的那样，如果把一种颜料与另一种颜料混合在一起，你只能得到一种颜色。或者，我曾经看到一个有趣的网络视频，如果你把一块意大利千层面放在另一块上面，它还是一块意大利千层面（只不过高一些）。

一个稍有不同的 1 + 1 = 1 的场景是，如果你有一张优惠券，买一杯咖啡可以免费得到一个甜甜圈，但每人仅限使用一张优惠券，那么即使有两张优惠券，你也只能得到一个甜甜圈（除非你把它送给别人）。或者你在火车上按下“开门”键，不管按多少次，效果都与按一次相同。至少它对列车开门的效果是一样的，但就你可以表达沮丧心情的程度而言可能有所不同，也许这就是为什么总有人站在那里不停地按。

现在，你或许觉得以上情形根本不是 1 + 1 不等于 2 的真正原因，因为它们都不是真正意义上的“相加”，或者相加的不是真正的数字，还可能是其他一些牵强附会的原因。你当然可以这样想，但这并非数学的本质。

而数学探讨的就是这些场景背后的意义。我们来看看事情按这种趋势发展的后果是什么，还有哪些与此类似的情况。让我们更清楚地了解 1 + 1 等于 2 以及不等于 2 的条件，这样我们就能比以前更深入地了解这个世界。

这就是数学的起源。为了探索 1 + 1 等于或不等于 2 的情形，我不希望仅仅去挖掘这个等式的起源，也想一路探究数学的起源。

数学的起源

数学源于人们想要更好地理解事物。为了更好地理解事物，我们会找到一种更容易的思考方式。一种方法是忽略困难的部分，但更好的方法是秉持这样一种观点，即让我们专注于与我们当前相关的部分，同时不要完全忘记其他部分的存在。

这有点儿像给照相机镜头配上一个滤镜，暂时让我们关注某一类颜色，之后再换上另一个滤镜关注其他颜色。或者就像在炖菜的过程中盛出锅里的水，让汤汁变少、变浓稠，当然你不会丢掉这些水，之后还会将其放回锅里。

数学最广为人知的起点是数字。大多数孩子最初接触数学，或者他们对数学的第一印象是数字，甚至很多人对数学留下的最后的印象也是数字。然而数学不仅仅关乎数字，虽然它呈现出数字的形态，但其实这门学科并不是为了研究数字。更准确地说，它是我们从自己的世界进入数字世界的过程，以及我们在这个过程中的收获。

数学与数字的紧密联系在于，对那些喜欢模糊性、创造性、想象力和自由探索的人来说，数字可能显得很无聊。我不想说数字多么有趣，恰恰相反，数字的确很无聊，这一点无可辩驳。

然而，数学能包容、整合我们身边的一部分世界，让我们尽快从这部分工作中脱身，让我们富有冒险精神的大脑去探索更令人兴奋的那部分世界。这就像利用一台计算机处理生活中枯燥乏味的工作（对我来说包括支付账单、订购生活用品、调整食材），让我可以去做一些更有趣的事情：与人交往、演奏音乐、烹饪可口的食物。

数字源于我们简化身边世界的渴望。难怪数学题的答案总是那么简单，也总是那么枯燥。但是我们最初是如何发明数字的，过程却是相当复杂的。数字源于我们对不同事物之间相似性的探索，以及选择暂时忽略哪些不同。眼前的两个苹果和两个香蕉让我们看到了它们之间的某些相似之处，然后我们在大脑中形成“二”的概念。但是为了做到这一点，我们必须忽略苹果和香蕉作为诱人的水果的具体特征，而把它们当成抽象的、没有具体特征的事物。

这是一次抽象化的飞跃，而且难度很大，孩子们总是需要一段时间来消化这个过程。我们可以适当引导和鼓励，比如在他们面前反复数数。但他们终究需要凭借自己的力量完成这个飞跃，旁人无法替代。

问题在于，如果忘记了这些事物本来拥有的丰富多彩的特征，只关注那些“让事情变得更加枯燥”的部分，我们就会让一切听起来很无聊。我们不能忘记整件事的初衷，那就是打开一扇洞悉整个世界的大门。

抽象化的概念

数字的发明是一项具有深远意义的伟大工作：我们创造了一个抽象概念。所谓“抽象”，是指我们为了考虑一个“理想化”的状态而忘记事物的某些细节。这种状态与现实世界中的实物有所不同，但它捕捉到了我们现在想要思考的一部分特征。它让我们远离现实世界，这样做的目的是寻找不同事物之间的相似之处，用同一种方法一次性理解更多事物，而不必做太多重复性的工作。从某种意义上说，我们简化了这个世界的基本构成要素，以便我们能够更有创意地重新构建这个世界。这有点儿像两种不同风格的拼图之间的差异：一种拼图是其碎片必须以特定的方式拼合在一起来呈现给定的图案；另一种拼图可以以任意方式拼合，其目的并不是让你拼成某种特定的图案，而是让你去探索所有可能的拼合方式。出于这个原因，我一直很喜欢一种叫“七巧板”的拼图游戏，它只有几个简单的几何图形：一个正方形、几个大小不同的三角形和一个平行四边形。据说它来自 18 世纪的中国，但相似的概念可以追溯到更早期的中国古代数学家。这几个几何图形可以拼合为一个正方形，如下图所示，但也可以创造出各种各样的图案，包括人、动物，以及你能想象到的所有物体，尽管有点儿风格化，比如一只兔子。

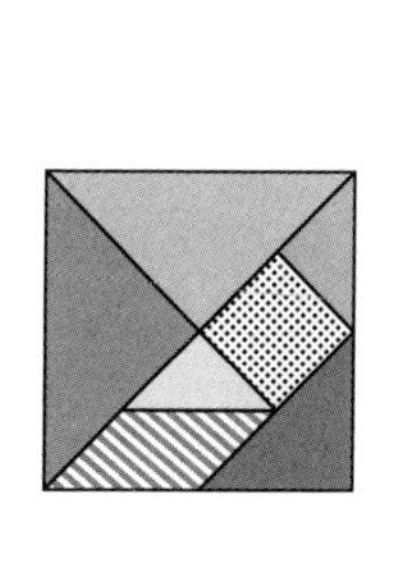

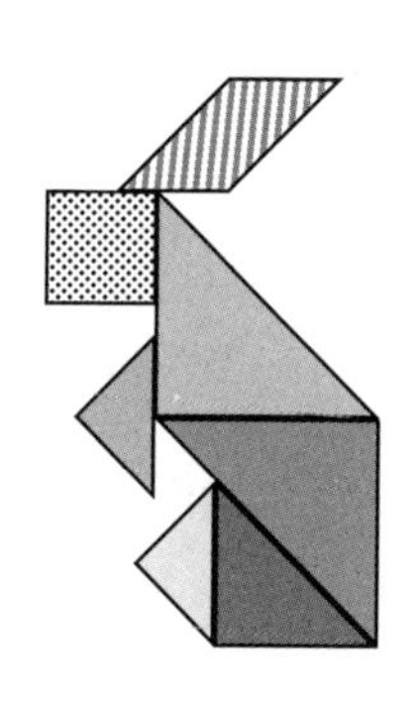

数字也是一种为我们展现这种无限可能性的手段，只不过没那么生动、形象。（我们会在第 7 章讨论数学中使用图形的问题。）除了不那么吸引人，如果你摆弄数字的唯一目的就是用具体的答案来回答具体的问题，然后被告知答案是对还是错，那么数字可能会显得相当封闭。

数字绝非数学的全部，但它们是我们学会如何使用抽象推理的开始。这个过程的关键步骤可以表述如下。

首先，判断我们对一件事物的哪些方面感兴趣。也许我们发现了不同事物之间的相似之处，并想搞清楚这种相似性是如何出现的。接下来我们将其抽象化：如果事物的相似之处是数量，那么我们可以获取一些数字，因为数字是我们当下关注的“精髓”。这就构成了一个崭新的抽象世界，我们可以在其中自由自在地探索，了解那里事物运行的规律，那里生活着什么神奇的生物，角落里隐藏着哪些怪异而美妙的风景。

如果这样的世界让我们感觉不自在，我们可以再创造一个值得深入探索的新世界，我们的确经常这样做。另一方面，如果想更多地了解这样的世界与我们身边的现实世界有何联系，或者如果想在身边的世界与抽象的世界之间建立一种不同的连接关系，我们也可以这样做。比如，我们可以用不同的方式衡量数量，用不同的方法计数事物，或者用许多不同的方式将数字与具体事物联系起来，比如，我们依据不同的标准对一家餐厅进行评分。如果我们想关注周围世界的另一个层面，比如研究形状而不是数量，我们也可以这样做。

这有点儿像你拿到了一个崭新的颜料盒，打算把某些颜色混合在一起看看效果如何。但数学颜料的神奇之处在于，它永远没有用完的那一天。你不会因为混合出不喜欢的颜色而“浪费”颜料，因为它们只是抽象的概念，你可以进行无穷无尽的尝试。摆弄这些数字不会把它们用完，所有抽象的概念都是如此。这就是数学最有趣也最容易让人获得满足感的一面。但它也引发了一个令人困惑的问题：这一切都是真实的吗？

抽象的概念是真实的吗

对于这个问题，我的第一反应是："真实"究竟是什么意思？所有的东西都是真实的吗？我如果把这个问题想得太深，或许很容易就能说服自己，我不是真实的，没有什么东西是真实的。

如果你曾经怀疑数学是否真实，你可能会被告知这是个愚蠢的问题。当环顾四周时，你有可能发现那些"数学高手"并不操心这类问题，他们只满足于找到正确的答案。

我可以负责任地告诉你，数学家，尤其是哲学家，都对数学这个概念产生过疑惑。数字真的存在吗？我不是哲学家，无法讨论哲学层面的问题，我只能把自己的理解和盘托出。

要想检验某样东西是"真实的"究竟代表了什么意思，或许可以先来看看那些被我们普遍认为是真实或不真实的东西。对于很多触手可及的有形物体，我们都认为那是真实的。世界是真实的，人类是真实的，食物是真实的。还有一些我们无法触摸但依然认为是真实的东西，比如饥饿、爱情、贫穷。也许有些东西我们通常认为是不真实的，比如复活节兔子、牙仙子、圣诞老人。还有一些东西人们对其真实性存有争议，比如上帝、不明飞行物、鬼魂以及新冠病毒。

等一下，我其实一直觉得圣诞老人和牙仙子是真实的。你或许以为我在胡言乱语，但请听我慢慢道来。

在某些文化环境中，孩子认为（或者被成年人告知）圣诞老人是一个男人，留着蓬松的白胡子，身穿一件红色外套，坐在驯鹿拉动的雪橇上，为所有儿童递送礼物。在某个时候，这些孩子长大了，发现他们的礼物（如果他们庆祝圣诞节）都是父母准备好的，只是在他们睡觉之后放在圣诞树下。孩子们由此觉得圣诞老人是“不真实的”。

然而，我认为这并不意味着圣诞老人是不真实的，它只能说明对圣诞老人不切实际的传统描述并不完全准确。毕竟有些东西是存在的：某种力量在圣诞节的早晨把礼物送到孩子的面前，这种力量是一个抽象的概念——圣诞老人。你或许觉得圣诞老人的概念真实存在，但圣诞老人并不存在。然而，数学的概念极为抽象，它只不过是一种想法，数字 2 的概念就是数字 2，而这些想法是真实的。我早已习惯把抽象的数学概念当作真实的物体，所以才会愉快地承认圣诞老人也是真实的抽象概念。严肃地看待想法，把它当成真实的事物，是数学得以发展的重要组成部分。

数学的发展

数学看起来就是数字和方程，但是如果回忆起早期的数学课，你或许还记得其他一些东西，或许是一些形状、图案和图像表达，比如柱状图和文氏图。我所做的研究（数学领域一个极为抽象的分支，叫“范畴论”）里没有数字，也没有方程。如果数学既不研究数字，也不研究方程，那么它究竟研究什么？我通常把数学解释为“对事物如何运作的研究”，但它不研究任何旧事物，也不采用陈旧的研究手段。我称其为：

数学是对合乎逻辑的事物如何运作的逻辑研究。

这里出现的第一个问题就是，其实并不存在真正合乎逻辑的事物：生活中所有的事物都混合了逻辑与其他因素，比如随机、混乱、情绪。或许从另一个角度来看，这些事物也都是合乎逻辑的，只是过于复杂，我们无法用逻辑来阐释。例如，天气其实有逻辑可言，只是我们永远无法对大气层中正在发生的事情进行准确测量，因而无法用逻辑的方式来精确地预测天气。因此，天气并非不合逻辑，只是过于复杂。

大多数数学工作都利用我前面描述的方式——抽象化——来应对这样的局面。我们有意忽略某些事物的细节，从混乱的“真实”世界进入抽象的思想世界，在那里，所有事物都严格按照逻辑来运行，因为我们已经把不合逻辑的部分（暂时）排除在外。我不想把非抽象化的世界称为“真实”世界，因为我不认为抽象的想法是不真实的，所以我更愿意把非抽象化的世界称为我们可以触及的“具体”世界。

数学的一个迷人之处在于，它不由研究对象来定义。很多学科，比如历史学、生物学、心理学、经济学，都是由它们的研究对象来定义的，发展相关研究技术仅仅是为了更深入地研究这些对象。但是数学更像一个循环过程，我们的研究对象往往取决于我们的研究方法，这样我们就可以找到新的东西来研究，然后找到一些新的方法来研究这些东西。就如同下图所示的过程：

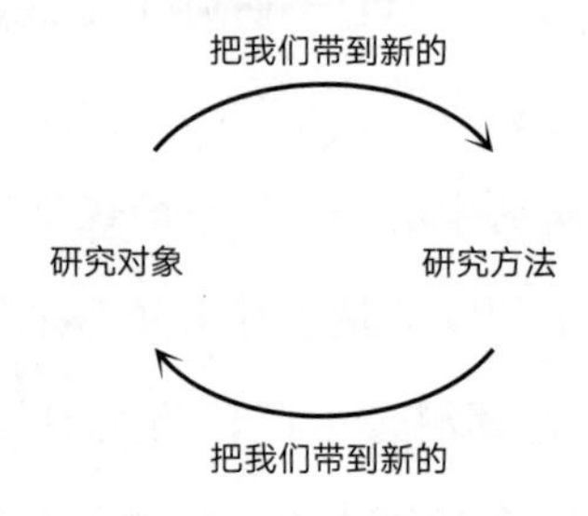

但实际上，每个箭头都给了我们崭新的事物，所以我们并不是在同一个平面上兜圈子，它更像一个螺旋：在循环往复的过程中不断上升。我们利用新方法寻找新的研究对象，为了研究新的对象而寻找新的方法，就像从数字开始，登上螺旋形的“楼梯”，如下图所示。

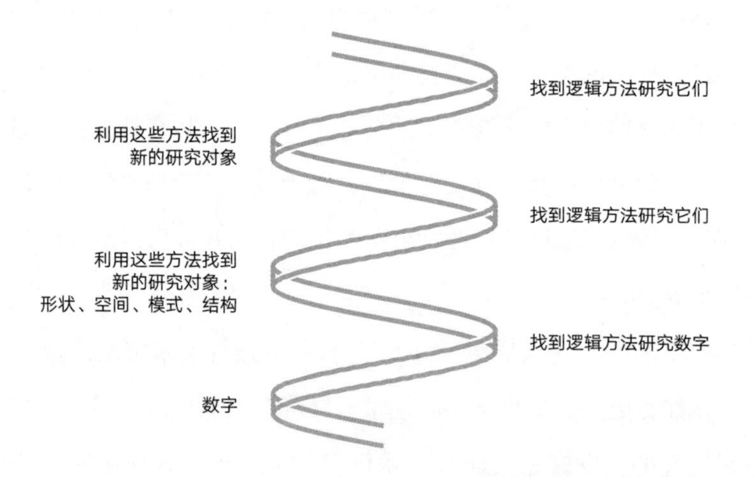

这样我们就有了一个永远向上的螺旋楼梯。我将会展示它的运作方式，我想沿着楼梯走一走，看看它能把我带到哪里。这么做的

目的并不是要直接解决 1 + 1 的问题，而是进行一些背景探索，以使我们最终能以更有意义的方式来回答这个问题。

所有的“楼梯”都始于我们把身边的事物抽象化，从而得到了数字。数字要比饼干、奶牛等我们试图对其计数的东西更具逻辑性。然后我们会利用一些方法来研究数字，比如通过加、减、乘、除来探寻数字与数字之间的关系。

接下来我们意识到，或许还有更多的东西我们可以采用相同的方式进行研究，比如图形。我们发现，把身边的事物抽象化之后，我们能更明显地看到它们之间的相似性，比如窗户、门、桌子，显然它们都是长方形的物体。我们还发现，如果把一个半圆形卷起来，它就能变成一顶锥形的帽子，也可以变成一个交通锥，或者（把它反过来）变成一个美味可口的冰激凌蛋卷。顺便提一句，这就是我为什么说这是一本数学的情绪手册，不是数学的历史书。当然，人们在交通锥和冰激凌蛋卷出现之前很久就开始研究锥形了。

那么，我们该如何利用研究数字的方法来研究图形呢？或许让图形相加或相减，也就是把它们拼在一起，或者剪掉某一部分。我们也可以思考如何让图形相乘，但这就有点儿复杂了，因为我们不得不深入思考“乘”的含义。我们随后会谈到这件事。

扩大乘法的概念

数字相乘，或许是一个让我们习以为常抑或望而却步的概念，但不管怎样，我们都认为这是一个理所当然的概念。然而，我们也许不应该把某些东西视为理所当然，而是应该深入思考它真正的含义和运作规律，有时候我们能从中得到意想不到的收获。当然并非事事如此，有时候我们也会因此而陷入思维僵化，比如殚精竭虑地思考人生的意义。但是如果我深入思考，比如我的舒适区，我肯定会受益良多，我可以扩大我的舒适区，而不必觉得只能通过走出舒适区来规避风险。

我们将要深入思考数字的乘法，这样才能进一步了解其他东西的乘法，比如图形，从而扩大乘法的范围。数学家不断地推进乘法的概念，已经逐渐形成了一整套理论，包括什么情况下可以让某些事物相乘。抽象数学家对各种数学概念都会采用这样的研究方式，而不仅仅是算术。

当把数字相乘时，我们或许会认为 4 × 2 是“4 个 2”，也就是 2 + 2 + 2 + 2。我们先取两个筹码，再取两个，再取两个，再取两个，之后加总看看一共有多少个。

看起来这也完全适用于数字与图形相乘，因为“4 × 圆”就是“4 个圆”，但是图形与图形相乘就说不通了。如果我们让一个圆与一个正方形相乘，“圆个正方形”究竟是什么意思？其实，如果我们对乘法的概念做出一些扩展解释，充分利用想象力，图形相乘还是有一定的意义的。方法之一是重新思考 4 × 2 的含义。这一次我们先把两个筹码放在第一列，然后沿水平方向将其“复制”4 次，形成一个 4 × 2 的矩阵：

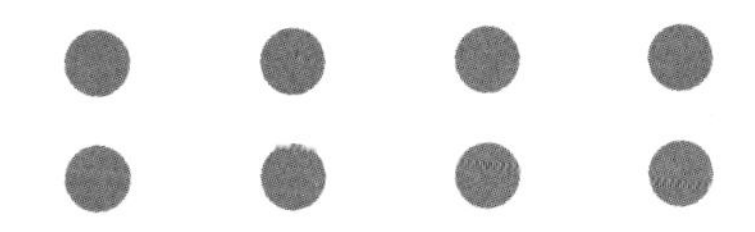

借助想象力，我们就可以让一个圆与一个正方形产生同样的互动——我们挥舞一个正方形，让它沿圆形的轨道移动，并在移动过程中不停地自我复制。在纸上画出最终的结果有些困难，但我们可以借用其他图形来说明这个过程，比如一条线与一个圆。我们让一个与水平垂直的圆沿一条直线不停地复制自身，就得到了一个圆筒。

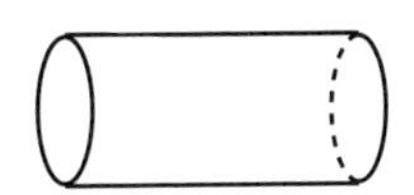

反过来也可以，我们在空中沿圆形轨道挥舞一条直线，最终也会得到一个圆筒。（不管怎样我们都要确保一个图形移动的方向与另一个图形垂直。）这就像用两种不同的手法编织毛衣袖子：我们可以用圆针一圈又一圈地编织，直到形成一个圆柱形的袖筒；或者我们可以用普通针先织出一个矩形，然后把两个长边缝起来，形成一个袖筒。（我知道一边要比另一边宽，这样才是一只美观、合用的袖子，但我相信你能明白我的意思。）

这个概念的确有些模糊，但大致描述了我们对“图形相乘”的理解。上面的描述可以汇总为：

圆 × 直线 = 圆筒

或

直线 × 圆 = 圆筒

因此我们可以得出

圆 × 直线 = 直线 × 圆

类似于我们熟知的

$$4 \times 2 = 2 \times 4$$

也就是所谓的“乘法交换律”。这个例子告诉我们，我们可以沿用研究数字的方法来研究图形。稍后我们会进一步讨论更多的情形，包括如何理解不同世界的基本构成要素。

既然我们已经知道如何把图形纳入逻辑研究，我们就可以想到研究图形的更多方法，在螺旋楼梯上再上一层楼。

沿螺旋楼梯继续前进

我们已经用数字相乘的方法研究了图形，但是另一种与数字不那么相关的研究方法就是“对称”。图形比数字更加复杂，而对称就是其复杂性的表现之一。

例如，正方形与长方形既有相似之处又有差异，而它们的差异之一就是对称性。

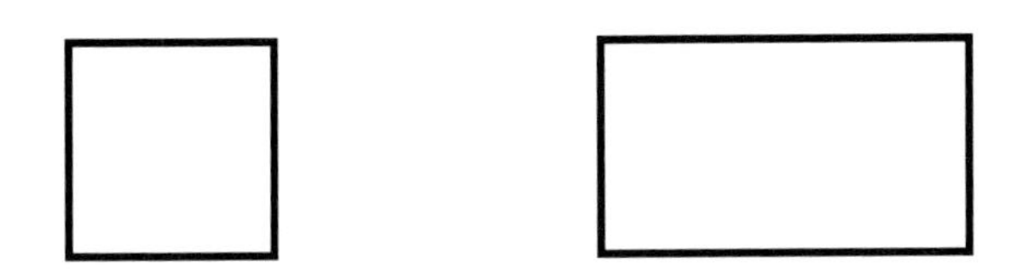

正方形比长方形更对称，如果我们沿对角线将正方形对折，两边的形状完全吻合，但一般意义上的长方形不是这样的。[1] 其实利用这一点，我们能在一张长方形的纸上不借助尺子折出一个正方形：把长方形的一个角沿下图所示对角线对折，我就利用正方形的对称性原理制作出一个正方形。

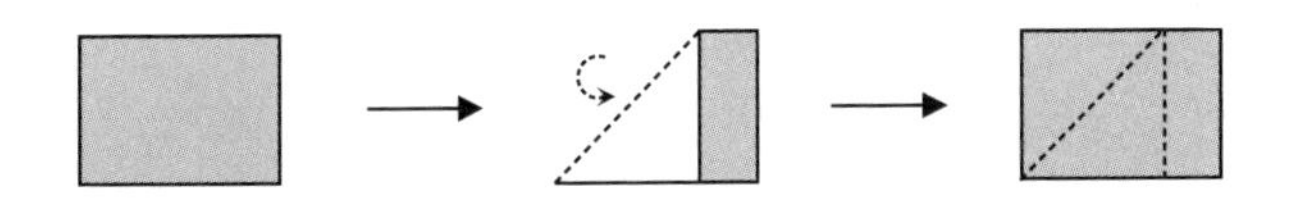

我们还可以深入探讨，把其他对称类型也包括进来。“折叠型”对称被称为“反射对称”，因为它有点儿像一面镜子映射出图形的一部分。另一种类型的对称看起来像一个风车，图形在旋转过程中某个部分与自身重合，被称为“旋转对称”。

1　“一般意义上的长方形”，是特指非正方形的长方形。在数学中，正方形是一类特殊的长方形，但是在日常生活中，我们如果指着一个正方形说它是长方形，就有点儿不伦不类了，就像把某个已经获得博士学位证书的人称为高中毕业生一样。

正方形与长方形兼具两种对称特征，我们甚至可以思考如何将各类对称进行组合。这就引出了“群论”的话题，群论就是从对称性中提炼出抽象化的结构，研究它们是如何组合的。从这里开始，我们意识到还有一些与对称相关的问题值得研究，但不涉及图形，让我们有机会再踏上一级螺旋楼梯。其中一个例子是文字对称，也就是所谓的“回文”，比如：

Madam, I'm Adam（夫人，我是亚当）

A man, a plan, a canal, Panama（一个人，一个计划，一条运河，巴拿马）

Taco cat（玉米卷猫）

我们很容易就能看出，这些语句从前往后阅读与从后往前阅读的内容完全一样，当然需要适当忽略空格和标点符号。方程式中也存在对称现象，例如下面这个表达式：

$$a^2 + ab + b^2$$

a 和 b 扮演的角色完全相同，也就是说，我们如果交换表达式中 a 和 b 的位置，就得到了：

$$b^2 + ba + a^2$$

这与第一个表达式相同（前提是承认加法和乘法的交换律）。这是另一种类型的对称，其专业研究领域被称为伽罗瓦论。现在我们已经把包含字母的表达式引入了数学研究。（如果字母让你感到紧张，我深表同情，我们在后面的章节会详细讨论字母的问题。）

我们接下来还可以用更多的方法思考带有字母的表达式，比如深入研究它们与图形之间可能存在的某种关系。这样看来，我们先研究了图形和带有字母的表达式，现在开始思考二者之间的关系，这其实就是我的专业研究领域——“范畴论”。这门学科主要关注事物之间的关系，近乎无限地推进这个概念，进而让我们有机会研究几乎所有事物之间的关系。而且，为了以某种相似的方式进行研究，我们还把事物视为“关系”的存在，尽管它们最初并不是某种关系。例如，我们可以把对称视为物体与自身之间的关系，这听起来有点儿古怪，但的确是一项让人受益良多的思维训练。

于是这里就出现了一个关键的概念：既然数学起源于抽象，那么如果找到新的抽象化手段，我们就可以利用数学研究更多的东西，这将为我们的类比研究工作带来浩如烟海的实例。这样的研究方式绝无仅有。如果研究海豚，我们恐怕不能把其他东西想象成海豚，并把它当成海豚来研究。但是对于关系这类抽象的概念，我们完全可以这样做。我们可以把对称视为物体与自身之间的关系。我们可以把火车之旅视为始发地与目的地之间的关系。我们可以把数字视为其他数字之间的关系，比如 3 是 5 和 2 之间的关系，因为它是二者之差。

从这个意义上讲，数学就是寻找灵活思考方式的思维训练，以便在貌似无关的事物之间建立起联系。活跃的思维和创造性的想象力能让这样的关系尽快浮现出来。

建立联系

听起来，抽象化是一个远离现实世界的过程，但实际上它是一个创造类比的过程，也就是寻找关联性的过程。我真的很喜欢在不同的事物之间寻找可能的关联。我喜欢把不同的人联系在一起，某个乐曲能让我联想到其他乐曲。我还经常发现某部电影的演员其实也出演过另一部电影，尤其是当他们在两部影片中的造型迥异时。比如，在 BBC（美国广播公司）版本的《傲慢与偏见》中饰演宾利先生的克里斯宾・博纳姆－卡特，也出演过《大战皇家赌场》。我尤其喜欢识别不同场景的相似之处，并发现自己已经在另一个场景下经历过这件事，因此不需要一切从头开始。马普尔小姐就是利用这种方法在阿加莎・克里斯蒂的书中解开了谋杀谜团，我对此颇为认同。

然而，在现实生活中，我们更喜欢关注事物之间的差异。我们总是强调每个人都有不同的经历，不要用同样的眼光看待某个种族中的所有个体，或者不要假设所有的女性都有同样的投票倾向。我们不仅要看到某人隶属于一个受压迫的少数族裔，还要知道不同少数族裔受压迫的方式也不尽相同，尤其是在若干少数族裔混居的地区。这样做的目的就是要确保彰显每个人不同的特征和经历。

这样的态度固然重要，但同样重要的是，不要忽视人们彼此的关联性。实际上，我认为，如果想要打破男性白人群体对社会的把控，加强民众之间的联系是至关重要的。少数族裔被分化为越来越多各自为营的群体，如果他们不联合起来改变整个社会的权力结构，男性白人群体在社会中的地位就会被进一步巩固。如果彼此独立的少数族裔建立起强大的合作关系，他们就变成了多数族裔。

在数学领域，我们不会做这样的事，但我们要始终保持思维的灵活性：我们既留意事物之间的关联，又不放过它们之间的差异。而且我们不会坚守某个观点，而是从某个观点出发看看我们从中学到了什么，再从另一个观点出发看看我们又学到了什么。与不得不在僵化的规则世界里俯首称臣相比，这种“做数学”的方法完全是另一种感觉。

对事物的共性形成认同感只是一个起点，这让我们可以采用某种统一的方式研究各类不同的事物，就像我们第一次走进数字的世界一样。

我们还可以用图形来举例，某些在我们看起来并不相同的图形，其实只是大小的差异，比如下面这两个三角形：

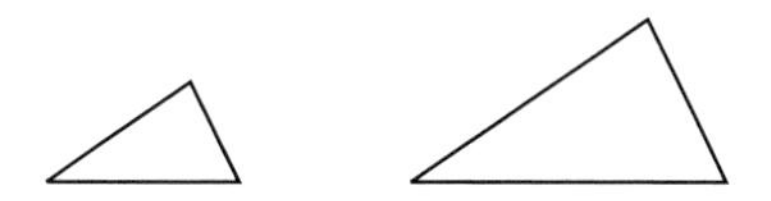

在某些情况下，我们只能把所有方面完全一致的两个三角形视

为相同。假如我们在做拼图游戏，那么只有恰好匹配的那个三角形才能派上用场，这种现象让我们产生了所谓的“全等”概念。

在另一种情况下，三角形的大小并不重要，例如我们只是想计算某个角的度数，或者缩放其比例以便进行研究。于是我们有了“相似三角形”的概念，它们像上面的两个三角形那样是彼此的缩放版本，关键在于，它们只是等比例缩放：三个角分别相等，三条边成比例。

还有一些情况，甚至三角形的形状都无关紧要，只要它是某种三角形就行。比如，我们制作了一个长方形相框，要想让它更加稳固，就需要在背面的每一个角钉上一个斜杠，使其形成一个三角形。具体什么形状的三角形并不重要。

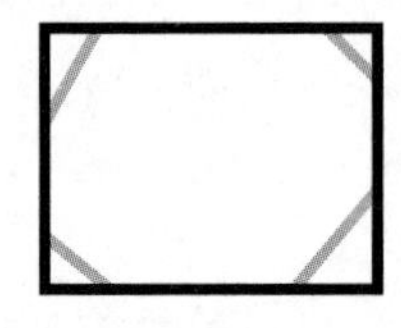

这就是最初的“三角形”概念：一个由三条边和三个角组成的图形。

如果我们只是想知道某些三角形是否全等、相似、既不全等也不相似，那么对全等或相似三角形的研究似乎毫无意义，而且难掩没事找事的嫌疑。在我看来，更有趣的问题是，在什么情况下我们必须区分不同类型的三角形的“同一性”。甚至在某些情况下，我们会把更多的图形纳入三角形的范畴。在抽象数学的世界里，我们会接受三角形的一条或多条边长度为零的情形。更重要的是，这样的三角形不但被理论界接受，而且具有建筑学上的现实意义，它们被称为“退化三角形”。所以下方的图形其实也是三角形，尽管它们看起来更像一条线和一个点。这类颠覆性的见解让我有一种莫名的满足感。

第一个图形表示三角形的一条边长度为零。你可以想象下图中虚线的部分变得越来越短，直到其长度消失。

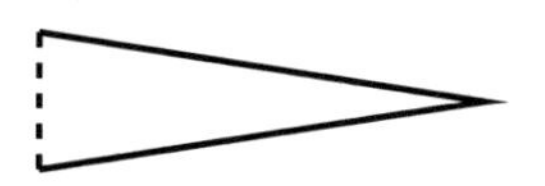

第二个图形表示三角形的三条边长度均为零，因此整个图形坍缩成一个点。

在我研究的范畴论领域，我们称有三条边的图形为“三角形”，无论它的边是直线还是曲线。因为在范畴论中，我们只关心事物之间的关系，图形仅代表一种抽象的关系。例如这样的关系：

$$A \longrightarrow B$$

与这样的关系其实并无差别：

下面两个图形都被视为“同样的”三角形：

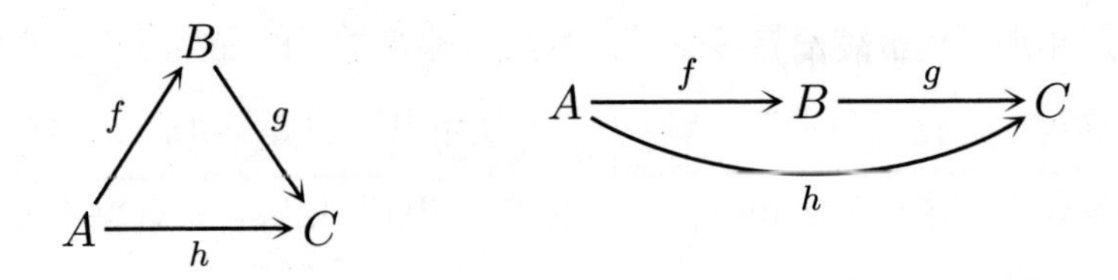

听起来有点儿不可思议？但看到我下边描述的情形，你或许会感到自在一点儿。我在读研究生的时候，生活基本上被限制在宿舍、学校和数学系三点形成的三角形中。我虽然说“三角形”，但显然我在这三个地点之间是不能沿直线行走的，因为道路不允许。但它依然给人一种三角形的感觉，尽管实际情况是这样的：[1]

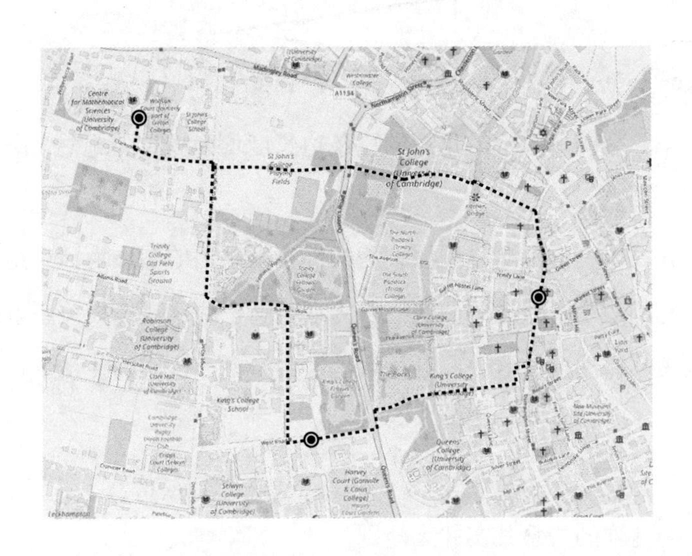

这种寻找事物相同和不同的意义的过程，是所有数学的起点，也是帮助我们思考 1 + 1 等于或不等于 2 的重要途径。我们首先利

1　地图信息归 OpenStreetMap（开放街道地图）版权所有，经开放数据库许可证（Open Database License）授权。

用一些相当简单的东西，比如三角形，来练习这个过程，之后进入更复杂的领域。可惜的是，如果没有人给你解释练习的目的，简单就容易与毫无意义画上等号。一旦熟悉这个过程，我们就很容易识别出复杂情况下事物之间的联系，比如病毒的传播。

病毒类疾病以重复相乘的方式传播。其基本理论是，每个受感染者会传染一定数量的人。我们假设这个数字是3，那么这3个人每人会把病毒传染给3个人（平均），新感染的人就是 $3 \times 3 = 9$。这9个人每人再传染3个人，新感染的人就是 $3 \times 9 = 27$。在每个阶段，新感染的总人数都要乘以3。

和重复相加一样，重复相乘也是数学家进行抽象研究的主要课题之一。重复相乘带来了“指数”的概念，因此出现了这样一个问题：我们在日常生活中说某件事“呈指数级增长”，我们的意思或许是说它增长很快。但是在数学界，指数增长具有非常精确的定义，即以重复相乘的方式增长。虽然速度很快，但我们仍可以利用各种工具进行精确判断。这也是我们可以相对准确地预测出不同情况下病毒的传播速度的原因，尽管在初期数字较小时它的传播速度似乎很慢。指数的图形大致是这样的：

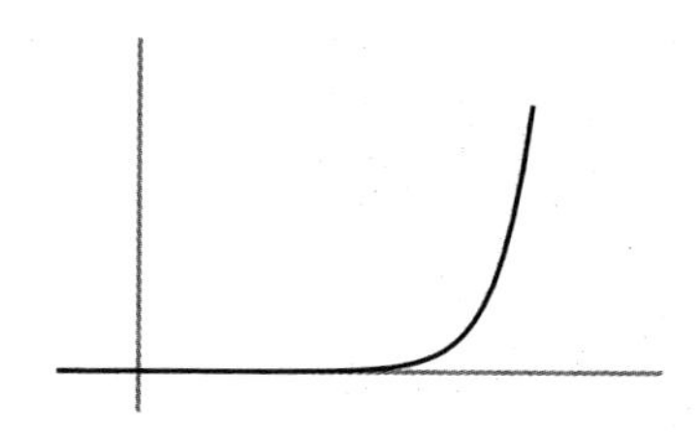

你可以看到，前期的曲线比较平坦，之后急速上升。研究抽象

的指数概念让科学家可以在早期情况不那么糟糕时预见病毒暴发的情形，然而，那些不了解指数的人总觉得科学家是在杞人忧天。

这不禁让人联想到“病毒视频”。某个视频“走红”往往是一瞬间的事，这个过程可以被抽象化地模拟为病毒性疾病的传播，但方式不是“传染”，而是“分享”。每个人都分享一个视频，这会导致一定数量的朋友和粉丝随之分享。尽管平均分享的人数不算多，比如 3 个人，但如果这个过程被多次重复，在指数效应的驱动下，数量会变得极为庞大。只需要重复 13 次，视频的分享总量就能超过 100 万次。

指数现象还统治着某些看似不相干的领域，比如烹饪食材的内部温度。你可以买一个专业肉类温度计，它不但能测量锅中肉食的内部温度，还能把数据传送给一个计算机应用程序，然后预测还需要多长时间才能达到你所期望的内部温度。这个计算过程就需要运用指数的概念。放射性衰变也与指数有关，但与它重复相乘的是一个小于 1 的数字，因此它的数值会越来越小。

除了其指数传播的效果是否威胁人类生命，以上情况还存在另外一些差异。不管是病毒性疾病传播还是病毒视频传播都存在一个上限，也就是所有可传染（可传播）的人的数量。一旦有一定比例的人口受到传染（或者看过视频），即使不进行人工干预，传播速度也将放缓，因为剩下的人已经不多了。煮肉的情形与此不同，当然，如果你长时间放手不管，锅里的肉总会被炖烂、分解。指数增长总要受制于有限的资源，就像人口增长早晚会消耗掉所有的食物。受限于资源的指数增长模式远比单纯的指数增长模式复杂，最初研究这个问题的人是 19 世纪中期比利时数学家韦吕勒，他画了下面这样一张图：

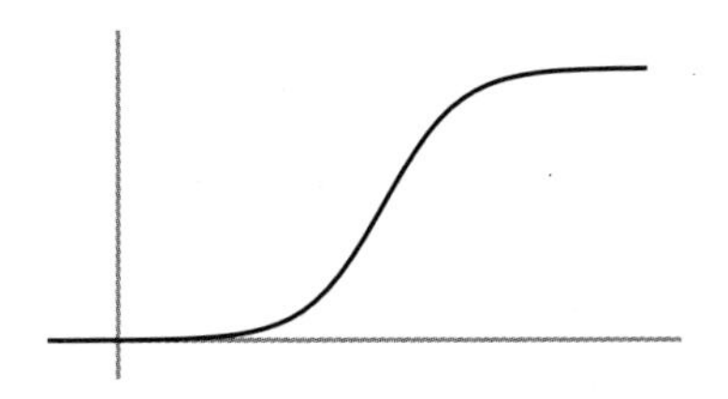

前期看似典型的指数增长曲线在后期逐渐变平。

也就是说，数学在这些场景中的应用既包括探寻相似性，也包括识别差异性，这样我们才不会过度使用类推法。这样的方法还能帮助我们避免过分强调“正确答案”。我们在某些事情成立的诸多情境中找到了相似性，并利用这个结论探索为什么这些事情在特定的条件下会成立。这就是我们讨论 1 + 1 可能存在不同答案的方法。

1+1 不等于 2

在这一章的开始，我们讨论了 1 + 1 存在各类不同答案的可能性。我们当然可以说很多答案“不是真正的数学”、“不是真正的数字”或“不是真正的加法”，但是数学家更希望去研究而不是忽略这些具体的场景，既为了更好地了解它们，也为了深入理解在什么情况下 1 + 1 等于 2。我在学习驾车的时候，教练曾让我故意把车搞熄火，这样我才能更好地了解离合器的作用。探索某件事什么时候不起作用，能让我们更好地理解它什么时候起作用。

探索 1 + 1 何时出现不同的答案也涉及相似性和差异性。我们研究了 1 + 1 = 0 的情况，但后来我们也发现这些情况之间有一些相似之处和差异。其中一些是 0，因为某些东西被“抵消”掉了，比如那一大堆的“不是”或考试题目中的负号。另一些是零，因为整个世界都是零，就像我小时候的零人工色素糖果世界。这些情况稍有不同。

如果整个世界都是零，那么 1=0。这似乎是个明显“错误的”结论，但它只是在常规的数字世界中呈现出错误的样子。在零的世界里它就是正确的，在其他对 1 和 0 有更复杂定义的世界里，它也是正确的。

能让某些东西相互抵消的世界尤其特殊，因为在这个世界里，1 和 0 代表完全不同的含义，只不过 1 恰好被自己抵消了。因此，这样的世界可以被描述为一个封闭抽象的结构，其中包含两个对象和一种组合方式，以满足这种特定的“抵消”关系。我们可以用这样一个简单的网格来表示：

	0	1
0	0	1
1	1	0

如果我们把这里的 0 当作“零个负号”，把 1 当作“一个负号”，那么这个网格就揭示了正负数相乘的结果，与奇偶数相加的模式一样。

×	正	负
正	止	负
负	负	正

+	偶	奇
偶	偶	奇
奇	奇	偶

在数学领域，我们往往会发现各种各样的规律，我们将其单独列出（如同上面的网格），然后，一旦意识到这种规律，我们就会发现它其实也出现在以前从未想到的场合。我曾经利用这种特殊的规律帮助自己了解容忍度的问题。我们有时会纠结是否容忍某些事情、某些人，尤其是对那些不那么容忍他人的人，我们是否也要容忍他们。然而，我觉得这就是上述规律的一种变体，如下面的网格。我认为，如果我们容忍不容忍的现象存在，就等于纵容不容忍的行为，因此我们不应当容忍不容忍的现象，这样才算是真正的容忍。

	容忍	不容忍
容忍	容忍	不容忍
不容忍	不容忍	容忍

这些例子都表明了抵消现象的存在，从而导致 $1+1=0$。你有可能在大学本科高等数学课上学到这类抽象化的结构，它叫“二阶循环群”。

那么 $1+1=1$ 又是怎么回事？为什么额外增加 1 对原始数据没有任何影响呢？这也是一个涉及两项元素的抽象结构（如同前面的规律），但它们之间的关系有所不同。不会有什么东西被抵消掉，而是某些东西的持续堆砌没有产生任何效应。我们可以用下面的网格来描述这种现象：

	0	1
0	0	1
1	1	1

这有点儿像显性基因和隐性基因互动的模式。这里的 1 就是“显性”，0 就是“隐性”，因此，如果想要得到 0 的结果，相互作用的二者都必须是 0，只要出现了一个 1，那么结果就会变成 1。

“容忍”与“显性 / 隐性”的模式是完全不同的两类结构，但是如果进行细致入微的观察，我们就可以把这类结构打包纳入自己知识储备的小行囊。

打包

打包是一次性携带更多东西的好方法。面对一打鸡蛋，如果不把它们放在鸡蛋盒子里，拿起来应该很困难。有些东西可以用常规方式包装，比如，我们把一大堆东西塞在一个袋子里。但是有些东西，比如鸡蛋，就需要更仔细、更特殊的包装方式。之后我们还会颇有成就感地发现，这些特定的包装方式还可以用于其他物品的打包，比如一个调色板或一株植物的幼苗。

在不同的事物之间建立起抽象的联系，也算一种打包方式，这样我们就可以更有效地携带它们。只不过在这里我们打包的都是抽象的概念，“携带”意味着我们大脑中的思维方式，而不是真的把这些东西从一个地方带到另一个地方。数学家把所有“容忍 / 不容忍”之类的现象统称为“二阶循环群”，因此它就成了一个我们可以方便携带的单一概念，让我们大脑从烦琐的思维模式中脱离出来，去思考更多的东西。我们在很小的时候就能培养出这类技能，比如学习阅读。

最初学习阅读，我们都要识别单个的字母，之后我们才学会把它们合并成单词。逐个识别字母让我们很难读懂一个句子，于是我们（有意识或无意识地）开始尝试识别整个单词。

这就是把单个字母打包成单词，让我们的大脑更容易处理海量信息的过程。这也意味着我们的大脑还具有“纠错”和填补空白的功能，也就是能识别单词的拼写错误和缺少字母或打字错误的现象。

之后我们进一步把单词打包成整个句子，这就是快速阅读的一个方面。这种把越来越多的东西打包后集中处理的方式，也在音乐演奏的过程中得到应用，尤其是那些长而复杂的乐曲。当你看到钢琴师对照乐谱演奏时，你可能搞不懂他们怎么可能那么快就识别出那么多复杂的音符，但他们实际上都使用了打包的技巧。我们并不需要识别每一个音符，因为就像读字母和单词一样，用这种方式阅读整篇乐章似乎过于烦琐。于是我们转而识别一组和弦中的所有音符，再识别“和弦进程”中的所有和弦。在一篇既冗长又复杂的乐曲中，我们先把和弦进程打包成“乐句”，把乐句打包成小节，再把小节打包成乐章。一旦把乐句打包成小节，我们就可以把这个小节视为单一的乐谱单位，并找出乐曲中各个小节之间的关系。用这种方法，一首30分钟的乐曲或许只包含5个小节，显然比1万多个音符更容易被记住。[1]

数学的意义就在于培养“打包”的思想，它能让我们更充分地利用有限的脑力资源。我们已经在重复相加和重复相乘的例子中看到了相关的应用场景。

数学打包

说到重复相加，我们能想到类似 $2+2+2+2$ 的情形。如果是一长串相同的数字相加，这种方式显然既烦琐又容易出错。因此我们将其整合在一个新的包装里，叫作“乘法”，在这里就表示为 4×2。如果重复相加的项不多，就像我只需要从冰箱里拿出两枚鸡蛋，无论用什么样的方式打包都无关紧要。但是如果需要一次拿出6枚鸡蛋来制作蛋糕，或许我就要取出整盒鸡蛋，用掉6个之后再把剩下的鸡蛋连同盒子放回冰箱。（我目前住在美国，鸡蛋都要被放在冰箱里，且通常每个包装盒至少装一打鸡蛋。）

把 4×2 写成重复相加的方式并不麻烦，但如果是 44×22 的重复相加，那就是一个既恐怖又乏味的过程（而且没有意义）。乘法比加法更复杂，因为它整合了一些被打包的东西，但如果能将其视为某个单一元素，那么我们的思想可以飞得更高、更远。我们还可以考虑重复相乘的问题，比如 $3\times3\times3\times3$。如同重复相加，我们

1　我数过贝多芬《悲怆奏鸣曲》中的音符数量，时长20分钟的乐曲包含1万多个音符。

也可以将其打包成单一元素，写成“指数幂”的形式，在这里就是 3^4。这个变化过程并不复杂（就像我们包装一件礼物），但它能让我们最终走进指数的世界，并了解病毒传播的模式。

把某些东西打包成单一元素的想法，也可以被应用到数字之外的领域，就像我们把非数字类的事物相加、相乘一样。我们甚至可以用同样的方式打包我们（以及他人）的理论逻辑，以便了解更复杂的思想，就像我们阅读复杂的书籍或演奏复杂的音乐。

逻辑论证由“如果……那么……”语句构建，被称为“逻辑蕴涵”。我们说“如果一个命题为真，那么另一个命题也必然为真”，然后通过堆积类似的逻辑表述，或者使其首尾相连排列起来，这样我们就可以得出最终的结论。孩子们不太擅长遵循这类逻辑因果关系，所以经常会觉得“我如果睡得晚一点儿，就能多玩一会儿”，但他们不会想到“由此导致的睡眠不足让明天早晨起床变得多么困难”。坦率地说，身为成年人的我也往往难以遵循这样的逻辑关系，我宁愿牺牲睡眠来做一些有趣的事情。但是，这并不能否认我的逻辑认知，我之所以要这样做，是因为我权衡了起床的痛苦和晚睡的乐趣，之后有意选择了后者。

众所周知，下象棋需要具备超前思维，提前判断每走出一步对整个棋局的影响。新手或许总是想着如何吃掉对方的棋子，意识不到可能暴露出的弱点，而高手会有意丢车保帅。我承认自己绝非象棋高手，但我非常善于建立并遵循复杂的逻辑关系。也就是说，我们完全可以变得擅长（并喜欢上）某些事情，即使我们在其他方面表现平平。

把某些逻辑论证打包成单一元素能帮助我们识别规律，无论是逻辑谬误还是严丝合缝的逻辑论证都是如此。所谓“稻草人”谬误（通常被称为稻草人，但我尽量不对其进行性别划分），是指对方把你原本的观点替换为一个站不住脚的观点（一个稻草人），然后攻击它。例如，有些人不赞同“白人特权”，理由是社会上也有一些有钱的黑人，但其实他们并没有反驳白人特权的观点，而是反驳“黑人都是穷人”的观点。谁也没有提出这个观点，它只是一个稻草人。一旦把这种思维逻辑理解为单一的元素（稻草人谬误），你就很容易洞悉其中的荒唐之处，你还可以在其他场合将其准确地识别出来。比如，有人反对拆除为奴隶贩子竖立的纪念碑，声称我们不应“忘记历史”。但其实没有人忘记历史，那只是个稻草人。拆除纪念碑与忘记历史完全是两回事，历史没有被忘记，我们只是在讨论是否要赞颂这段历史。

实际上，稻草人谬误总是存在某种错误的等价关系，因为它的依据就是把某人的真实观点错误地等同于一个经不起验证的观点，然后将其推翻。我们现在要做的事情不仅是打包逻辑论证，还要检视我们可以将它们分解成哪些更小的单元。或许这就像是把你的行李箱分成若干独立包装的小单元，我以前很讨厌这么做，直到突然有一天我完全适应了它。

把诸多观点打包成一个整体来理解，有助于了解它们是如何适应更广泛的环境的。我们也不能忽略一个相反的过程：把观点分解为细小的构成因子，这样可以洞悉其内在的驱动因素，以及观点形成的最初依据。

基本构成要素

如果我们想要站在对方的角度了解为什么有些人会以某种特定的方式思考问题，那么洞悉对方观点的基本构成要素便是至关重要的一步。总有一些原因存在，尽管这些原因不一定合乎我们的逻辑。如果想成为具有同理心的人，我们就必须找出这些原因，并认可其存在。这就是把某些事物分解或提炼为基本构成要素的重要原则。

从人类信仰的角度来说，基本构成要素就是个人行事的基本原则或基本信念。了解这些内容能让我们发现人们意见分歧的根源：往往就是对一些最基本的原则的互不认同，而不是通常人们所说的一方逻辑缜密，另一方信口雌黄。

从某种程度上说，生活的全部意义就是通过分解和构建来理解事物，我们在这方面拥有的技巧越高超，就越能洞悉更多的事物。我们必须承认事物的复杂性，所以我们需要将它们分解为最基本的元素来理解它们。我们还需要知道如何把这些基本元素拼凑在一起，重新组合成复杂的事物。就像是制作一个多层蛋糕，你首先要把每一层蛋糕做好，撒上糖霜，然后把它们叠放在一起。重要之处在于，确保底层蛋糕足够坚固，因此你可能需要为它添加一些比较坚硬的食材，甚至需要使用蛋糕架来支撑整个结构。

在纯粹的数学领域，我们有一些用来构建整个数学世界的公理，它们都是经我们假设为真的基本事实，在特定的环境中研究这些基本事实，能帮助我们构建一个想象中的世界。重要的是，我们不能说这些基本公理代表绝对的真理，只能说我们将会研究令这些公理为真的背景条件，看看还能得出哪些结论。利用这种方法我们也可以了解他人的某些信念：找到这些人所信奉的基本原则，看看由此能推导出什么结论，而不必表明自己是否认同这些原则。总之，这一切都是为了研究让看似矛盾的结论有机会共存的不同的世界，正如 1 + 1 在不同的世界中有不同的答案。

因此，1 + 1 = 2 或许是某个世界的基本公理（常规数字世界），在另一个世界里 1 + 1 = 0 才是基本公理（二阶循环群的世界），在第三个世界里 1 + 1 = 1 也是基本公理（显性 / 隐性世界）。于是我们的问题不再是“为什么 1 + 1 = 2？”，而应该是“什么情况下 1 + 1 = 2？”，以及“1 + 1 = 2 的世界中还有什么公理？”，甚至最根本的问题“1 + 1 = 2 的世界是什么样子的？”。

当 1+1 等于 2

我们终于回到了“为什么 1 + 1 = 2”这个抽象的数学问题。说到底，1 + 1 并不一定等于 2，这取决于我们所处的环境。我们可以通过研究其基本构成要素来探索令 1 + 1 = 2 成立的背景。首先从 1 开始，之后是把一个东西与另一个东西放在一起，然后我们明确指出其结果是两个东西，不是 0 个、不是 1 个，也不是 3 个。接下来我们要问自己，从这里出发审视我们所处的世界，还有什么东西是真的？

这就是“序数”，也就是整数概念出现的过程，整数计数：1，

2，3，4，…。这些有时也被称为“自然数”（但它有可能包括 0，这是另一个话题了）。我们从 1 开始构建这个世界，这是一个没有崩溃塌陷、凭空消失、自我复制的加法过程，在抽象数学领域，这被称为“自由生成结构”。所谓“自由”，指的是我们不为其设定任何限制条件，只套用最基本的公理。我们让一切按照有机、自由的方式生长，之后看看它长成了什么样的森林。

1 + 1 不等于 2 的结论出现在诸多环境中，但在更多的环境下都等于 2。我们当然要深入研究令 1 + 1 = 2 的抽象世界，这样才可以观察现实世界中 1 + 1 = 2 的情形，从而发现，我们在这个抽象世界中所获取的一切知识在相应的现实世界中同样可以得到应用。

1 + 1 = 2 的世界有太多值得探索的东西。我们或许会想，如果能把东西加在一起，那么能把东西拿走吗？这是另一个层面的问题，它将把我们带到神秘的负数世界，也是我们下一章要讨论的话题。

数学的逻辑

为什么 $-(-1)=1$？

这就是一个令人颇为困惑的“事实”，有些人觉得不言自明，有些人觉得神秘莫测。这仅仅是一个我们必须接受并牢记在心的“事实”吗？还有哪些是我们必须接受并牢记在心的数学事实？或者，究竟什么是“事实”？

有些人欣然接受了 $-(-1)=1$ 的事实，然而令我深感不安的问题是，这些人往往被视为“数学高手”，而质疑这项“事实”的人通常被称为“数学菜鸟”。让我感到困惑的是，这类称呼的出现让人觉得数学能力是天生的，有些人恰恰就不具备这种能力。然而在现实中，每个人都具备某方面的数学能力，在恰当的帮助和引导下，所有人都能取得进步。

接受 $-(-1)=1$ 的人就是接受 $-(-1)=1$ 的人，质疑这个等式的人也就是质疑它的人。重要之处在于，这不是一个非此即彼的问题：你完全可以在接受它的同时质疑它。数学的精要就在于质疑，即深入思考为何某事为真。如果你觉得 $-(-1)=1$ 的概念神秘莫测，而非不言自明，这不仅不意味着你是个“数学菜鸟”，而且很可能表明你拥有像数学家一样的思考能力。深入探寻那些在他人看来不言自明的问题，是很多深奥的数学理论得以发展的方式。在这一章，我们就来看看需要进行多少抽象思维过程，才能严格推导出某些看似显而易见的等式。然而，我的目的并非解释这些等式（尽管讨论的过程的确产生了这样的副作用），而是要阐明我们如何在数学中判定某事为真。在调查为什么这件事为真的过程中，我们还会研究我们是如何知道数学中的一切理论都是正确的，甚至世间的一切事物都是正确的。这一章讨论的内容是一个理论准则，让我们借此来判断应该接受数学中的哪些事实。

对于某个事物的真实性，不同的人有不同的接受度。有些人如果在网络上读到一篇这样说的文章就会信以为真，不管文章的作者是谁，其引用的数据和观点是否可靠，有没有其他文章表示赞同或反对。如果是人们所依赖的人——也许是一位资深教授、一个值得信赖的消息源、一位宗教领袖、一名政治偶像——宣布某件事是真的，他们也会深信不疑。还有一些人凭感觉做出判断，比如星座对运势的预测、顺势疗法的效果。于我而言，听巴赫的音乐更能激发我的数学思维。

各类学术科目都有一个评估事物真相的标准，这些标准往往超越了“感觉是对的”、“我说它正确它就正确”或“网上这么说，所以它一定是正确的”等评判尺度。这是为了让我们把对周围世界的理解建立在更稳固的基础上，而不是建立在那些经不起深入推敲的异想天开或凭空臆断上。我们的目的是塑造自己的信念，正如建造一座摩天大楼必然要比搭建一个单人帐篷的基础更坚实。为什么有些人会产生建造摩天大楼的念头，无论是象征性的还是现实中的？当谈到学术研究与殖民主义之间令人不安的联系时，我们还会谈到这个问题。

尽管存在令人不安的联系，但所有的学术研究都建立在一个基本的出发点上，即对某些准则的认同。确立了准则，我们就可以对什么是优质信息达成共识，然后沿准则指示的方向搭建上层建筑。就像人们先要充分认同一项体育比赛的规则，然后才可以在这个规则框架下组建队伍，举办巡回赛和锦标赛。当然，这并不意味着比赛的结果必然是“正确的”，只能表明结果由规则来决定。

此外，这些准则要具有客观性，不能对某个权威人物盲听盲信。当然，最终的准则或许会在一定程度上依赖于权威，那是因为这些“专家”已经被准则确认，甚至在某种程度上就代表了准则。原则上，所有人都有机会依据准则的标准提升专业度，成为为准则代言的专家。

数学的准则就是逻辑，我深爱数学的原因就在于，我不想让别人来左右我个人的判断标准。我也不想盲目相信书本里的知识，但是理解逻辑的准则让我有能力判断哪些书更值得相信，哪些文章更可靠，不管它是否出现在网络上。有些人过于轻信网络上的信息，对这种行为的批判往往会让人走向另一个极端，他们说我们不但不应该相信有偏见的信息源，甚至连维基百科也不能相信。一个更客观的立场是，我们要学会独立做出判断，既不轻易相信，也不一概否认。

我们怎么知道数学是正确的

这一章讲述数学的运作方式，对这个问题的思考需要基于一个特殊的共识：判断数学正确与否的标准是什么？不同的学科对信息质量的好坏有不同的评判标准。科学尊重证据，并对什么是好的证据有明确的标准。值得留意的一点是，基于证据的科学结论并不一定是绝对正确的，它们只是在科学上是正确的，也就是说，它们与科学准则相吻合。通常情况下，这表示结论经过了一定程度的验证，相关证据在一定程度上支持该结论，或许是95%，或者在更严苛的要求下是99%。听起来似乎科学对所有的结论都持模棱两可的态度，因为它没有百分之百的把握。这是一个准确程度的问题，在包含不确定因素的情况下，声称科学绝对正确往往带有一定的风险。与其装作这些不确定因素不存在，不如去了解它们隐含了哪些深层次的意义，这将帮助我们了解“不确定”并不意味着一切都有同样的可能性。如果科学家说他们有95%的把握确定全球变暖的主要因素是人类的活动，那么这个结论的正确性远远大于其错误的可能性。

数学并不依靠证据，而是依靠逻辑，逻辑决定了数学中什么是“正确”的。但这也并不意味着它绝对正确，而只是在数学准则中，也就是在逻辑上它是正确的。

这就把我们带向了一个重要的问题（也可能是一个怨念）：为什么在解答数学题时你必须“展示过程”。很多孩子痛恨数学的原因就在于：他们要解答一些数学题，他们知道答案，他们写下了答案，答案是正确的，但是他们没有“展示过程”，所以没有得到满分。

这公平吗？

关键是，数学不仅仅是知道问题的正确答案，然而，人们对它的认知大多停留在寻找正确答案的层面上。似乎有那么一些你必须知道的事实，这些事实来自老师的传授，学生只是被动接受这些事实，而非质疑它们。因此，老师只负责宣布这些事实，而不是解释或证明这些事实。当然这是一个相对极端的例子，我无意指责所有的数学教学方式，但的确有太多类似的事情发生。

于是学生们形成这样一种印象：数学源自权威，真理自上而下传达，就像独裁政权颁布的法令，人类必须循规蹈矩，不能质疑。这不仅是对数学的曲解，而且是传递给孩子们的危险态度。[1] 如果他们以为知识都来自权威，那么成年后他们很可能事事依赖权威，而忽略了客观准则。他们所相信的一切都取决于他们眼中的权威人物是谁，他们会因此变成不可理喻的人，因为他们的信念并非基于道理，而是基于权威。

这样的情形几乎与数学的本质背道而驰。数学的全部意义就是依据逻辑进行推导，或许除了逻辑本身的基础，没有什么是需要权威来教导的。然而，学校里的数学往往就是问题和解答，还有一份标准参考答案，让你检查自己是否写出了“正确答案”。

但是数学研究没有标准答案，因为没有人知道答案是什么，正

1　戴维·孔教授在他的 TEDx 演讲《知情公民的数学》中对此有生动的阐述。https://youtu.be/Nel5PF8jtsM。

如人生也没有标准答案一样。那么问题出现了：既然没有标准答案，我们怎么知道自己的回答是正确的呢？这就是数学的意义所在：学会在没有标准答案的情况下判断答案是否正确。这也是为什么必须展示过程，因为数学从本质上说就是一个过程。数学不是为了“得到正确的答案”，而是要构建能支持某个答案的逻辑框架。

我们将会仔细研究 $-(-1)$ 的概念，提出许多问题来探寻它的真正含义。这是数学家从事研究工作的标准方式，即深入挖掘自身的直觉，从逻辑上剖析这些思想。提出探索性问题能让我们拥有更强大的逻辑思维能力，只要我们提出问题的目的是深入理解某些事物，而不仅仅是研究和将其一举推翻。

假如我们要给孩子们设计一个攀爬架，要采用各种可能的方式来测试它的安全性。像孩子们一样在上面玩耍恐怕远远不够，我们要在上面蹦跳、拉拽、用重物猛击它、从上面跌落、想尽办法把它连根拔起，之后才能确信它足够安全。数学的严谨性就源于拒绝轻信，那些蹦跳和拉拽的行为能让我们检验数学的准则是否足够坚固。而且，当前的数学准则之所以如此强大，是因为它经历了无数次无情的质疑。我们问的那些貌似简单的问题不仅“不愚蠢”，而且至关重要。

必须承认，深入探讨这类问题有时会费力不讨好。在日常生活中，我们总要坦然接受一些所谓的事实真相，这样才能继续生活下去。当蹒跚学步的孩子怀着无限的好奇心对身边的一切提出各种各样的问题时，这可能是一个探索世界的绝佳机会，但有时你真的需要他们赶紧穿好鞋子，这样你才能走出家门。

然而在数学的世界里，我们并不打算只是按部就班地“生活下去”，而是要建立一个牢固的结构。为一所房子搭建一个牢固的框架似乎并不简单，但总好过急功近利、偷工减料。也就是说，在刚开始从事数学研究时，我们更倾向于印象派的行事风格，在脑海中的某个影像烟消云散之前确定好前进的方向。或者先勾勒出房屋设计的原始想法，然后开始施工。

要理解为什么 $-(-1) = 1$，我们需要深入思考负数和它们的含义，还要深入思考零和它的含义，进而探寻数字到底是什么。这一连串的思考能让我们一窥数学家严密的逻辑推理过程，其初始原因往往在于，他们意识到自己对太多事物过于想当然了。

负数的概念

负数的概念很复杂，因为正数已经足够复杂了。我们知道，正数源于我们意识到不同物体的集合之间存在可类比性，从而将其演化成一个抽象的概念。但是负数不可能来自实物间的类比，我们不会看到“负物体”，也不能数出 –2 个草莓、–2 根香蕉，更不会说“啊哈，这些物体集合的共性就是 –2 的概念”。

但的确有一些标准的方法能让我们理解负数的概念，方法之一是改变方向。如果向前走 10 步，再向后退 10 步，你就回到了起点。这两个不同的方向互相抵消，于是我们就可以称后退的方向为“负”。这是一个合乎直觉的实例，却不那么合乎逻辑（当然它也并不违背逻辑），也不大容易转移到其他负数的概念上。我们怎么才

能理解 –10 个其他东西，比如 –10 个苹果，或者 –10 磅[1]？

另一种方法是通过“债”的概念来理解负数。如果你欠某人 10 英镑，那就说明你不但没有 10 英镑，更糟糕的是你实际上还少了 10 英镑。但这也是一个颇为抽象的概念，孩子们从不会亏欠某人什么东西，他们很难理解这些。你要么有一块饼干，要么没有，欠朋友一块饼干究竟是什么意思？

或许可以这样说，你需要从什么地方找到一块饼干，然后把它送给你的朋友。通常情况下如果有人给你一块饼干，你就拥有了一块饼干。但是欠朋友一块饼干的意思是，即使有人给你一块饼干，你也有道德上的义务把这块饼干送给你的朋友，最终你自己一块饼干都没有。

把道德义务放在与数字有关的讨论中或许有点儿奇怪，但这表明，负数，即使是负整数，也是一个极其艰深的概念，我们必须承认这一点。它要比正整数的概念更抽象，因为正整数至少是某些实体物的抽象演绎，而负整数是把本已抽象的概念进一步抽象化。这个时候你可能已经高举双手投降了，但我欣慰地发现，我们的大脑完全有能力处理这些概念。随着我们的成长，我们越来越有能力应对一些假设的场景，只要我们能充分运用想象力在一个非现实的世界中遨游。这有点儿像魔幻现实主义，也就是超越“虚构”的一个想象级别。虚构是一种基于真实世界的想象，但魔幻现实主义是一种基于现实世界想象版本的想象，在这个场景中，出现略有不

1　1 磅 ≈0.45 千克。——编者注

同的事物是可能的。而“幻想”或许更进一步，它所想象出的场景基于一个并非以真实世界为蓝本的想象版本，更具天马行空的意味。

我觉得一个很有趣的现象是，我们的怀疑似乎只能推进到这个程度。有一些书（我还是不说出书名，以免剧透），其全部内容都是书中的某个人物虚构出来的故事。有人对结尾的大反转深感不安，称不可能有人杜撰出如此完整的虚构故事情节。但这本书实际上就是一个作家虚构的作品，读者显然能接受某个真实的人物创作出一部长篇虚构故事的事实，却不能接受书中一个虚构的人物也能做同样的事。

每个人对虚构故事里的情节都有不同的接受程度，对数学中的抽象概念也有不同的接受程度。有的人喜欢非虚构类作品，有的人喜欢虚构类作品，但不喜欢魔幻现实主义。我个人更喜欢魔幻现实主义，但不喜欢幻想。然而我热爱数学的抽象概念，不仅能接受，而且喜欢并欣赏它。我热爱它自身的存在，更欣赏它所能达成的目的。抽象数学包含了对现实的想象和假设，有时还会把各类假设多次叠加，但都是为了照亮现实。负数从某种程度上说是数学家虚构出来的概念，它包含了日常生活中的各类场景，但并不是直截了当的计数。前进和后退或许与债务截然不同，但是如果我们运用更加抽象的想象力，或许就可以看到其中的联系，就像我们在前面章节里为不同事物寻找关联性一样。

在前进和后退的例子里，我们说如果前进 10 步再后退 10 步，我们就回到了出发点。在债务的例子里，我们说如果欠朋友 10 块饼干，即使有人给我们 10 块饼干，我们还是没有饼干，因为我们不得不把 10 块饼干给我们的朋友。这两个例子都涉及“归零”的概念。因此，要想理解负数，我们先要理解“零”。

零

零这个数字让人颇感困惑，因为它既表示什么都没有，又是一个客观存在的事物——一种代表什么都没有的事物。很难想象零个草莓和零个香蕉之间有什么共性，因为我们根本看不到零这个东西。我曾经发现我有 3 个三孔打孔机、2 个两孔打孔机、1 个一孔打孔机，有人说我还有零个“零孔”打孔机，我有点儿不敢承认。或许任何不能打孔的东西都算是零孔打孔机？这样说来，我的水壶也是零孔打孔机，还有我的计算机、咖啡杯，实际上我所有的东西都是零孔打孔机。

同样，放眼四周，我们随处可“见”零个草莓，以及各种各样的零个东西。这可奇怪了，如果你和我一样，你现在就会有点儿头晕，因为你意识到，到处都是零个各种各样的事物。我需要闭上眼睛，深吸一口气，回到现实中来。实际上，在想象中突然“看到”所有这些零事物所带来的困惑感，就是我在从事数学研究中经常浮现出来的感觉。它往往伴随着一种轻微的眩晕感，一种一个无限想象的世界突然闪现在眼前的感觉，伴随着迷惑、慌乱、兴奋，然后回到现实。我喜欢这种感觉。

零的概念具有漫长复杂的历史，可以写成一整本数学历史书。

这不是我的目的，我的目的是验证零有点儿奇怪的感觉。而且，零的概念与把这个概念当作一个数字纳入我们的数字体系，是完全不同的两件事。这是一个相当重要但极其微妙的差别，在我看来，这与数学究竟是一个发明还是一个发现的问题有关。我的立场是，数学的概念存在已久，因此是人类的一个发现，但我们书写数学以及利用数学进行推理的方法是人类独特的行为，因此算是一项发明。有时候，概念与研究概念的方法极易混淆，所以我觉得没必要（也不重要）区分发明还是发现。

很多古代文明[1]，包括古埃及、玛雅、古巴比伦和古印度文明，都认可零的概念，并赋予它一个符号。古希腊人对零的身份明显有些顾虑，因此不把它当作一个数字。直到今天，很多人对什么可以被算作数字还有不同的见解，大部分人似乎已经接受了零、负数和分数的概念，但当我们接触高等数学中的“虚数”等概念时，问题就变得复杂了。（或许你还不知道那是什么，我们会在第 4 章做详细的介绍。）我曾经收到一些人发来的怒气冲冲的电子邮件，告诉我虚数不应被称为数字，因为它们根本就不是数字。（当然这件事不能怪我，但人们依然坚持找我来伸张正义。）的确，什么才算“数字”的问题迫使我们不得不对数字做出更精确的定义，这不禁让我联想到历史上人们对数字越来越宽容的接纳度，不过是有人后知后觉罢了。这并不奇怪，我们对整个社会也表现出愈加宽容的态度，后知后觉者或许接纳了女性和黑人，但不接纳同性恋，或许接

1　值得一提的是，我们通常所说的“古希腊人”其实来自希腊帝国的其他部分，并非希腊本土。我在第 4 章还会详细介绍。

受了同性恋和双性恋，但不接受变性人。

用一种简便的方式来回答零究竟是不是一个数字的问题，就是巧妙地回避它。“数字”是什么很重要吗？与其操心这件事，我们不如构建一个把零作为基本构成要素的世界，然后看看这个世界是什么样子的。我们不需要说明零究竟是什么以及它代表了什么，只需要观察它是如何与系统中的其他元素互动的。

在数学中，通常的方法是基于以往的世界进行构建。目前我们已经有了一个从1开始、运用加法构建的世界，得到了所有的数字1、2、3等等。当把0放入这个世界时，我们就需要知道如果我们把它“构建”在其他数字之上会发生什么，也就是让它与其他数字相加的结果是什么。私下里，我们都认同0表示什么都没有，于是我们就可以说，任何数字与0相加都不会发生变化。也就是1+0=1、2+0=2、3+0=3，以此类推。我们无法列出所有的等式，因为有无穷多的数字还在后面等着。于是我们把结果概括为：

如果我们用任何一个数字与0相加，
结果都与这个数字相同。

这看起来有点儿啰唆，我们可以给数字起一个名字，比如x，并让它代表“任何一个数字”。我们现在把一个数字变成了一个字母，这个变化可能会让你的内心惶恐不安，我们稍后会讨论这个问题。但现在我希望你至少能看到（我是说字面意思），这么做能让我们把上述文字变成一个更简单的表达式：

对于任何数字 x，$x+0=x$。

这有点儿像投机取巧，因为我们并没有解释为什么零是一个表示什么都没有的数字，而是说它与一个数字相加的结果是什么。这就是典型的抽象数学，或许比较实用，但的确不那么具有启发性。我们把某些直觉认知转化成可推理的元素，目的就是对其进行推理，却使它失去了某些直觉的色彩。这种矛盾关系一直存在于抽象数学领域。[1]

不管怎样，我们给自己创造了一个包括零在内的世界：我们把它放进去。于是我们可以说，“我宣布存在一个叫零的东西，它依据上述规则与其他数字互动”，然后我们继续我们的游戏。再然后，我们可以用同样的方式阐明负数的意义。

负数

要构建一个负数的世界，我们需要采用与零相似的回避技巧：我们无须表明负数到底是什么，而是说它可以做什么。正如“后退10步”回到起点，负数的概念也是让我们“回到起点”的一种方式。沿用这个例子，我们的起点就是零，这也是我们需要零的概念的原因。

因此我们决定在我们的世界里加入一些新的基本构成要素，尤

1　戴维·贝西在《数学软件》（*Mathematica*）一书中对此有深入的阐述。

其是那些能让我们回到起点的构成要素。-1 的概念就是“能抵消 1 的东西”，就像某种反物质。我小时候一直以为辣椒是盐的反物质，也就是说，如果菜里放了太多的盐，你可以加一些辣椒来中和咸味。事实并非如此，这让我耿耿于怀，其实并没有什么好方法来解决菜太咸的问题，而且我不喜欢辣椒，所以辣椒对成年后的我来说是双重失望。

-1 与 1 抵消的正式表述方式是 -1 与 1 相加结果为 0。这种让某个数字与另一个数字相抵消的过程叫作“逆运算”，在这个例子里被称为“加法逆元”，因为我们是在逆向操作加法运算。现在，我们不想只抵消 1，还要抵消所有其他的数字。

这时我突然意识到，从个人层面说你可能并不希望抵消掉任何东西，但我只是试图阐述这种行为背后的数学冲动。所以当我说“我们想要”时，我真正的意思是“这就是数学的冲动”。我知道人们有不同的冲动，有人看到衣柜的门敞开着就有冲动去关上它——我不是这样！有人看到一座高山就有爬上去的冲动——我也没有这种冲动。但我的确有一股数学冲动，也可以说是举一反三的冲动：当抵消了一个东西后，我就想看看能否抵消所有的东西。正如我在厨房里常有的那种冲动。比如，我用一种面粉制作了蛋糕，之后就想尝试用其他面粉制作蛋糕——小麦粉、燕麦粉、杏仁粉、米粉、椰子粉……

当遵循这种特殊的数学冲动时，我们就会发现，一旦把 -1 定义为能抵消 1 的基本构成要素，我们就可以用它来构建能把所有整数都抵消掉的要素体系。这是因为，所有的整数都来自 1 的多次叠加，于是我们就可以用同样次数的 -1 把它们抵消掉。

例如，我们把两个 -1 合在一起，就能抵消掉两个 1。写成等式就是：

$$(-1)+(-1)=-2$$

看起来有点儿像给 -2 下定义，但并非如此：-2 在这里的概念是“能与 2 相抵消的东西”。[1] 逻辑步骤如下：

- 我们有一个基本构成要素 1。
- 根据这个世界的定义，2 来自 $1+1$。
- 根据这个世界的定义，-2 能抵消 2。
- $\{1+1\}+\{(-1)+(-1)\}=0$，因此 $(-1)+(-1)$ 与 2 抵消。
- 因此 $(-1)+(-1)$ 就等于 -2。

如果你的头脑依然冷静，你就可以想到 $-(-1)$ 等于什么。要记住，负数能与其他数字抵消。这么说似乎不大确切，还是让我们使用字母来代表一个“东西”：$-x$ 表示“能抵消掉 x 的东西（依据加法运算）”。

因此“$-(-1)$”就是“能抵消掉 (-1) 的东西”，而与 (-1) 相抵消的东西就是 1，这就是为什么 $-(-1)=1$。我们可以写下这个逻辑推理过程：

1　有一个细微之处必须澄清，对于任何数字 x，只存在一个能与其抵消的数字，否则 $-x$ 的概念就会变得模糊。

- 我们有一个基本构成要素 1。
- -1 能与 1 抵消，因此 $1 + (-1) = 0$。
- $-(-1)$ 能与 -1 抵消。
- 但等式 $1 + (-1) = 0$ 告诉我们，1 能与 -1 相抵消。
- 因此，1 等于 $-(-1)$。

这样的表述似乎是一个痛苦的过程，但颇具启发性。我经常会发现，那些在学校里被视为“数学高手”的学生觉得它很难，而那些被视为“数学菜鸟”的学生觉得它很有启发意义（就像我的那些艺术系学生）。我已经不记得自己最初接触这个过程时的感觉，但现在依然认为它是唯一能让我产生满足感的推导过程，因为它真正触及了问题的根源和本质。

你或许在想，我们为什么要在意这件事？实际上，我的确认为并非所有人都应该关心这类事情，因为我们都有不同的关注点。说到底，我觉得所有人都应该关心如何减少人类的痛苦、暴力、饥饿、偏见、排外和悲伤。除此之外，我希望所有人能更深入地思考我们为什么以及如何把某事认定为真。

如果人们都认为自己是正确的，却没有一个统一的准则，那就可能产生各种问题，并最终让我们陷入矛盾、分歧和阴谋论。这呈现出一种怪异的平衡，因为我们总是将主观见解与客观事实混为一谈：有时所有的见解都是正确的，但人们偏要说它们不正确；有时并非所有的见解都正确，但人们偏要说它们正确。

有些事情仅仅是个人的见解，每个人都可以保留自己的见解，比如对食物、音乐和电影的偏好。然而，总有人觉得品位也有对错之分，我不喜欢吐司，也不喜欢莫扎特，这并不意味着我错了，因为根本就没有对错的概念，我只是不喜欢它们。（然而，总有人试图告诉我这件事我错了。）

然而，在另外一些情况下，并非所有的见解都具有同等的效力。如果某件事得到了大量的证据支持，那么我觉得还是应该对其表示认同，而不是去相信那些没有任何证据支持的事情，比如地球是平的，或者2020年美国总统大选结果被民主党人恶意操纵。（并没有民主党大范围恶意操纵的证据，相反，的确有一些证据表明，存在有利于共和党人的选区划分和选民压制。当然，这并不意味着哪一方必然正确或错误，但至少表明某一方的主张与证据相抵触。）

数学家尤其不会预设自身正确的立场，无论事情在感觉上多么正确。感觉往往只是一个起点，它有可能把我们引入歧途，因此我们要不断质疑这种感觉，直到找到能支持它的严密的逻辑论证才承认其正确性。这种自我质疑的过程往往会伤害自尊，但数学的根基往往因此变得更加稳固，这反过来让更多的数学理论得以发展壮大。直到近期（在数学漫长历史的背景下），数学家还在尝试为数字做出更精确的定义。

当数学家感到不安时

究竟什么是数字？我们之前回避了这个问题，但如果我们接触到更复杂的数字，这个问题就不那么容易回避了。我们经历了一个极其复杂的过程才说清楚整数的概念，包括负数，但我们毕竟做到了。如果再前进一步，阐明分数的概念恐怕会更复杂，它也被称为“有理数”，因为它代表了一种比例关系。但与此截然不同的是所谓的“无理数”。对于这类数字，实际上不难说出它们在世界上描述了什么，但很难把它们构建成一个数学世界。在面对整数的时候，我们认为数字 1 是基本构成要素，并以此来构建整个世界。那么对于无理数，它的基本构成要素是什么就很难讲清楚了。

你可能已经不记得什么是无理数了，所以我本应告诉你它的定义，但问题就在于很难描述它的定义。有时候无理数被定义为“无限不循环小数”，但这究竟是什么意思？如果一个小数以不循环的方式无限延续，我们怎么知道它是什么样子？无论我们列举出多少小数位，都可能漏掉一些（实际是无穷多）小数位，而我们又无法以某种标准的模式来描述它们，因为它们的特点是永不重复，没有模式可言。

这时候你可能再一次感到费解、困惑、眩晕、不知所措，这些都是经常出现的数学直觉。所谓的“数学高手”对这类问题往往面不改色，从容应对，让那些困惑不已的人觉得自己像个“数学废柴”。事实并非如此，如果有些人欣然地接受了这些概念，那就说明他们必然遗漏了某些细节。

无理数的故事可以追溯到很久以前，它们的出现甚至早于数学家找到理解它们的有效方法。古希腊的数学家已经发现某些东西无法用分数来表示，找到这样一个“数字”并不难（难的是如何证明它不是分数），例如下面这个正方形：

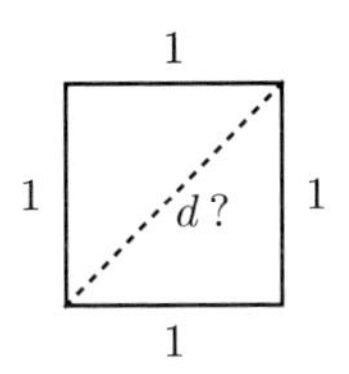

这个正方形的边长为 1。你可能会问长度的单位是什么，但抽象数学的美妙之处就在于，长度单位并不重要。1 就是一个长度，仅此而已，既然不重要，我也就不做说明了。

现在，我们来看看这个正方形的对角线长度是多少。（你或许又搞不懂我们为什么要操心它的对角线，我只能说这也是一种数学冲动。）如果你还记得毕达哥拉斯，你就能把这个数字计算出来：毕达哥拉斯定理说，一个直角三角形“两条短边的平方和等于长边的平方”。这个定理可以简洁地表述为（又是字母！）：

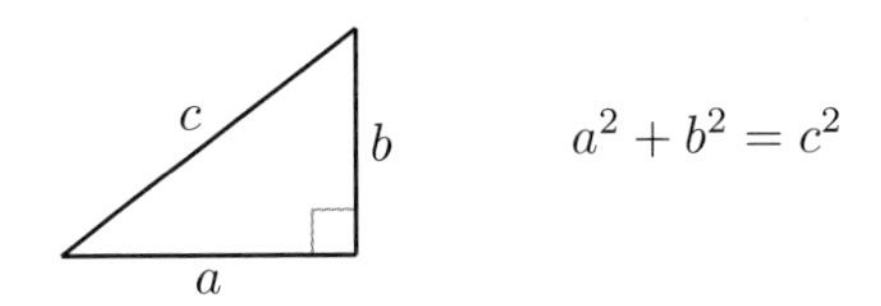

于是我们可以把这个定理套用到正方形中的一个三角形上：如果对角线的长度是 d（字母又出现了），那么它的公式就是：

$$1^2 + 1^2 = d^2$$

这告诉我们：

$$2 = d^2$$

它表示，d 是一个平方数为 2 的数字。然而，我们有可能发现，没有任何一个分数 d 能满足这个条件。这意味着我们只有两种选择：正方形的对角线是一个无法测量的长度，抑或必然存在一种无法用分数来表示的数字。

第一个选择从逻辑上讲并不意味着末日降临，只是让人感受到一丝局限，不那么令人满意。怎么会出现一个没有长度的线段呢？良好的数学直觉让我们察觉到怪异之处。如果我们只允许数字包含分数，那么分数之间就会出现没有数字的微小空白地带。我们可以在空白处放上一个分数，但如果放大来看，空白依然存在。就像我们尽量放大计算机显示器的曲面屏幕，最终只会看到单个的像素一样。

如果数字之间存在空白，那就说明在成长的过程中会有那么一刻我们没有身高数值，这真是太匪夷所思了。因此另一个选择就是，允许一类崭新的数字走进你的生活。

你当然可以决定不让某些东西走进你的生活，很多人就顽固地拒绝接受新事物（比如同性婚姻、非二元性别，或者女数学家），但数学不是这样的（遗憾的是，有些数学家就是这么想的）。数学并非一成不变的僵化知识结构，它总是想接纳新事物。它不一定会让更多的事物进入某些特定的领域，但总是乐于研究一个新的世界，观察新事物如何与旧事物和谐共存。

因此，数学对正方形的对角线显然采取了一种包容的态度，它绝非没有长度，所以必然存在一种分数以外的数字。接下来的问题就是：如果它们不是分数，那么它们是什么？

1872 年，数学家格奥尔格·康托尔和理查德·戴德金（分别）在思考该如何用严谨的方式向学生们传授数字的概念。我想象中的场景是这样：就像所有优秀的教师所做的那样，他们在备课时也会猜想学生们的反应，想着如何引起他们的共鸣，并为学生们有可能提出的各类问题准备好答案。这样做能促使优秀的教师更深入地理解授课内容，因为学生有可能从各个角度提出问题，你自己必须从各个角度理解相关知识点。康托尔和戴德金都发现，数学家构建的数字系统并不严谨，于是他们开始动手填补空白。

人类与生俱来的好奇心推动着他们在同一时间开始研究这个课题，但方法截然不同。如果不介绍大量的技术背景，二人的研究方法就很难被解释清楚，但我尽量说明他们的思路。康托尔的想法更像“无限不循环小数”，他借用另一位伟大数学家奥古斯丁·路易斯·柯西的思想，找到了一个精确描述这类小数的方法。因此他的结论通常被称为“柯西实数”，尽管这有些令人费解，但仍值得人们尊敬。戴德金的想法更像找出所有切蛋糕的方式，而不是试图拾起所有的碎屑。如果你找到了所有的切蛋糕的方式，你实际上就已经间接地找到了所有的碎屑。两种思路都为我们提供了填补分数之间的空白的方法，从而构建了一个严谨的数字结构。

然而，我在这里并不是要解释康托尔和戴德金的“实数”结构，也就是包含了无理数的数字体系，我只是想说明，只有深入理解某些事物，才能将其更好地传授给他人，这也是推动数学研究持续发展的因素之一。康托尔和戴德金为精确定义实数概念所做出的贡献，推动了整个微积分领域的发展，而这反过来又使当代世界的所有发展得以实现。这一切都来自两名担心不能回答学生提问的教授。

学生提问的重要性

在我看来，学生提问的重要意义不容忽视。这就是我为什么要鼓励学生提出探索性的问题，这些问题源于他们不仅接受我们所说的，而且知道自己想了解为什么，以及它们来自哪里。这些问题听起来可能很幼稚，但事实证明它们是极其深奥的。顺便说一句，这样的问题与某些言不由衷、自作聪明的问题完全不同。有的学生提问是想考验或测试教授的知识水平，或者发现他们的弱点，抓住他们的把柄（多半是面对女教师，尤其是非白人女教师）。

我不怪这些学生，因为我们的教育制度在很大程度上就鼓励这种类型的“小聪明”：通过驳倒某人，把对方逼到角落里，使其无言以对来“赢得”一场争论。遗憾的是，这种风气导致教师不得不设法摆脱窘境，有时候就会气急败坏地说学生的问题很愚蠢。我希望我们能终止这样的恶性循环。

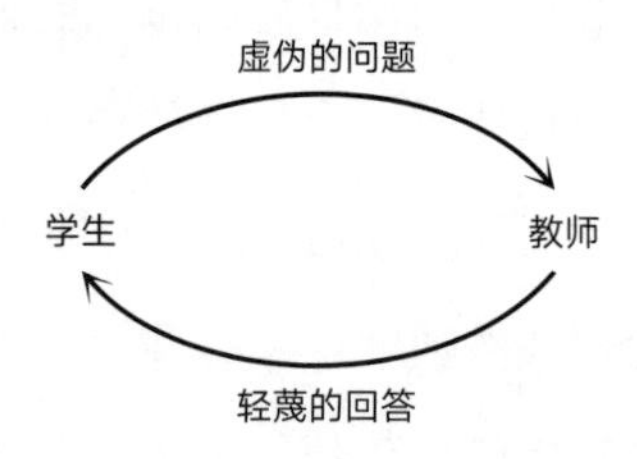

方法之一是不再推崇这种零和式的聪明（一方聪明必然就有一方愚蠢），而是鼓励那些真正的、朴素的问题。我们经常把问题分成“好问题”和“蠢问题”两类，但我更倾向于把问题分为人们真正想要深入理解某些事物的问题，和那些试图展示自己有多聪明的

问题。

人们为了真诚地理解某些事物而提出的问题，在我看来都是好问题，而且乍看之下，越幼稚的问题越能引发我们的思考。我喜欢孩子们经常提出的一个问题，一个圆究竟有几条边：一条都没有（因为没有直线边）、一条边（整个一条曲线），还是有无数条极短的边？

人们很容易认为这些答案相互矛盾，因此我们会觉得其中一个是正确的，其他的都是错误的。然而遗憾的是，我们就是因此把生活变成一场零和游戏的，尤其是在争吵和意见不一致的时候，而并未想到我们完全可以采取一个所有人都愿意接受的立场，这会让我们有机会更深入地理解某个问题。我更愿意把零和方式称为“独进”（ingressive），把合力探寻深层次理解的方式称为“共进”（congressive），这是我在《$x+y$：一位数学家的性别反思宣言》（*x+y: A Mathematician's Manifesto for Rethinking Gender*）一书中引入的特定词语。探寻深层次理解的方法要比通常研究数学的方法涉及更多的细微差别。

二元逻辑与细微差别

这里就出现了一个矛盾。一方面，在很多情况下，两个明显矛盾的立场都有可能是正确的，这意味着我们并非处在一个非对即错、非黑即白的二元环境中。然而另一方面，数学是一门基于逻辑的学科，而且大多是二元逻辑，也就是一个命题非真即假。我是不是自相矛盾了？我希望你能理解，我想要表明这两种理论都是正确的，它们其实并不矛盾。关键之处在于，领会那种“彼此都有理”的感觉，它与我们用来构建数学基础的二元逻辑理论在不同的层面上运作。

作为数学基础的逻辑，或许是我承认数学答案有对错之分的根本所在。但这仅仅是指我们用来构建理论体系的基本逻辑，而非理论体系本身。基本逻辑源于逻辑蕴涵，其表现形式是“A 蕴涵 B”，其中 A 和 B 都是命题。这项逻辑蕴涵的意思是“当 A 为真时，B 必然为真”。另一种表述“A 蕴涵 B”的方式是“如果 A，则 B”（或者更简单地说，“A 为真，B 也为真”）。

在某种意义上，像这样的陈述是二元的，但其中也有细微的差别。从一个命题非真即假的意义上说，它们都是严格意义上的二元逻辑。要么 A 迫使 B 为真，也就是该蕴涵为真；要么 A 不能迫使 B 为真，也就是该蕴涵为假。歧义仍然存在，比如 A 或许并非导致 B 为真的唯一因素，而可能在某种程度上推动了 B。但是在数学逻辑中，这种情况仍然被认为蕴涵为假。这就是建立细微差别的意义：因为细微差别被吸收了。我们可以看看下面的表述：

如果你是人类，则你是哺乳动物。

从定义上说，这个命题绝对为真，因为根据生物学，人类是哺乳动物的一个分支。但是再看看这个表述：

如果你是白人，则你是富人。

并非所有的白人都很富有，但是有些白人的确富有。更重要的是，无论在英国还是美国，平均来看，白人的确比黑人更富有，或许在全球范围内都是如此。我们或许会说，这种蕴涵关系有时为真，有时为假，或者平均来看为真，但这样的结论不被二元逻辑接受，基本逻辑理论把“有时为真”的结论视为蕴涵为假。这就是我主张的二元逻辑吸收细微差别的现象。

如果细微差别被吸收了，你可能会想它是不是被丢弃了。然而，一个重要的现象是，它并未被永久吸收。我们在数学领域进行的抽象化处理并非永久性的，而只是临时的举措，让我们以此深入理解某个现象。我们还会不断提炼我们的思想，即使使用二元逻辑，我们也可以不断探索更深层次的细微差别，并将其表述出来。例如：

在英国和美国，白人的收入中位数高于黑人的收入中位数。

但个人收入并非衡量财富的唯一标准，我们还应该关注家庭收入或家庭财产总值。我们可以看看社会资源的分配情况，比如教育和医疗保健以及一些社会因素，如投票权、监禁和警察暴力。我们还可以抛开中位数，以百分位数为标准。类似的细微差别还有很多。

比如，我们还可以将细微差别纳入不同的背景环境，也就是说，我们或许可以在任何背景条件下对其进行正确或错误的二元判断，只是在描述具体的背景时加入一些细微差别。正如 1 + 1 不一定只有一个正确答案，但是在某个特定背景条件下它的答案是唯一的。同样，“所有人都是种族主义者”这个命题可真可假，取决于我们对“种族主义者”的定义，也取决于我们讨论这个话题是为了探究“种族主义者”的含义，还是为了（徒劳地）指责某人。

总之，我承认，在某种意义上，数学确实对正确与错误有着清晰无误的判别标准，因为它基于逻辑运作。逻辑朝着特定的方向运行，违背这些方向就是不正确的。然而，这与声称“1 + 1 = 2”并断言这是唯一正确的答案的行为并非同一对错类型。逻辑的对错更多是推导过程的正确与错误。例如，我们知道“A 蕴涵 B”为真，那么只要 A 为真，我们就可以正确地推导出 B 为真。但如果我们知道 B 为真，并不意味着我们可以推导出 A 为真，这是逻辑上的错误。日常生活中这类错误数不胜数。比如，我们知道非法居住在这个国家的人都是移民，因为他们必然来自国境之外的某个地方。但有人声称移民都是非法居住者，这就是一个错误的逻辑，这里不存在正确与错误的细微差别，因为逻辑本身就是错误的。从另一方面来看，有人害怕移民，他们可能反对移民政策，不喜欢与移民相处。我认为持这种观点的人相当无知、令人反感、带有偏见、心胸狭窄，而且往往很虚伪，但是他们的观点在逻辑上并没有错误。

所以我会说，数学并不是为了找到正确答案，而是要构建无懈可击的证明过程。

合理解释而非正确答案

大学里的数学不再关注答案，而是关注证明过程，这可能会让那些以前喜欢数学的人（因为他们发现很容易得到“正确答案”）难以接受。大学里的数学题不再是“这道题的答案是什么”，而是变成“证明这是正确答案”。甚至“答案”已经在问题中给出，你只需要表述证明的过程。

我们也可以改变孩子的思维方式。对于这个问题，我最欣赏克里斯托弗·丹尼尔森在《谁与众不同？》（*Which One Doesn't Belong?*）一书中的观点。书的每一页都有4幅图片，并提出一个问题“谁与众不同？”。但其实每张图片都有与众不同之处，这取决于你如何认定“同”与“不同”的标准。因此并没有所谓正确与错误的答案，只有不同的选择。这样的思维方式让我们开始摆脱追求正确答案的束缚，转而关注证明过程。

我能想象得出在其他场合应用这种思维方式，比如乘法表。与其问孩子“6×8等于几”，还不如说“告诉我为什么6×8 = 48”。如果我们问“6×8等于几”，他们很有可能仅仅是“知道”问题的答案，我就能不假思索地说出“六八四十八”。但是如果有人不相信我的答案，我可以采用各种各样的方式来证明我的答案，比如：

- 以8为间隔计数：8、16、24、32、40、48。
- 我可以说6 = 3 + 3，为了回答6个8是多少，我可以算出3个8，再加上3个8。
- 同样，8 = 4 + 4，所以我可以让6个4加上6个4。
- 我可以说6个8等于8个6，而8 = 10 – 2。所以为了算出8个6，我可以先算出10个6，再减去2个6。
- 或者6 = 5 + 1，我可以算出5个8，再加上1个8。

学校已经开始应用类似的教学方式，因为学生们需要学会运用不同的“策略”来解决同一个问题。我经常听到家长们抱怨这种无意义的行为，说孩子们已经知道了一种方法，为什么还要学习其他方法（尤其是当家长自己也不知道这些方法的时候）。

用不同的方法来思考某件事的意义在于，它能让你对这件事有更深刻的理解，让你有机会利用更多的方法来检验你是否已经把事情做对了。比如，你为了修缮屋顶而搭建一个脚手架，在把性命交付给这个脚手架之前，你总要用多种方法而不是一种方法来检验它的安全性。

这就是为什么数学不仅关乎得到正确的答案，而且关乎如何知道答案是正确的。但有一个问题，乘法表出现在数学教育相对早期阶段，“数学高手”往往很快就掌握了基本的乘法表。这让人觉得他们好像记住了所有的内容，然后制造了一种假象，即背诵乘法表是学好数学的关键。

事实并非如此。我个人从未背诵过乘法表，我的博士生导师马丁·海兰给我讲了一个他小时候与乘法表的故事。在他 8 岁的时候，班里每天都要测验乘法表，如果有学生连续 3 天答对了所有的问题，那就不需要再参加测验了。他是班里唯一一个从未答对所有问题的孩子，他也是班里唯一一个后来成为享誉世界的数学家和剑桥大学教授的人。正如他所说，他“总是记不住那些看似毫无意义的事情”，但是“对见解形成的过程有良好的记忆力”。抽象数学就是见解形成的过程，但可惜的是，太多的孩子把乘法表当成只需要死记硬背的无意义的工具。

我并不是记忆高手。我知道乘法表，也能快速地背诵出来，但或许只是 10 以内的数字相乘（顶多到 11 吧）。我并没有刻意去记这些内容，至少没有采取死记硬背的方式。它们存在于我的记忆中，或许就像我的名字也在我的记忆中一样，但要说我记住了自己的名字或许有点儿奇怪。我更倾向于说我知道乘法表，或者也可以说我“消化”了乘法表。总之，我充分理解数字间的各种关系，能利用不同的方式很快把它们记在脑海中，包括心理成像、运用交换律（数字相乘的顺序对结果没有影响）、结合律（乘法的组合方式对结果没有影响），以及乘法对加法的分配律。这也让我拥有了更多的方法向不理解的人解释清楚，我非常享受这个过程。这就是为什么我如此热衷于教学，尤其喜欢与那些经常提出幼稚问题的学生互动，而不喜欢跟自以为所有问题都“显而易见”、不需要解释的学生打交道。那些所谓显而易见的问题往往最能说明数学证明过程的重要性，如果对其视而不见，我们就会错过数学中很多深奥、富有启发性的内容。一个经典的例子就是除以零。我想用这个问题来结束这一章，并汇总我们前面讨论过的所有数学准则。

为什么不能除以零

为什么不能除以零的问题困扰了几代数学家。有人认为原因显而易见：我们如果把一包饼干分给每个人，每人零块，那就永远都不能把饼干分完。但是这取决于如何解释“除”的概念，因此还有另一种解释：如果我们把一包饼干分给零个人，每个人得到几块饼干？这就有点儿棘手了，看起来每个人得到了零块饼干，但也可能每个人得到一块饼干，反正只有零个人，我甚至可以说每个人得到了两块饼干。我们说“每个人”，但一共也只有零个人，这种现象叫作“空集”：这些条件都能得到空洞的满足，因为我们把它应用在一个空集上。这就像我说我家里所有的大象都是紫色的，我家有零头大象，每一头都是紫色的。

为了搞清楚为什么不能除以零，我们需要更好地理解什么是“除法”。除法是个相当复杂的概念，比乘法更难理解，而乘法已经比加法复杂很多了。部分原因在于，我们在日常生活中对除法有两种不同的理解方式。

例如，要计算 12 除以 6，你需要拿出 12 张纸牌，分给 6 个人。你可以像平常玩纸牌一样分给每人一张纸牌，然后从头开始再分给每人一张纸牌。最后看每人拿到了几张纸牌，因此结果是 2。

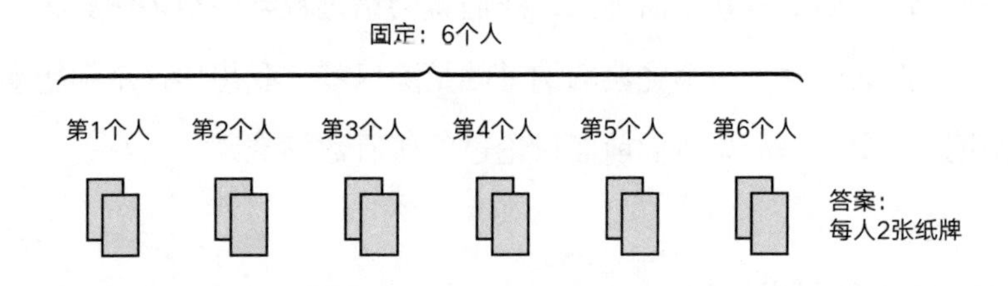

但还有另外一种方法，这一次你还是拿出 12 张纸牌，把每 6 张牌放在一摞，最后看看一共分成了几摞，因此结果是 2。

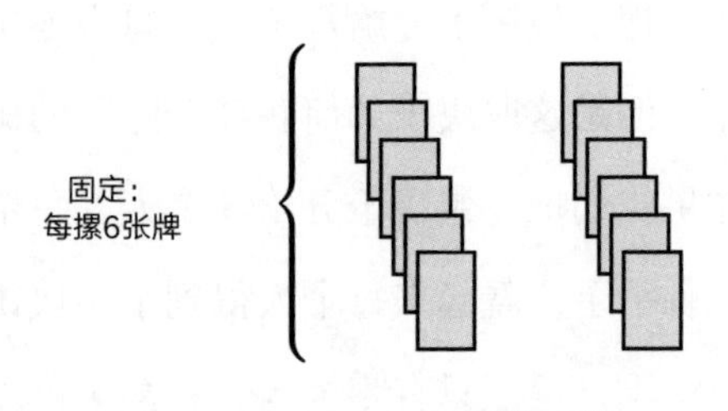

两种方法的差异可能令人很困惑。有一次，我帮助一名小学生解决除法的问题，她找到一本参考书，可是书里只解释了上述第一种方法，而她执着地想要使用第二种方法。

无论你用哪种方法，答案都是一样的，但过程截然不同。正如第一个例子的答案是“2 张纸牌”，第二个例子的答案是“2 摞”。在第一个例子中，你固定了摞数，计算每摞有几张纸牌；在第二个例子中，你固定了每摞的纸牌数，计算有几摞。而二者的答案竟然相同，这明显不是一个一目了然的结果，至少对我来说不那么一目了然，从数学逻辑上看也不是那么明显。因此我觉得，认为答案相同并非理所当然的人，要比认为它的确理所当然的人更像数学家。但是后者更有可能以最快的速度完成作业，并受到表扬，而前者坐在那里苦苦思索，对数学似乎有那么一点儿迟钝。

数学家不会使用上述任何一种方法给除法下定义，因为其中涉及太多的模糊地带。另一个原因是，我们已经有了一个相对成熟的方法，不需要另辟蹊径：就像我们应对负数一样，让它与某些运算过程相“抵消”，也就是进行逆运算。负数被我们当成加法的逆运算，它能抵消加法的运算过程。那么对于除法，我们也可以把它想象成乘法的逆运算。由此我们不仅可以重复利用既有的逻辑，还能用更严谨的方式讨论除以零的问题。

除法作为逆运算

从严格的数学意义上讲，除法被定义为与乘法相抵消的过程，正如我们把负数定义为抵消加法的过程。也就是说，在抽象层面上减法与除法其实是一回事，当然我们要极为谨慎地使用这样的类比。

我们在阐述负数的概念时，首先思考的是“抵消加法，回到起点”，也就是回到 0。我们已经把 0 定义为加法中“无所作为”的数字，也就是说，任何数字与 0 相加结果都不会改变。于是我们首先需要找出乘法中“无所作为”的数字，当然不再是 0 了，因为任何数字与零相乘都会发生改变——都变成了 0。[1]

乘法中“无所作为”的数字是 1。我们让任何数字与 1 相乘，结果都不会改变。我们同样可以用更正式的方式来表述这个结论，让字母 x 代表起始数字，因此，对于任何数字 x，$x \times 1 = x$。

表示“无所作为”数字的专业术语是“单位元”。我们说 1 是“乘法单位元”，0 是“加法单位元”。接下来我们就可以研究如何抵消某些数字，让我们回到单位元。对于乘法我们可以问：怎样才能抵消数字 4，回到 1？能帮助我们实现这个目的的数字是 $\frac{1}{4}$，也就是：

$$4 \times \frac{1}{4} = 1$$

这就是我们抽象地定义分数的方法，就像我们定义负数：我们认为世界上所有的数字都存在一个“乘法逆元”，于是把它们视为基本构成要素。“除以 4”的意思就是“乘以 4 的乘法逆元”，正如“减去 4”的意思就是“加上 4 的加法逆元”。

---

1 我知道，0 与 0 相乘的结果还是 0。

可问题在于，这样的解释并没有讲清楚如何计算出除法的答案，比如 12 除以 6 到底等于几，而只是告诉了我们计算的原则：

$$12\times\frac{1}{6}$$

它的意思是，“12 乘以能与 6 抵消的数字”。在实践中，我们通常要弄清楚如何把 12 表达成“某数与 6 相乘”，这样才能让$\frac{1}{6}$与 6 抵消。也就是说，如果我们能想到 12 等于 2×6，那么我们可以这样做：

$$\begin{aligned}12\div6&=12\times\frac{1}{6} && \text{根据定义}\\&=2\times6\times\frac{1}{6} && \text{把 12 重新表述为 }2\times6\\&=2 && \text{用}\frac{1}{6}\text{抵消 6}\end{aligned}$$

如果你认为这个过程看起来很复杂，我完全同意，这正是我想要说明的一点：除法真的很复杂。或许你现在觉得还是分纸牌的方法更好理解，的确如此，但是它具有一定的局限性。用逆元来抽象地定义除法，让我们能更加深入地研究它的概念，还能扩展到图形和对称的世界，那里可没有办法分纸牌。

抽象的方法还能让我们通过类比负数来理解这个问题。例如，我们立即就能理解 $-(-x)=x$，它的意思是“x 的加法逆元的加法逆元等于 x”。我们也可以借此进行乘法逆元的操作。我们先表

明 $\frac{1}{x}$ 是 x 的乘法逆元[1]，也就是说它能把 x 抵消为 1：

$$x \times \frac{1}{x} = 1$$

那么 $\frac{1}{x}$ 的乘法逆元是什么？这将是一件让很多学生感到恐惧的事情，即除以一个分数的问题：

$$\frac{1}{\frac{1}{x}}$$

但这只是“能与 $\frac{1}{x}$ 抵消的数字”，我们已经知道 x 就是这个角色的不二之选，于是我们知道：

$$\frac{1}{\frac{1}{x}} = x$$

因此在以下抽象层面上，上述结论与 $-(-x) = x$ 的结论“完全相同”：x 的逆元的逆元等于 x，无论你使用何种逆元（只要这个逆元存在）。

在更广义的层面上，这也解释了为什么当除以一个分数时，我们需要把它“倒过来”相乘。当然以现在所处的位置，我们还需要若干步骤才能讲清楚这个问题。但我真正想要说明的是，为什么这个过程表明我们“不能除以零”。或者，我想阐明从哪种意义上讲我们不能除以零。

1　如同加法逆元一样，我们必须表明只有一个数字能与 x 抵消，否则这个定义就会产生混淆。

什么时候可以除以零，什么时候又不可以

我们面临的问题是，除以零的意义是什么？我们刚刚阐明，除法意味着“乘以乘法逆元”。你或许觉得 0 的乘法逆元就是$\frac{1}{0}$，然而这个数字并不存在。事实的确如此，但还有一些逻辑问题没有被解决：我们怎么知道$\frac{1}{0}$不存在？就不能先把它当成一个基本构成要素，像$\frac{1}{2}$、$\frac{1}{3}$、$\frac{1}{4}$一样，不需要了解它们的含义，先丢进数学的世界里，看看究竟会发生什么？这真是个不折不扣的好问题。

问题的关键在于，如果我们这么做，会遇到极为尴尬的局面。如果这个新的基本构成要素是 0 的乘法逆元，那么它就能“把 0 抵消为 1”，这意味着它是这样一个数字：

$$0 \times a = 1$$

然而这个等式并不成立，因为 $0 \times a$ 的结果永远是 0。这说明 0 没有乘法逆元：没有任何一个数字能满足命题中的条件，至少在常规数字体系中是这样的。这也是为什么我们说“不能除以零”，它表示在常规的数字体系中，0 没有乘法逆元。

另一种思考方式是，“乘以 0”的运算过程不可逆，因为其结果永远是 0。我们已经无法找到出发点，遑论回到出发点，因为一切都变成了 0。就像我要创造一串密码，方法是把所有字母都变成 X，于是我给你发送了一段这样的密码：

XXXX XX X XXXXXXXXXX XXXXXXXX

你无论如何都无法破解它，因为所有字母都是一样的。

现在，一个重要的问题是，我们在分析的过程中利用了一个假设，即 $0\times a$ 永远等于 0。你或许会想为什么会这样。浮现出这个念头无可指摘，因为这也是一个极其深奥的问题。或许，如果这个等式不成立，我们就可以除以零了？真是个绝妙的想法。实际上，“为什么不能除以零”并不是一个最好的提问方式，更好的问题是：“什么时候不能除以零，什么时候又能除以零？”

我们不能在常规的数字世界中除以零，因为这会导致这个世界里的其他规则与除以零的做法产生不可调和的矛盾。这些相互作用规则都是从哪里来的？它们都是常规数字世界里的定义，我们之后还会谈到这个问题，但现在我想强调，还有其他一些完全合理的数字世界等待着我们去探索，在那里会发生一些截然不同的事情。

数学家勇敢地探索能让“除以零”概念成立的世界，因为和孩子们一样，“不能”做某些事的结论让他们感到沮丧。数学家有一种直觉，或许除以零的结果是“无穷”，只不过“无穷”不是一个常规数字，于是我们就需要找到一个能容纳“无穷”概念的世界。营造这个世界的方法多种多样，其中之一与我个人的研究领域相关，在那里，你基本上就是把无穷的概念作为一个基本构成要素丢入整个数学世界。但这样一来，你不得不丢弃掉其他一些相互作用的规则，因为它们会与无穷的概念产生冲突。比如，你必须放弃乘法交换律，即改变相乘的顺序对结果不造成影响；你或许还要放弃加法与乘法相互作用的某些规则，以及乘法就是“重复相加”的原理。

如果这样的探索过程让你觉得越来越困惑，那么从某种程度上说，你的思维已经走上了正确的轨道。如果真的开始深入思考、质疑那些本应被视为理所当然的事实，我们就会发现很多怪异和令人困惑的现象。理解这些怪异和困惑的现象是数学的核心内容。这有点儿像欧洲人第一次见到澳大利亚的鸭嘴兽，他们对这种看似矛盾的生物感到迷惑不解。当然，这并不矛盾，这只是因为欧洲人的世界观过于狭隘。解决令人困惑的问题是开拓思维的一项重要举措，也是激励数学家不断前进的动力之一，这是我们下一章将要讲述的内容。

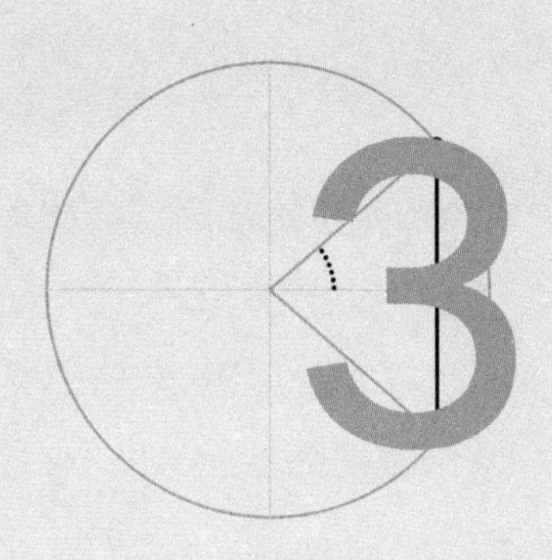

为什么要学习数学

为什么 1 不是质数？

一个显而易见的答案是，“因为质数就是只能被 1 和它自身整除的数字，不包括 1”。听到这样的回答，我希望你有一种不那么满意的感觉，因为这无非在说“定义就是这样”，就像那句令人生畏的话“我就是这么说的！”，从而引发一个接下来的问题：“为什么要这样定义？”

人们长久以来对这类回答感到无比厌烦。在一个定义中，这似乎是一个令人讨厌的小警告。学生们因此在考试中丢分，进而对迂腐的数学失去兴趣。

或许，经过前面的讨论，你觉得我们可以暂且把 1 算作质数，并把这个概念丢入数学世界，看看会发生什么。毕竟我们就是这样对待零、负数和其他概念的。

但是你为什么想把 1 当成质数呢？

1 是不是质数，的确是个非常好的问题。要想完美地将其解答出来，我们先要问自己为什么要有质数的概念。质数的目的是什么？我们研究质数出于什么原因？我们研究数学出于什么原因？甚至，我们所有行为背后的原因是什么？

在这一章，我想谈谈为什么要学习数学。在学校里，学习数学似乎是为了通过考试，取得证书。但已经不再需要通过任何考试的数学家还在坚持不懈地学习数学，似乎仅仅是凭借着一腔热血。我们之所以这样坚持，是因为还有一些亟待解决的问题尚未找到答案。我们这样做，是因为我们真的想更深入地理解一些问题，因为我们不想仅凭信任就接受某些理论，因为我们看到远方隐隐透出一丝光亮，好奇心促使我们想一探究竟。有时候是因为我们试图拼出一幅完整的画面，但发现缺少了一些色块。有时候是因为眼前出现了一个神秘的盒子，我们想看看里面究竟有什么。有时是因为面前横亘着一座高山，我们想要攀上顶峰饱览壮丽的景色。的确，有时候是因为我们想要解决一个具体的问题。这或许就是研究数学最显而易见的动力，类似的理由还有很多。有时候我们研究数学仅仅是兴趣使然，从无到有培育出某样东西颇有成就感，所以寻找光明是一项伟大的事业。

数学通常表现为一项我们生活所必需的技能，但是坦率地说，学校里的数学没有直接的应用价值。所以，如果你从中感受不到乐趣，学习数学就是毫无意义的事。

毫无意义的数学

每到报税季节，网络上都会流传一段“梗”，类似于：

每年三角形季节我都要兴高采烈地
温习一遍三角形的知识。

这里的含义是，我们在学校里煞费苦心地学习毫无意义的三角形，因为“现实生活”从来都不需要三角形，反而需要了解报税的知识。所以还不如学习如何报税，丢掉三角形那类毫无意义的知识。（这类现象在美国恐怕更加普遍，因为每个人都必须做纳税申报，不像英国等国家，有稳定工作的人纳税申报都是自动的。）

这段“梗”让我深感沮丧。首先，或许是因为它道出了某些真相：我们在学校里学到的很多数学知识在日常生活中永远不会被用到，或者更确切地说，它们不能被直接使用，我想这才是真正的意义所在。问题在于，“有用”所包含的内容极其宽泛，我们一方面过分关注数学的“直接用途”，另一方面还在教授那些没有直接用途的数学知识。

有两种方法可以挽救这个局面。一种方法是教授能被直接使用的数学知识，我想这应该包括报税、抵押贷款、通货膨胀、债务偿还、财务预算等课程。但就我个人来看，这些东西无聊至极，而且它们有很强的局限性。你或许学会了“如何报税”，但这些知识无法被应用到报税以外的活动上。同样，与抵押贷款一模一样的场景也不是很多，所以，了解抵押贷款对抵押贷款以外的事情没有太大帮助。

对于这件事情的讨论，又回到了为什么要进行数学教育的问题上，也就是说我们为什么要学习数学，以及我们为什么要开展教育，进而引申到我们生活中所有行为的动机。

我最喜欢的一个问题，是在我的一次数学公开课后一名 6 岁巴拿马女孩提出的。她问：“如果数学无处不在，为什么我们还要去学校里学数学？”这个问题就体现了我所谓幼稚问题的精髓，无论是在数学层面上还是在语言学层面上，我的西班牙语都极不熟练，但我竟然能听懂她提出的问题。但我实在无法用西班牙语来回答，只好请翻译帮忙。

幼稚的数学问题可以简要地概括为：它们很容易被提出，也很容易被理解，但极难被回答。

在我看来，相较于从生活中学习，学校里的正规教育更多就是学习一代又一代人积累传承下来的知识，而无须亲历所有的过程，也不需要“从经验中”学习。的确，有些知识只能来自经验，比如该怎样面对悲伤。但即便如此，我还是得到了一位心理学专家和她从业界积累的专业知识的极大帮助。但是无论如何，你都要通过经验来学习，作为一个个体你将如何应对痛苦，如何采取相应的干预措施。

在正规教育中，我们随意一瞥所获取的知识量，就远远超过苦苦等待经验降临对我们的启发。这确实引发了一个问题，为什么（或是否）正规教育是一件好事，我会在下一章详细讨论这个问题。

因此，从个人层面上说，我认为正规教育能更有效地回答与现实生活不那么紧密相关的问题，但这些回答具有更广泛的适用性。你也可以说这是常规的基础技能，而不是具体的生活技巧。

这是对我们为什么要做教育的一个非常简短的描述，那么我们为什么要学习数学？我们为什么要做任何事情？

人类的行为都带有一定的目的性，具有一定的意义，要么因为乐趣，要么因为不做某些事情会有一些可怕的后果。（我意识到，这不包括动机险恶的行为，比如报复、愤怒、仇恨。）

乐趣有用吗？这就涉及我前面提到的“有用”所代表的不同含义。实用性有一个相当实用的版本，但也有另一个更可转移的版本。所以，与其说“我做的这件事将对我的生活产生重大影响”，不如说“我做的这件事以一种特殊的方式训练了我的大脑，让我在今后的生活中能更充分地利用我的大脑”。

因此问题不是“我在生活中能用到这个知识吗？”，而是“我这样做能让自己进步，让自己在未来有所收益吗？”。我认为后者对“有用”的定义更……有用。它也和我们为什么要学习数学的问题更相关。我们研究代数、三角形或质数，重点不是我们在未来的日常生活中需要代数或三角形，而是我们正在开拓我们的思维方式，让我们能够更清楚地思考未来的日常生活。

但的确也有一些实例表明，我们在正规教育中学到的东西有机会派上用场。新冠病毒感染疫情期间还出现过这样一段“梗”，一名数学教师讲到了指数的概念，耐不住性子的学生问：“我们什么时候才能在生活中用到这个概念？”疫情暴发后，如果更多的人理解指数的概念，那就会对控制局势非常有帮助。然而，当科学家根据指数理论指出局势即将变得非常糟糕的时候，有太多的人觉得他们是在危言耸听，或者是在刻意制造恐慌，因为人们“总是无法预测未来”。

所以我并不打算说学校里的数学教育永远都派不上用场，更不认为事情本该如此。我们在这一章会看到，数学家原本凭兴趣研究的某些东西，后来都被直接应用到我们的日常生活中——事实证明，人类显然不善于预测未来有用的东西。

在这一章，我们将了解学习数学的不同动机。不仅要搞清楚为什么学习数学，还要讲明白为什么以这种方式学习数学。这里有一些深层次的指导原则，来自我们对数学所下的定义，即“对合乎逻辑的事物如何运作的逻辑研究”。以符合逻辑的方式研究事物，就是要放慢脚步，看清每一个基本构成要素，弄清楚它们是如何相互作用的。我们在前面两章已经看到部分内容，我们还会看到，研究工作的指导原则不仅能帮助我们找到“正确答案”（尽管这也是必然结果），还能让我们利用数学概括论的方法一次性了解更多与其类似的复杂情况。

要回答为什么 1 不是质数，我们需要深入思考质数的原理，而不仅仅是其定义。而质数的原理就是，它们是数字的基本构成要素。

寻找基本构成要素

数学家对质数的兴趣，来自他们对基本构成要素的兴趣。前一章提到，我们喜欢把大问题拆解成小问题，再观察小问题或基本构成要素是如何来构建大问题的。

我们讨论了所谓的自然数 1、2、3 等等，还讨论了利用单一的基本构成要素将它们“自由地”构建起来：我们从 1 开始，利用加法作为构建手段。结果是一个简单的数字结构，因为我们只需要一个基本构成要素就能构建起整个自然数世界。我并不是说数字本身很简单，只是从构建过程来看，这的确是一个比较直截了当的过程。

我们当然也可以给自己更多的基本构成要素，但没有这个必要。或许我们也想让 2 成为基本构成要素，但是 2 等于 1 + 1，所以我们并不需要从 2 开始构建数字体系。就像你打算轻装出行，要携带尽量少的随身物品。我个人算不上轻装出行理念的拥趸，因为我总要在轻装与舒适和享受之间寻得一个平衡点。但是在数学问题上，我喜欢研究在多大程度上可以做到轻装出行，也就是去寻找最基本的构成要素。我们既希望有足够的要素能构建出一个多姿多彩的世界，又不希望携带任何多余的要素。

这两个目标明显相互冲突：我们携带的东西越多，就越有可能搭建起一个完整的世界，但难免累赘；携带的东西越少，累赘越小，但能够构建一个完整的世界的可能性也越小。所以，我们需要找到一个平衡点。

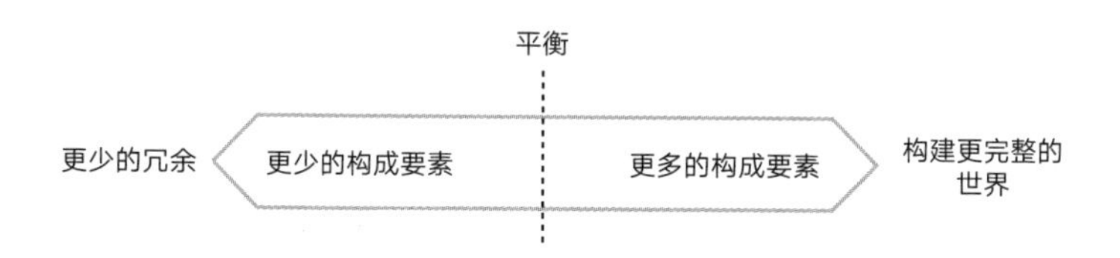

一个极端是，我们把所有东西都当成基本构成要素，肯定能构建一个完美的世界。但是这样的话，会有一大批构成要素来自其

他构成要素。另一个极端是，我们彻底拒绝使用任何基本构成要素，自然也就不存在冗余的现象，但显然我们也无法构建更完整的世界。

从个人信仰的角度来说，这其实是两种极端的理性思维方式。在第一种情况下，你把自己所有的信念都当成最基本的信念。但这样做毫无意义，因为你并不了解这些信念是否有相互依存甚至相互矛盾的关系。我在《逻辑的艺术》一书中称其符合逻辑，但逻辑性不强，因此不属于可应用逻辑。

另一个极端是，有些人下定决心不秉持任何基本信念，因为他们认为完全的理性排除了任何先入为主的信念，只能通过逻辑推导出结论。然而，从技术上讲，你恐怕永远无法从无到有推导出任何结论。如果你坚持不相信任何事物，那么你当然是完美的理性主义者，但这又有什么意义呢？

在数学中，我们尝试和做的是持续增加基本构成要素的数量，这样我们就可以构建完整的世界，但同时不要产生任何冗余。或者换个角度来说，我们可能会丢弃冗余的信念，直到剩下的都是无法由其他信念推导出来的基本信念。从理论上说，这两条路将在一个完美的平衡点相遇，这一点上的基本构成要素既能构建完整的世界，又不存在任何冗余。找到这个平衡点将给人带来极大的满足感，也是深入理解数学世界的关键，而深入理解恰恰是我们在数学世界中的不懈追求。

这就是我们探索质数概念的目的。

质数作为基本构成要素

我们将继续探索自然数 1，2，3，…的世界，但是这一次我们将以全新的视角看待它们。之前我们研究了用加法构建这个世界，现在让我们尝试使用乘法。这可就复杂多了，因为说到底，自然数就是用加法来定义的。所以我们找到了一些诞生于加法法则的东西，尝试用乘法规则将其组装起来，这有点儿像化学中有机物的合成，又有点儿像用电子音乐合成器模拟乐器演奏。

我们还可以把这种方式当成针对加法与乘法互动关系的研究。这就像你想搞清楚你的两个朋友相处得如何，或者你想了解两种不同的动物是否可以进行交配（以及交配的结果是什么）。

这让我们了解了质数的本质：它们都是利用乘法规则构建自然数世界所需的基本构成要素。我对质数更喜欢的思考方式是，我们先设想一个理论，然后判断哪些数字符合该理论。这包括找出哪些数字是我们真正需要的，哪些数字是多余的。这就是质数通常“定义”的来源，我更喜欢称其为特征化，因为实际上我们正在描述在这个特定的背景下，哪些数字是合格的基本构成要素。

事情是这样的：1 不是一个合格的基本构成要素。实际上，1 作为乘法基本构成要素毫无作用，因为任何数字与 1 相乘都不会发生改变。这也是我们给 1 下的定义：它是一个“乘法单位元”，与它相乘的任何数字都不发生改变。因此单位元往往被排除在基本构成要素之外，因为它们无法“构建”任何东西。（这并不是说单位元完全无用，它们当然很重要，只是无法为构建某个体系贡献力量。正如我觉得我是个对社会有用的人，但是在建造房子这件事情上我无能为力。）

1 不能作为质数的道理就是这么简单，但既然已经走到这里，那么我们不妨把质数的特征也讲清楚。所有的大数字都有助于构建完整的世界，但其中一些大数字其实是多余的：任何可以表示为两个数字相乘的数字都是多余的构成要素，因为它们总可以通过这两个数字构建出来。我们的基本构成要素不需要 4，因为我们可以用 2×2 的方式构建出 4。我们也不需要 6，因为它等于 2×3，以此类推。

总之，有效的基本构成要素是除 1 以外的所有数字，而冗余的构成要素是能被表示为两个数字乘积的数字，因此剩下的就是“只能被 1 和它自身整除的数字，不包括 1”。

还有最后一个技术性问题：你或许会觉得，如果 1 不是基本构成要素，我们为什么还允许 1 出现在这个世界中呢？数学家是这样想的，“无所作为”也是一个有效的构建过程。我们在加法构建的世界中保留了 0，因为我们允许“无所作为”的现象存在，因此必须让 0 作为构建世界的起点。在乘法构建的世界里，“无所作为”让我们停留在 1 这个起点上，所以 1 的存在并不是作为一个基本构成要素，而是过程的需要。

如果你感兴趣，这里还有一个更专业的解释。（我们在后面不会继续讨论这个话题，所以如果觉得难以理解，你可以随意浏览一下。）另一种理解基本构成要素的方法是，我们如果把所有的质数排成长长的一列，就可以给每个自然数制作一份配方表。我们可以顺着列表选择要使用哪个质数，需要多少份，然后将其相乘。所以对于 6，我们会说“把一个 2 和一个 3 放在一起，但没有其他的”。对于 10，我们会说“把一个 2，不要 3，还有一个 5 放在一起”，因为 $10=2\times5$。对于 8，我们会说“把 3 个 2 放在一起”，记住我们是在用乘法构建自然数世界，所以 3 个 2 放在一起不是相加，而是相乘，$2\times2\times2$ 就等于 8。

下面就是配方表的一部分。“成分”（质数）列在左侧，我们要合成的数字在上方，每一栏显示的数字就是需要把多少个质数放在一起（相乘）。

	如何制作……								
	2	3	4	5	6	7	8	9	10
成分 **2**	1	0	2	0	1	0	3	0	1
3	0	1	0	0	1	0	0	2	0
5	0	0	0	1	0	0	0	0	1
7	0	0	0	0	0	1	0	0	0

记住，重复相乘被写为指数形式，如 2^3。所以当我们说“不要 3”时，意思是 3^0，也就是 1。所以 2 的配方就是：

$$2=2^1\times3^0\times5^0\times7^0$$

我经常使用一个与此类似的大型电子网格记录烹饪食谱，各种食材都列在一侧，这样不需要心算也能随意调整食材数量，还能对同一类食物的不同烹饪方式进行比较。另外，如果要为家庭聚会准备五六款甜品（甚至更多），我还能快速整理出一份购物清单。

接下来的问题是：我们能为 1 制作一份配方吗？我们其实只要

什么都不放进去就好了。用网格来表示，这一列的数字全都是 0，也就是 2^0、3^0、5^0 以及所有质数的 0 次方，之后相乘的结果就是 1。所以我们并不需要把它当作基本构成要素。包含 1 的网格是这样的：

		如何制作……									
		1	2	3	4	5	6	7	8	9	10
成分	**2**	0	1	0	2	0	1	0	3	0	1
	3	0	0	1	0	0	1	0	0	2	0
	5	0	0	0	0	1	0	0	0	0	1
	7	0	0	0	0	0	0	1	0	0	0

这个例子告诉我们，上升到更高等级的抽象能让某些事物的意义浮现出来，只要你能接受更高级别的抽象概念。上面的网格就是一个恰如其分的抽象等级，实际上很多“空状态”的运作方式都与此类似，比如，我们总是不明白把一件事情做“零次”到底是什么意思。我不仅仅是想解释质数和数字 1，这是一个非常具体的现象，相反，我是想表达，用来探寻事物最深层次意义的一些方法总能帮助我同时理解其他事物。

对于这些“配方”还要多说一句，那就是每个自然数只可能存在一种基本构成要素的组合方式。这就是消除冗余的意义所在，即消除配方中的含混。这个思想在数学理论界被称为“算术基本定理”，该定理认为，任何一个自然数都可以分解成质数的乘积，并且分解方式唯一。

任何一个自然数都可以分解成质数的乘积，这一事实告诉我们，我们已经拥有了足够多的基本构成要素来构建这个世界。“分解方式唯一”，表明我们没有保留任何冗余的基本构成要素。这里提到的“唯一”，意思是改变因子相乘的顺序不算不同的配方。例如，我们可以把 6 表示为 2×3 或 3×2，但都是同一种配方（它们在配方表中的条目相同）。

如果把 1 也算作基本构成要素，我们就可以说 $6=3\times2\times1$，或者 $6=3\times2\times1\times1\times1$，还可以在后面添加更多的 1，这样一来分解方式就不唯一了。我们可以把这一点也当作 1 不能成为质数的理由，但我更愿意把它视为消除冗余的一个原因，这反过来也是我们不把 1 作为质数的原因。

数学容易让人困惑的原因之一就在于，同一个故事通常有很多不同的阐释方式，而不同的人对不同阐释方式的接受度又有所不同。讲述上面这个故事的方法之一，就是先定义质数，然后证明基本定理成立。但我更喜欢另一种方式：将基本定理设定为一个目标，我们必须通过论证质数的定义来实现这个目标。对我来说，数学更像一个要努力去实现的梦想，然后用逻辑去思考需要做什么才能实现这个梦想。实现梦想的方法不尽相同，你可以分别研究每一种方法，看看它们是什么样子。

顺便说一句，我也在用同样的方式面对自己的生活：梦想生活的理想状态，甚至梦想一个完美的世界，然后思考该做些什么来实现这个梦想。通常情况下，我们需要为此付出的努力是相当不现实的（甚至是完全不可能的），但思考的过程让我对梦想有了更深刻的认识，并发现如何才能实现一部分梦想，或者至少推动我向着梦想不断前进。

抽象数学通常就来自人类的梦想和渴望。我们梦想实现某些目标，梦想一个能帮助我们实现这个目标的世界，思考该怎样踏上通往梦想的道路，搜集一些定义和基本构成要素来营造梦想中的世界。这与主流教育体制中的数学概念大不相同，因此我们经常会混淆数学教育的不同目的。

数学教育的目的是什么

从广义上说，我认为有三个原因让数学成为正规教育的重要组成部分。第一，实用性。第二，有证据表明，数学是深入研究其他学科的重要基础，包括高等数学，也包括大多数科学、工程、医学、经济学等。很多人在将来或许不会涉足这些领域，但我们不能过早地为他们关闭这扇大门。

数学作为正规教育的第三个原因是它的间接应用性，即它是一种思维方式，可以在几乎所有领域发挥强大的作用。它具有超高的广泛相关性，因为它与大多数人——所有人——都相关。但从某种程度上说，它也最不被重视。我们其实走错了方向。如果我们强调数学这方面的特征而不是它的“直接应用”，或许就能帮助我们看清学习任何东西，包括学习三角形的意义。这将有助于我们把注意力转移到我们为什么要学习数学的深层次问题上，而不是被局限在“直接应用”的层面上。

这个过程就像通过锻炼来强化我们的核心肌肉。生活中并没有只针对核心肌肉的锻炼方式，但是拥有强壮的核心肌肉有重要的意义，因为它能让我们利用其他部位的肌肉发挥更大的作用。它能让我们更好地利用剩下的力量，并保护我们免受失去平衡、跌倒和背部受伤等问题的困扰。关键在于，强大的核心肌肉意味着我们可以更好地利用其他部位的肌肉，而不必直接锻炼所有其他的肌肉。

可以说，数学最有价值的部分就像我们大脑中的核心力量。这并不是说我们在数学中学到的东西可以直接应用于任何具体事物，而是我们以某种方式强化了我们的大脑，使我们能够更好地使用大脑的其余部分，而不必直接训练这部分大脑。

例如，思考三角形的相似性能帮助我提升抽象思维能力，让我看到不同事物之间的联系，这种抽象技能具有广泛的适用范围，即使某些事物不是三角形的。构建那些看似晦涩难懂的三角形组合理论，让我具备了构建逻辑论证过程的通用技能，这种通用技能极为有用。

另一方面，某些曾经实用的数学知识现在已不再有用。如果它们连间接应用的意义都不复存在了，我认为那就没有必要继续学习这些东西了。例如，我父母那一代人在学校里使用计算尺，这是一种出现在计算器之前的古老设备，能利用对数原理计算大数相乘的结果，而无须动用更大型的计算设备。我不认为现在还有必要学习使用这种东西。正如从前骑马是一项重要的生活技能，但现在有了汽车，开车的技能更加重要。或许开车也不是不可或缺的生活技能，但骑马作为一项一般的生活技能变得更加无足轻重了。当然，对某些职业来说，骑术非常重要，而且很多人把它当成一项爱好，但这项有趣的生活技能在其他领域没有丝毫的用处。

然而，并非所有的“老式”课堂数学都是过时的。例如，竖式加法的确已经过时，但我发现它比计算尺更有间接应用的意义。

为什么要学习竖式加法

竖式加法可以用来计算 10 以上的数字的相加，比如 153 + 39。根据你成长年代（和国家）的数学教育状况，或许你很自然地想到要把两个数字排成一列，从右边开始相加：

- 3 + 9 等于 12，于是我们把 1 带到下一列。
- 看中间一列，5 + 3 再加上右边带过来的 1，等于 9。
- 最左边那一列还是 1。

$$\begin{array}{r} 1\,5\,3 \\ +\,3\,9 \\ \hline \mathbf{1\,9\,2} \\ \hline {\scriptstyle 1} \end{array}$$

这算是一种传统的加法计算方式，你或许觉得它已经没有用武之地了，因为现在计算器到处都是（比如我们的手机上）。我就经常使用手机上的计算器，虽然我并不介意心算，但我不喜欢心算的过程，也不敢保证结果正确。更重要的是，它往往会无意义地耗费我的心智，让我的大脑在不同场景之间频繁切换。比如，跟朋友吃饭之后计算平摊账单的费用，我的大脑依然处于社交模式，我不想让它立即转换成枯燥的计算模式。我的意思是说，有时候我会心算加法，但有时候也会干脆使用计算器这个法宝。

一种观点是，我们还是需要学会加法的，以防在手头没有计算器时陷入尴尬的境地。这个说法相当禁不起推敲，就像说我们都要学会骑马，以防我们被困在没有汽车（却恰好有一匹马）的地方一样。

为此，我曾经在社交媒体上遭到攻击，有人说我没有考虑某人因没有足够的钱给手机充电而导致手机关机，无法使用计算器，但他想用口袋里仅剩的一点儿现金买些东西的情景。他需要在购物的过程中计算好商品价格的总和，以免在柜台结账时发现钱不够，因为把商品放回货架肯定是一件很尴尬的事。

我承认这件事的确很尴尬，但是我不认为数学教育就是为了避免这种偶然情况的发生，我更希望数学教育能帮助人们有更多的机会避免这种情况，同时改进社会公共服务的便利性（比如提供免费手机充电站和自助结账服务）。

不管怎样，针对自动算法的批判大多声称，它让人们失去了深入理解某些问题的机会。自动算法只是一种手段，而非一个错误，我们不应该把它当成算法的一个罪过。这恰恰是自动算法的意义所在：充分利用“自动驾驶”的功能，腾出我们的大脑去应对那些更微妙的事情。比喻层面上的“自动驾驶”往往带有贬义色彩，似乎表示我们放手不管，任由事情发展下去，但是我们真的应该感谢自动驾驶的功能。毕竟，飞行员可以让自动驾驶仪控制飞机，这样他们就可以休息一下，当某些微妙或紧急的情况发生时，他们可以随时接管驾驶权，这样才能不被烦琐的常规操作冲淡警惕意识。

说到竖式加法，当今的教育界人士都知道，还有一些多位数相加的方法能让我们从更有意义的角度去理解这些数字究竟发生了怎样的变化。现在，孩子们通常会被教授许多解决这类问题的不同“策略”，有时会让他们家中只会使用竖式的成年人感到困惑。例如153 + 39，经过引导，孩子们可能会发现39距离40很近，而153 + 40只需要心算就能得到准确答案，之后你会发现“哎呀，我们还多加了一个1”，因此需要从结果中减掉1。

还有一种方法，与竖式加法的顺序正好相反：从100开始，接下来是一个50和一个30，得到180。还剩下9和3，加起来是12。所以我们把180加上12，等于192。

采用这些方法的确能更深入地理解数字之间的相互关系，但是要小心，因为孩子们如果只是想得到正确的答案，一种方法就够了，他们很可能对多次尝试不同的方法感到厌烦。

我相信所有这些方法都很有价值，但我认为竖式加法有更深刻的意义。它首先利用纵列的方式阐明了数字符号的意义，这真是一个绝妙的想法。想象一下，如果必须从头设计一套崭新的数字符号，很有可能我们要使用无穷多的符号来代表每一个数字，这是不可能做到的。而前人只用了10个符号，就极为便捷地展示出所有的数字。数字符号的发展，从远古时代的“结绳记事”，进化到我们现在所熟知的阿拉伯十进制数字0、1、2、3、4、5、6、7、8、9。（早期文明还曾使用其他进位制，比如16进制。）

这套系统就像一个算盘，第一行的10个珠子可以让你从1数到10，这时候你要移动下一行的一个珠子，标记为一个10，然后把第一行的珠子归零。如果再一次数到 10，你移动下一行的第二个珠子，标记为两个 10，然后把第一行的珠子归零。

下面是我小时候使用的算盘，这些年来我一直珍藏着它。如果第一行是个位，第二行是十位，第三行是百位，那么图片中显示的数字就是 231。

这是一个绝妙的数字表达方式，我们似乎从未对其精妙之处给予足够的重视。古罗马人不使用这套数字系统，因此罗马数字会让人感觉更复杂，符号的位置有时表示加，比如“XI”，有时表示减，比如“IX”。罗马人在很多学科领域取得了长足的发展，但显然不包括数学。

绝妙的数字符号系统可能会让我们联想到一些问题，比如，我们真的需要 10 个符号吗？就不能是 9 个吗？到底多少个符号才是合理的？这些问题就涉及寻找最小基本构成要素，以及广义归纳的问题。

归纳

日常生活中的“归纳”或许意味着你发表一个笼统的声明，或者根据有限个体的特征对群体做出某些假设。这样的做法往往适得其反，具有一定的侮辱性，甚至是危险的。但是，在数学中，“归纳”表示小心谨慎地扩大我们所描述的范围，把更多事物囊括在你的理解中。当运用数学归纳法时，我们的确要从一个较小的世界扩展到一个较大的世界，但我们不会假设较大的世界与较小的世界具有相同的运作模式。相反，我们试图找到一种方式来表达，在较小世界里发生的某些事情在较大世界里依然成立。

我们之所以使用十进制，并不是为了让“所有数字与 10 相乘结尾都是 0”，而是考虑算盘的每一行有不同数量珠子的情形。如果算盘的每一行只有 9 个珠子，那么任何数字乘以 9 结尾都是 0；如果每一行有 11 个珠子，那么任何数字乘以 11 结尾都是 0。由此归纳出的结论就是，对于每一行有 n 个珠子的情形，任何数字与 n 相乘结尾都是 0。我们用字母 n 代表所有的数字，以便让这个结论适用于所有情形。

我们为什么要归纳这件事？其实并没有特殊的理由强迫我们选择 10 作为进制的基数，但一个显而易见的“理由”是，我们有 10 根手指，这或许是我们能够随身携带的最自然的计数工具了。然而这更多是一种感性的解释，而不是基于证据和逻辑（但它的确“解释”了我们为什么用同一个单词 digit 来表示“数字”和“手指”）。有些文明就使用了不同的进制，比如玛雅人使用 20 进制（或许包括脚趾？）。在法语中我们也能找到20进制的痕迹：对于70以上的数字，法语的表述方式是“六十－十”、“六十－十一”、“六十－十二”……直到“六十－十九”，后面是“4个20”，而不是我们所熟知的“8个10”。

有些美洲原住民使用八进制，比如墨西哥的北帕姆语以人类指关节的数量为计数基础，加利福尼亚州美洲原住民的尤奇语基于手指之间的空隙数。五进制的确存在一定的合理性，把两只手当成算盘的两行，我们就能用手指数到25而不是10。这种合理性基于物理逻辑，但是从抽象逻辑的角度看，60才是建立数字系统的绝佳出发点，因为它有众多的因子。10只有2和5（除了1和它本身）两个因子，60有2、3、5、6、10、12、15、20和30九个因子。这在几千年前的古巴比伦产生了巨大的影响，古巴比伦人利用这套进制和采用数位表示数值的方法，在数学研究领域远超古埃及人或古罗马人。

我使用“进制”这个词是出于技术层面的考虑：当我们选定一个基础位数来表述我们的数字时，它就被称为数字的进制。所以，通常采用10个符号书写数字的方法被称为“十进制”。如果使用9个符号，我们就称其为“九进制”。我们可以使用任何大于1的整数作为进制（同样的原因，1作为进制没有任何意义）。所以，我们在最极端的情况下可以仅使用两个符号，也就是二进制。顺便说一下，十进制的数字包括0、1、2、3、4、5、6、7、8、9，而二进制只有0和1，因此二进制的数字看起来就是一长串0和1的组合。

有关进制的讨论既间接有用（训练思维），也直接有用。我们可以用手指来进行二进制计数，用“上”和“下”分别表示1和0，10根手指就能一直数到1 023，当然只是理论上的（在实践中这对手指的灵活性要求很高）。我还曾经使用二进制的生日蜡烛，让“点燃”和“熄灭”分别表示1和0。采用这种方法，只用7根蜡烛就能让我们庆祝127岁的生日，我感觉应该足够了。

使用手指来进行二进制计数需要大脑的全力参与和高度的专注，然而，计算机不需要操心这个问题，二进制在计算机中展现了强大的力量。在那里，我们不使用手指和蜡烛，而是实现了一个惊人的想法，即我们可以将电子转换器作为二进制的数位，开和关分别表示1和0。利用数量庞大的二进制开关构建计算机系统，是对听起来晦涩难懂的数字表达的一种绝佳应用。

在某种程度上，这与竖式加法的思想并没有紧密的联系，因为我们完全可以学习列（通常被称为“位值”）的知识而不需要将它们加在一起。但是列相加的过程强调了要把数字对应部分相加的重要性，我们一定要小心地将匹配的列对齐，可不能犯这样的错误：

```
  1 5 3
+ 3 9
------
```

这里就引出了分类相加的思想。比如，我们有一个袋子装着2根香蕉和3个苹果，另一个袋子装着5根香蕉和1个苹果，我们把这些东西放在一起，看看一共有多少水果。明显的答案是我们把香蕉和苹果分别归类，说我们有7根香蕉和4个苹果。而另一种不同寻常的回答是我们有2根香蕉和3个苹果和5根香蕉和1个苹果（可能是为了表明一种完全不同的思维方式，或者是拒绝接受加法交换律）。

把数字按列对齐让我们意识到这些列具有不同的意义。这意味着我们不能仅仅把153视为一串符号，而是说1代表什么，5代表什么，3又代表什么。实际上，它们分别代表100、10和1。所以列的真正含义是：

100个	10个	1个
1	5	3
	3	9

同样，对于水果的问题我们可以像下面这样表示，然后按列相加。

香蕉	苹果
2	3
5	1

其中的微妙之处在于，如果我们有足够多的1，它们就会自动变成10。然而，这个道理不适用于香蕉和苹果——积累再多数量的苹果也不会变成香蕉。但我记得小时候去游乐园，某个游乐项目有不同级别的奖品，如果获得了足够多的低级别奖品，你就可以换成一个高级别奖品。就像有了足够多的1，就能变成下一列数字。

竖式思想结合了两个重要的原则：算盘原则，即某个级别一定量的事物可以变成下一个级别的事物，和“分类相加”原则。后者在代数学中尤其重要，到时苹果和香蕉变成了x和y，我们需要分别处理它们。我们可能会遇到两个表达式相加的问题，比如(x^2+3x+1)和$(2x+4)$。这里没有1、10、100，而是变成了1、x和x^2。我们依然可以用前面讲述的方法把它们加在一起，注意，这更像苹果和香蕉的问题，无论竖式里有多少个x，它们永远不会变成x^2。

$$\begin{array}{r} x^2 + 3x + 1 \\ 2x + 4 \\ \hline x^2 + 5x + 5 \end{array}$$

场景变了，但我们所熟悉的竖式原则还是一样的。

这个例子的意义在于，有时候某种算法能引导我们产生一系列有趣的思维过程，即使算法本身有些不合时宜，也不再是今天的数学研究“所需”。一个更有争议的例子是长除法，也就是一个大数除以一位数以上的数字的算法。我对长除法彻底失去兴趣的原因是，它根本算不上一个好的算法，下一章我还会讨论什么是“好的”数学。的确，长除法有机会被转化为其他数学知识（比如代数中的长除法），但我觉得这种转化过于勉强，尤其是考虑到它的使用极为不便，给很多学生带来了很大的痛苦，也没有真正说明情况。我的主张是放弃长除法，但保留竖式加法，前提是把后者当作引导我们深入探讨数字如何工作的工具，而不是获得正确答案的重要方法，当然也不是用来惩罚不会使用这种算法的孩子们的一根棍子。

结果数学里的某些东西只是有用的技巧，而另一些东西能让我们真正了解正在发生的事情。（死记硬背的教育方式偏重于前者，忽略了对问题本质的探究，我们稍后还会讨论这个问题。）

我们学习数学还有另一个原因，那就是单纯的好奇心，可能还有乐趣，就像孩子们喜欢故意跳进道路中间的水坑一样。

跳进水坑与登上山顶

只要地上有个水坑，孩子们总喜欢跳进去。我承认我也有这样的冲动，当然前提是鞋子足够防水，旁边没有人会被溅到。来到芝加哥后，我买了成年以来的第一双长筒雨鞋（我甚至不确定这东西在美国叫什么）。我并不打算用它来应对下雨的天气（尽管城市里糟糕的排水系统经常导致路面积水），而是为了应对积雪融化之后的路面：人行道上往往会出现能没过脚面的小水流，有的路口甚至变成一个小池塘，而这恰恰是无助的行人必须穿过马路的位置。这时候我的雨鞋就会派上用场。

我承认，穿上雨鞋之后我就可以肆无忌惮地踩进水坑，享受水花四溅带来的乐趣。正如前面提到的，我其实就是一个永远都长不大的孩子。雪后我会穿上雪地靴，专门走在人行道一侧尚未被人踩踏过的雪地上，享受那种新鲜的感觉。

有时候数学就像在水坑里跳，在新下雪的雪地上行走所带来的乐趣。有时候数学就像攀登一座高山，因为山就矗立在那里，等着能征服它的人。

我向来对登山没什么兴趣（我非常讨厌遭遇危险），但或许我能理解那种冲动，因为有时候学习数学的冲动看起来就是那样——

数学里也有抽象的高山。我们受好奇心的驱使，总想看看那里究竟有什么，想看看我们能不能做到。有些数学家的动力主要来自征服欲，既然存在尚未被解答的问题，他们就有责任去攻克这个难题。我从事数学研究的动力与征服欲不大相关，我是想让光芒驱散迷雾，更清晰地看到身边的世界，就像登上顶峰之后一览众山小的那种感觉。

有时候我们学习数学纯粹出于好奇心，任由好奇心引领我们走进不同的世界真的很有乐趣（对某些人来说也是无法抗拒的）。有时候数学的乐趣在于让东西各归其位带来的满足感，就像拼图游戏。我知道有些人不喜欢拼图，但似乎很多人都喜欢拼图，尽管他们不会说自己也喜欢数学。

我很喜欢一幅 xkcd（兰道尔·门罗）的漫画，一个人拉动一台神秘机器的手柄，结果遭到电击。然后，这幅漫画像一张流程图一样被展开。一边是“正常人”的思想：“我觉得不要再拉手柄了。”另一边是“科学家”的思想：“不知道每次拉动手柄是不是都会遭到电击。”[1] 科学的冲动就是不断地尝试，了解事物的真实特征。

数学家喜欢解释。如果我们无法解释某些事情，或者一个解释无法令人信服，我们就想要不断地研究、挖掘、探索，看看到底是怎么回事。如果我在某个地方迷路了，我回头总要研究一番地图，了解当时到底发生了什么。最近我发现并不是所有人都有足够的动力去探索这些问题，但是我有无尽的冲动想深入理解某些事物。

---

1 这幅漫画的标题是《差异》，可以参考网站 https://xkcd.com/242/。

有时候这种冲动会表现为“第一性原理”，就像用最基本的原材料烘焙蛋糕。

第一性原理

我喜欢制作提拉米苏，原材料要用到鸡蛋、糖、马斯卡普奶酪、咖啡、白兰地、手指饼干。有一次我决定不去购买现成的手指饼干，而是自己制作。后来我还想自己制作马斯卡普奶酪。当然我还不至于想要养鸡下蛋，给奶牛挤奶，或者自己酿白兰地。什么算是“第一性原理”，我们都有自己的定义，无论是在厨房还是在数学中。

大学本科数学课的开篇往往会让新生感到不适。选择数学专业的人通常都是高中的数学高手，他们应对各类数学问题不在话下。然而在他们看来，大学数学的课程既琐碎又艰难。我们首先要证明一些非常基本的第一性原理，也就是被数学高手长久以来视为“理所当然”的东西。例如，我们要证明为什么任何数字与零相乘结果都是零。

我亲眼看到很多小学低年级的孩子为这类问题烦恼不已，它似乎被用来给学生分类：有人觉得这个问题不言自明，有人则怎么也想不明白。这助长了一个错误的观念，即所有人都可以被归为“数学高手”和“数学菜鸟”两类。但是数学家认为，“任何数字与零相乘结果都是零”的结论并非那么显而易见，因此我们才有冲动从第一性原理出发来证明它。

这一切都源于我们希望用尽可能少的基本构成要素来理解整个数字系统。你或许认为乘法就是“重复相加”，所以乘以 0 就是“把某样东西加 0 次”，结果当然就是 0。在整数范围内持这样的见解无可指摘，但是如果我们把分数和无理数也包括进来，问题就变得复杂了。根据重复相加的原理，乘以 π 究竟是什么意思？我们没办法把一个东西重复相加 π 次。

正如我们在第 1 章看到的，数学家通常采用一般性的方法来包含更多的可能性，比如不仅要包括数字，还要包括图形和其他非数字元素。这样做的目的是让加法和乘法分别作为两类不同的构建过程。对于整数，我们恰好可以把乘法定义为加法（重复相加），以便探索数字间的关系。因此我们的定义类似于：

$$2\times 3=3+3$$

和

$$3\times 2=2+2+2$$

并且我们可以画一张图来表示二者结果相同：

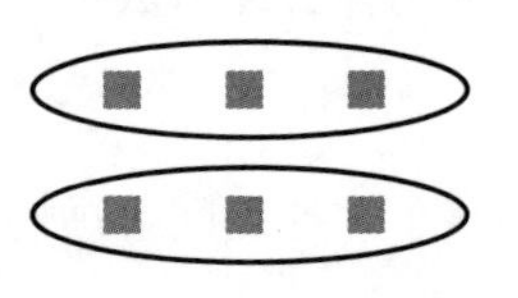

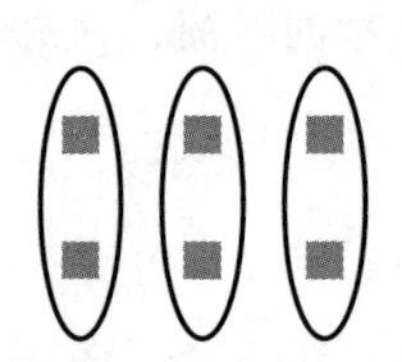

于是我们知道：

$$2\times 3=3\times 2$$

顺便说一句，我喜欢用这种方式来表现二者结果相同的关系，因为我们根本无须知道结果是什么。它只证明过程，不证明结果。

更重要的是，我们还可以采用我在解释 6×8 时所使用的不同方法：$6=5+1$。所以：

$$
\begin{aligned}
6\times8&=(5+1)\times8\\
&=(5\times8)+(1\times8)
\end{aligned}
$$

我不想分神讨论运算顺序的问题（后面还会提到），只想说在这里使用括号是为了表明哪些东西要组合在一起。我其实更喜欢用树状图来强调运算的顺序：

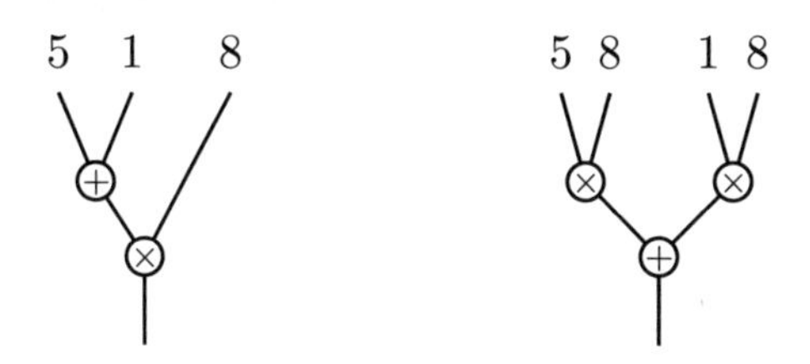

然而，树状图并未让我们从直觉上了解为何二者的结果是相同的，它只是比一长串符号更能帮助我理解代数。下一章我们还要讨论更多的视觉化手段。

使用括号的习惯，从严格意义上说反而表明某些括号是不必要的，因此我可以写成：

$$5\times8+1\times8$$

然而，这只是符号使用的习惯，算是拼字法的范畴，而非数学研究的内容。我个人更喜欢使用额外的括号把事情说清楚，而不是想当然地假设所有人都记得符号的使用规范。显然，与下面的表达式相比，上面的表达式更容易引起误会：

$$(5\times8)+(1\times8)$$

我们看下面这个表达式：

$$(5\times8)+(1\times8)=6\times8$$

总之，它有利于我们进行抽象化的理解，或许比一长串的符号更直观。因此我们知道，把5个苹果和1个苹果加在一起是6个苹果。进一步抽象之后我们发现，5个“东西”和1个“东西”加在一起是6个“东西”，不管具体是什么东西：可以是苹果、香蕉、大象，甚至是8。因此5个8加1个8就等于6个8。

接下来当面对无理数时，我们就必须另辟蹊径了。我们不能再用加法来定义乘法，然后观察其变化特征，而是要直接把乘法定义为“具备此类特征的东西”。就好像我们第一次看到鸟，或许会说“今后我管这类东西叫‘鸟’”。然后我们发现它们都有羽毛，并且会飞，于是退一步说，“我管所有身披羽毛并且会飞的东西叫‘鸟’”。之后你还会进一步修正这个定义，因为你会发现有些东西与鸟极为相似但实际上不会飞，尽管它们都有羽毛和翅膀，看起来可能会飞。

这种分类法有时会引起混淆，比如飞行狐猴就曾经被认为与蝙蝠有亲缘关系，穿山甲也被认为与食蚁兽有亲缘关系。这是因为某些表面的相似特征把科学家引入歧途。直到今天，对生物学一知半解的人还觉得所有生活在水里的动物都是鱼。互联网上曾经出现过激烈的争论，有些人认为那些把海豚和鲸鱼当作哺乳动物的人愚蠢透顶。

根据行为特征给数字分类

根据行为特征给生物分类要极为小心，给数字分类也需同样谨慎。我们描述数字的方式是：我们可以把它们相加，也可以相乘，因此加法与乘法之间存在某种互动关系。

具体来说，我们有加法的概念，它的过程就像把砖块排列在一起，尽管实际相加物并非砖块。因此：

- 相加的顺序不同但结果不变，比如 $2+5=5+2$。
- 组合的方式不同但结果不变，比如 $(2+5)+5=2+(5+5)$。
- 加法中有一个“无所作为”的数字，叫作 0。
- “抵消”任何特定数字相加的过程，叫作这个数字的相反数。

我们还有乘法的概念，与加法类似，只是对抵消有一个限制性条款。如果依然用砖块来举例，乘法的规则虽稍显复杂，但如果把规则都写下来，它与加法的相似之处是显而易见的。

- 相乘的顺序不同但结果不变，比如 $2\times5=5\times2$。
- 组合的方式不同但结果不变，比如 $(2\times5)\times5=2\times(5\times5)$。
- 乘法中有一个“无所作为”的数字，叫作 1。
- 有一种方法可以“抵消”除 0 以外的任何特定数字的乘积，这个数字被称为该数字的倒数。

最终我们派生出加法与乘法互动的原则，比如：

$$(5+1)\times 8=(5\times 8)+(1\times 8)$$

以及

$$8\times(5+1)=(8\times 5)+(8\times 1)$$

我们无须赘述双向运算，因为我们知道乘法的交换律，所以两个表达式是等价的。（在某些情况下，改变相乘的顺序会导致不同结果，这时候我们就需要逐一说明所有表达式的结果。）

关于相互作用的最后一点，被称为乘法对于加法的“分配律”。这听起来似乎充满了神秘色彩，但如果我们把它当成“5 个东西加 1 个东西等于 6 个东西”，它就没那么神秘了。实际上，分配律告诉我们，在合理的情况下，乘法必须解释为重复相加的过程。因为对于任何用 1 构建出来的数字，比如 $3=1+1+1$，我们都可以推断出 3 乘以任何数必须等于这个数连续 3 次相加。例如：

$$\begin{aligned}3\times 7&=(1+1+1)\times 7\\&=(1\times 7)+(1\times 7)+(1\times 7)\\&=7+7+7\end{aligned}$$

太多的符号可能会让你的目光变得呆滞（老实说，我的目光早已呆滞），下一章我们会利用一些更具启发性的几何图案来表述这个问题。我们还会详细展开一些前面仅做简单阐述的话题，因为我只举了几个例子来说明事物是如何对特定数字起作用的，而让你自己去推断所有其他数字。在数学的世界里，这样的阐述方式有懒惰之嫌，但是我们无法逐一写出无穷多数字之间的关系，因为它们的数量是无限的。这就是为什么我们要用字母来代替数字，这样我们就可以说明同样的规则适用于所有的数字，而不需要任何推断。但这是第 5 章的话题。

现在我要尝试利用这些基本原理来解答乘以 0 的问题，也就是说，任何数字乘以 0 都等于 0 的结果并不是一项基本原理，而是依据规则推导出的结论。要记住，我这样做的目的是用一个具体的例子来阐明，大学数学课程要求证明某些“基本”原理具有重要的意义，尽管有人觉得那只是一个他们一生都信以为真的显而易见的事实。

我们这就开始吧。我要提醒一句，证明的过程看似烦琐且具有一定的专业性。我并不期望你能完全理解，而是想让你认真审视并感叹其中包含的复杂过程。

我们想要证明，对于任何数字 a ，$0\times a=0$ 。首先什么是 0？它是加法单位元，任何数字与它相加都不会发生改变，因此我们就可以让 $0\times a$ 与自己相加。（下面我不再使用 ×，因为它会妨碍表达式的视觉效果。）

$$\begin{aligned} 0a+0a &= (0+0)a \\ &= 0a \end{aligned}$$

我们知道，不管 $0a$ 究竟是什么，它都可以被它的相反数 $-(0a)$ ——也不管它到底是什么——“抵消”。因此我们在等号两边同时加上 $-(0a)$ ，得到：

$$-(0a)+0a+0a=-(0a)+0a$$

两边的 $-(0a)$ 都抵消了 $0a$，剩下的就是：

$$0a = 0$$

对那些有生以来觉得此事显而易见的人来说，这个过程或许有点儿令人扫兴；但是在那些殚精竭虑思考为何会如此的人看来，这个过程相当令人满意。当然，它可能仍然存在缺憾，就像你读到一本书的结尾，发现整个故事都是一场梦。我要说的是，觉得某些事情显而易见并不意味着你是一名优秀的数学家。数学研究人士总是在尝试解释越来越多的问题。我们的确经常说某些东西很“明显”，就像一个笑话说一名数学家离开一个星期之后回来说：“是的，这是很明显的事实。”“明显”的意思就是“我知道如何解释它”。

这样的数学冲动就是为了探寻事物更深层次的解释，寻找事物发生的更深层次的原因，洞悉思想之间的深层次关系。这与解决生活中某个具体问题的冲动完全不同，但有时二者也会重合——往往是在经历很长一段时间之后。

数学的意外用途

对于数学无用论的最生动描述，来自 G.H. 哈代广为人知的《一个数学家的辩白》。哈代是剑桥大学一位著名的数学家，他在书中讲述了自己研究的数论是多么百无一用，但在我看来，这体现了他几乎不加掩饰的骄傲。令人遗憾的是，至今依然有一些数学家鄙视任何具有实际用途的研究。我对这样的态度不敢苟同，因为我觉得，人们不应该主动、刻意地去做那些完全没有应用价值的工作。

这种倨傲的心理是危险的，它会营造出一种不健康的氛围，让某些人以其没有实际用途的研究占据道德高地，并看不起那些亲力亲为让世界变得更好的人。我对此有一种强烈的不适感，就像一个富人因从不亲自清洗马桶而产生一种优越感，并看不起那些自己清洗马桶的人一样。（当然，我也承认，有些研究人士或许会说，产生这种心理是因为他们的研究成果至今没有得到实际应用，因而产生了一种不安全感。）

为直接应用之外的目的从事数学研究无可厚非，但主动脱离实际应用并为此感到骄傲就不那么可取了。有意思的一件事是，哈代研究的数论是数学的一个分支，专攻我们前面讨论过的整数行为特征。从无限叠加数字 1 的朴素念头出发，我们想到了重复相加，并称其为乘法。然后我们想到了乘法的基本构成要素，管它们叫质数。我们接下来会思考，哪些数字是质数？怎样找到它们？它们有多少个？它们有规律可循吗？它们之间是什么关系？

哈代坚信数论永远不会有任何实际应用，这可真是大错特错：数论现在是互联网信息加密技术的理论基础，几乎所有人每天、每次在登录个人账户时都会用到。我们必须通过互联网传输密码，因此需要对其进行加密，以免被人窃取。加密的方式聪明地借用了数论中有关质数的某些定理，这些定理早在 17 世纪就出现了。其基本的思路是除法很难，加法不算太难，乘法作为重复相加比较难，但尚可应付，尤其是在计算机上。除法，或者更为恐怖的是，寻找因子很难，因为它基于诸多假设。尽管有些烦琐，但我们有明确的方法来计算 3×5 。计算 15 除以 3 也有一些既定的方法（比如平均分配），但是，如果我们事先不知道除数该怎么办？这就是寻找因子的过程：我们只是试图用 15 除以某个数字，得到另一个整数。

你或许可以很快说出 $15=3\times5$，但如果有一个更大的数字，比如 247，找出它是哪两个数字的乘积就没那么容易了。当然你也可以逐个尝试每一个数字，但如果数字越来越大，计算过程就需要更多的时间。而且，所需时间的增加速度要快于数字变大的速度。也就是说，这个数字如果长到 100 位或 200 位，使用计算机将其分解因子所需的时间将超过人类的平均寿命。

这就是藏匿机密信息的一个好方法，因为这意味着，我如果挑选两个非常大的质数把它们相乘，我知道自己使用的是哪两个数字，但其他人永远不会知道。在将这个想法变成一个可行的代码之前，我们还有很长的一段路要走，但基本思路就是这样。将这一差距转化为实用可行代码的是出现于 17 世纪的一个定理，叫作“费马小定理”（相对于“费马大定理”[1]）。有趣的现象是，以这种方式加密的信息在理论上并不安全，只是目前尚不存在一种计算机，能在合理的时间内找出这样巨大的质数。量子计算机能颠覆人类社会的原因之一，就是据说它能在较短的时间里找出那些大的质数，这意味着整个互联网密码系统将崩溃，我们需要一种全新的方式来保护网络账户的安全。

当然，这个故事并不是要证明所有的数学最终必有用武之地，尽管听起来可能就是这样。我其实想要表达一个更加微妙的想法：

1　“费马大定理”又被称为“费马最后的定理”，因费马随手写在书页的空白处而闻名。

我们无法提前预知什么有用、什么没用，因此，仅凭个人感知来判断某些数学研究的意义是错误的。任何能帮助我们理解身边事物的知识都具有潜在的为人类造福的意义。

有时候，这个过程甚至比数论得到应用的数百年时间还要长。

柏拉图正多面体

有关从思想到应用的漫长历程，我最钟爱的一个例子是古希腊数学家在两千多年前提出的柏拉图正多面体。柏拉图正多面体是一个具有最大对称性的三维物体，这当然不是最严格的定义，但它表述了这类结构的普遍特征。

具体来说，柏拉图正多面体是一个由平面二维图形（当时被称为多面体的“面”）拼凑出的三维结构，并符合以下所有类型的对称性。首先，所有的二维图形都必须最大限度地满足对称要求，也就是它们的角度和边长都相等。其次，它们衔接的方式也是对称的，即所有面的形状和面积都相等，并且都以相同的角度衔接在一起。最后，最终的形状需要有点儿圆。这显然不是一个正式的定义，但它的意思是说，不能有向内凹陷的角——所有的角必须向外，这样才像一个球体而不像一个星形。（专业名称叫“凸面体”，后面章节还会进一步介绍。）

然而我们发现，这样的正多面体数量并不多。首先，符合条件的二维图形极为有限。我们可以考虑正三角形、正方形、正五边形（“正”的意思是所有的边和角都相等）。但是正六边形就把我们带进了死胡同，因为它能完美地拼接成一个平面，也就是一个二维结构：

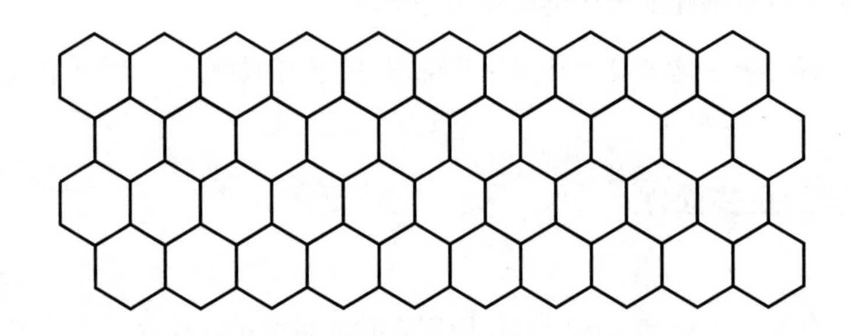

这是个有趣的现象，而且具有实际用途（我最近发现美工设计师在公司标志、地毯设计、壁纸图案上广泛使用正六边形），但这意味着我们无法用正六边形搭建出三维结构。没错，正方形也是如此：

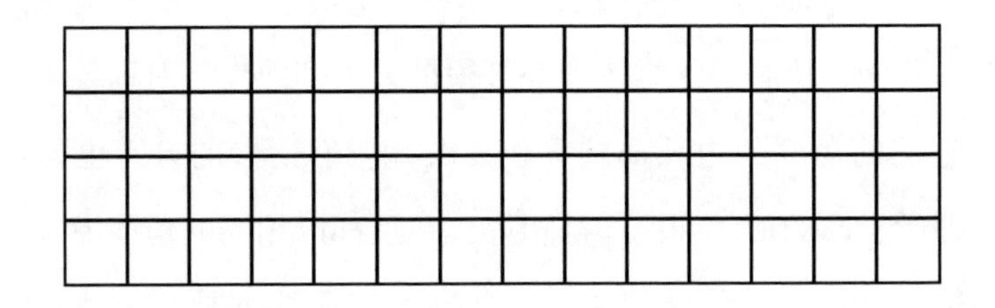

但是这里出现了 4 个正方形角对角相连填满一个平面的现象，于是我们可以拿掉一个正方形，让 3 个正方形角对角相连，留下一个缺口。我们如果能补上这个缺口，那就出现了一个三维结构——我们只需要用更多的正方形以对称方式填补其他缺口就好了。

我们没有机会对正六边形这样做，因为 3 个正六边形已经把缺口填满了。

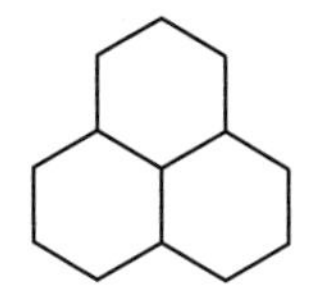

当尝试拼接 3 个正三角形时，我们发现留下了一个大缺口。

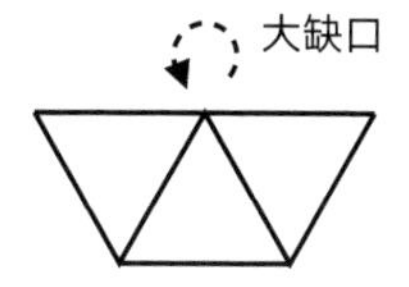

我们如果把两条“开放”的边连在一起，就得到了一个帽子状的三角体。我们用另一个正三角形填补最后一个面，就变成了一个三棱锥。(如果你看不懂我的图，我建议你准备好剪刀和胶带，自己动手制作一个三棱锥。我觉得自己动手的过程往往能帮助我们更好地理解某件事情。)

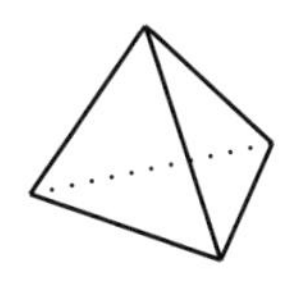

由 4 个三角形搭建出的正多面体叫作“正四面体”，在希腊语中是“4”的意思。

我们继续使用三角形。3 个三角形会留下一个巨大的缺口，4 个三角形也会留下一个缺口，等着我们去填补。

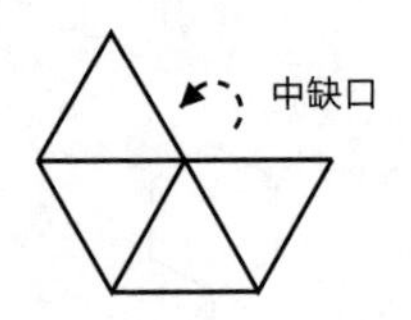

看起来这像是一个四棱锥：

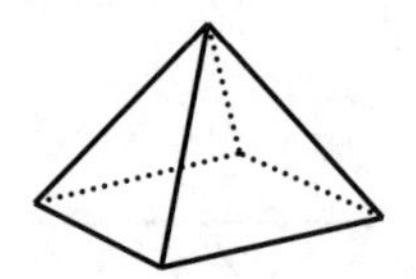

但是请记住，我们追求的是最大限度的对称，因此不想把三角形和正方形混在一起（当然也可以这么做，但那就不是柏拉图正多面体了）。如果继续采用对称的方式拼接，我们就得到了这个钻石状的三维结构：

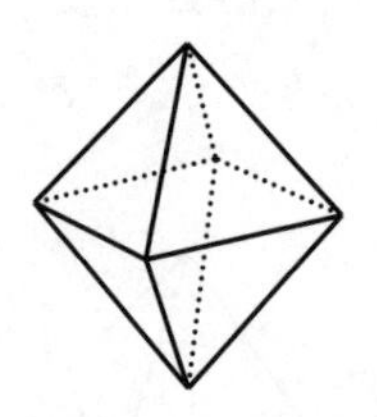

它由 8 个正三角形组成，因此被称为“正八面体”。

三角形的故事还没有讲完，我们把 5 个正三角形拼在一起，还留有一个缺口。

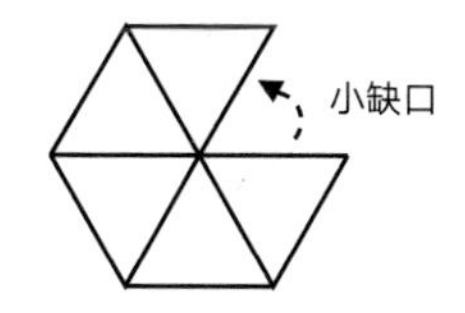

如果把这个缺口补上，我们能得到一顶更加扁平的帽子。

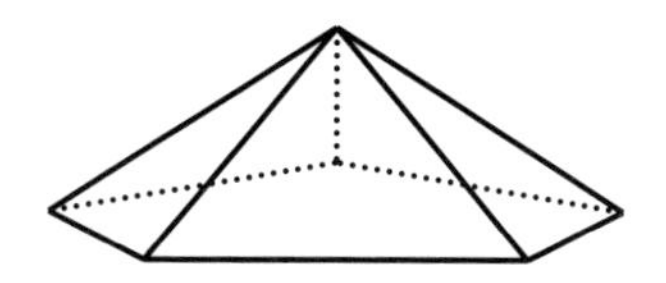

如果继续参照对称的原则添加更多的三角形，同时保持这个图案，我们将花费更长的时间，使用的三角形也更多。我建议你试着动手制作这个三维结构，我做过很多次，每次都有巨大的成就感（尤其是当你在内部用胶带把三角形粘在一起时）。需要 20 个三角形才能拼凑完整，因此这个结构被称为“正二十面体”，在希腊语中表示“20”。下面是这个三维结构图：

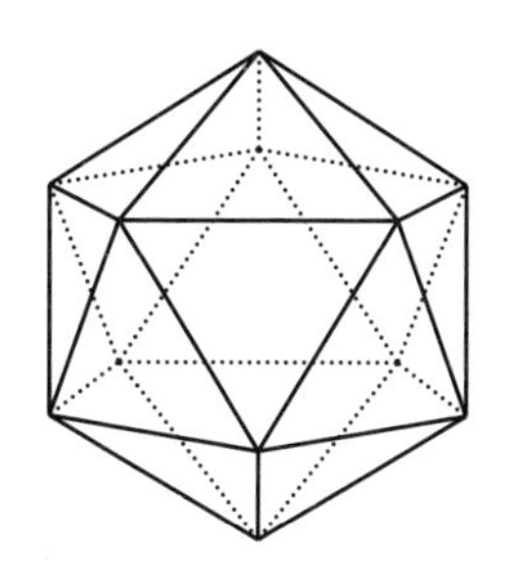

当我们把 6 个三角形拼在一起时，我们发现它们组成了一个二维平面，像六边形，因此无法继续搭建三维结构。

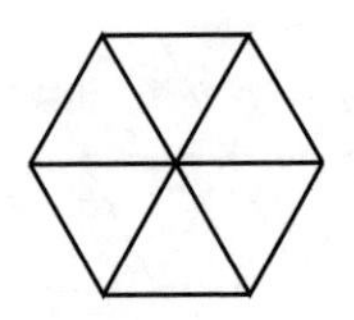

我们还可以尝试正五边形，因为三个正五边形拼在一起会留下一个非常小的缺口。

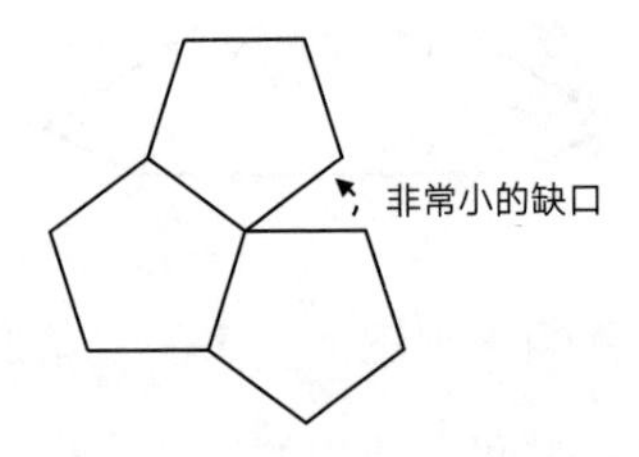

把这个缺口填补上之后，出现了一顶极为扁平的帽子（很难在平面上画出这个图形）。如果我们继续用正五边形以对称的方式将其填补完整，需要 12 个正五边形，因此这个三维结构被称为“正十二面体”。看起来是这样的：

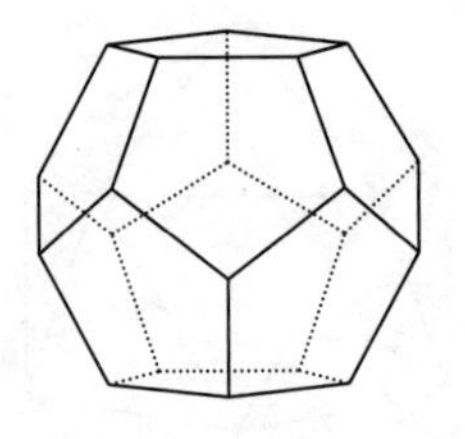

以上就是我们所要寻找的所有最大限度对称的三维结构。超

过 6 条边的图形没有意义，因为我们需要让至少 3 个图形角对角衔接，并且留出一个缺口，而 6 条边以上的图形角度都太大了。提醒一点，这并不是说其他三维结构不好，我们只是出于好奇心严格依照最大对称的原则，看看能搞出些什么东西。其他的三维结构从很多角度来看也有不可比拟的优势，只是不具备这项特征。

所以柏拉图正多面体就包括正四面体、正八面体、立方体、正十二面体和正二十面体。

你或许在想，为什么"立方体"不用面数来命名？我们当然也可以管它叫"正六面体"，或许是因为对一个如此常见的事物这样表述太啰唆了吧。我们经常会给一些极为常见的事物起一个简短的名字，cube（立方体）其实源于希腊语 κύβος，指六面的骰子。（我们经常使用不规则的方式表述极为常见的事物，比如普通动词的时态变化。）

不管怎样，我们的任务完成了，但是这有什么用呢？好问题。这个问题的意义就其本身而言，只是为了深入地了解对称性是如何运作的，图形是怎样组合在一起的，以及二维图形是如何构建三维结构的。这对我们有什么帮助？

正二十面体的概念花了两千年才变得"有用"。这个结构目前被用来建造建筑物的穹顶，这种方式因建筑大师理查德·巴克敏斯特·富勒而闻名（虽然最初应用这个概念的人是德国工程师瓦尔特·鲍尔斯费尔德）。它的基本思路是，要想建造一个巨大的球形结构，很难造出光滑的表面，但如果借助三角形的特征，我们就可以利用小型基本构成要素模拟出大致的球形结构。柏拉图正多面体都类似于球体，但棱角还是过于分明。多面体的面越多，它的棱角就越不那么尖锐。我的意思是，角越多就越不突出，也就是“不那么尖锐”。一个正四面体（三棱锥）的角非常尖锐，而正二十面体的角就钝了很多。

尽管如此，对一个球体来说，正二十面体的角还是太尖了。于是巴克敏斯特·富勒想出一个主意，把所有的角都“削平”，让整个物体变得更圆滑。每个角衔接 5 个三角形，削平之后就出现了一个五边形的面，那原来的三角形呢？下面就是三角形被削平之后的样子：

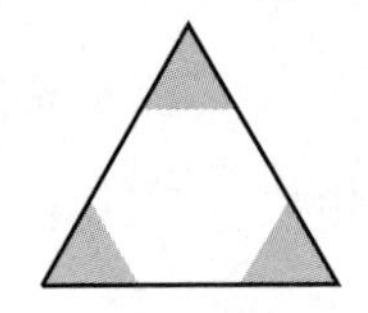

只要不削去太多，三角形就变成了六边形，就是图中的白色部分。所以，如果我们把一个正二十面体所有的角都削平，每个三角形都变成六边形，那就会出现 20 个六边形的面。但是当我们把每个角再变成一个新的五边形时，正二十面体有 12 个角，因此这个新的三维结构就有 20 个六边形的面和 12 个五边形的面，这时，它已经非常接近球体。这是一个如此完美的结构，以至人们通常用它来制作足球，这个结构也被称为“巴氏球”，以纪念巴克敏斯特·富勒。

利用三角形来搭建称心如意的结构还有最后一步，那就是要意识到，我们可以用 6 个三角形组成一个六边形，用 5 个三角形组成一个五边形。整个搭建过程从而变得非常简单，因为你只需要使用一种基本构成要素：三角形。

这就是为什么网格球形穹顶都是用三角形拼接出来的，天文馆的穹顶也是如此。近年来，儿童的攀爬架、户外泡泡餐厅和生态穹顶也是利用三角形搭建的。你可以仔细观察一下，每个角衔接了几个三角形。有时候是 6 个，有时候是 5 个，这就告诉你在哪里可以找到六边形，在哪里可以找到五边形。

故事还没有结束，20 世纪 50 年代，人们已经能用显微镜观察病毒，很多病毒都具有正二十面体的结构。正二十面体的研究历经两千多年才找到实际应用的场景，在发现这个概念的当时不可能有人预见到。

把柏拉图正多面体应用在户外泡泡餐厅上似乎有些不大严肃，然而，另一个相当重要的案例让我们从古希腊一路高歌猛进到微积分。

无穷

我在《超越无穷大》一书中讲过这个故事，所以这里只做一些概述。几千年来，人们一直在思考无穷的真正含义。几千年前的数学家和哲学家提出的问题，与今天充满好奇心的孩子提出的问题几乎一模一样。无穷是什么？是一个数字吗？我们能抵达无穷吗？世界上有无穷多的事物吗？如果我们把一个东西分成无穷份，每一份究竟有多大？

古希腊哲学家芝诺和他的学生研究了与此相关的很多问题，其中令人费解的部分被表述为“芝诺悖论”。我喜欢的一个问题是，“如何让你的巧克力蛋糕永远吃不完”，也就是你吃掉一半蛋糕，然后吃掉一半的一半，然后吃掉一半的一半的一半，以此类推。这是否意味着你永远也吃不完这块巧克力蛋糕？芝诺并没有提到蛋糕的事，而是用从 A 点到 B 点来举例。他的结论似乎是说，你无论如何都要走过剩下路程的一半，但总会剩下一半的路程还没有走。这样看来你好像永远也不能抵达 B 点，但现实中我们都能成功抵达目的地。

另一个悖论是有关“运动”的真实含义。芝诺提到在空中飞行的箭在任何一个时间点都位于空中的某个位置。那么它是如何运动的？

还有一个悖论讲述阿喀琉斯（以奔跑迅速而闻名）与一只乌龟赛跑的故事。乌龟先行一步，但阿喀琉斯的速度显然快很多。假设乌龟从 A 点出发，当阿喀琉斯到达 A 点时，乌龟多少也前进了一段路程，或许已经到达 B 点。当阿喀琉斯到达 B 点时，乌龟依然领先，或许到达了 C 点。以这种方式来推论，似乎阿喀琉斯永远也追不上乌龟。这也跟我们的常识不符。

面对这些悖论，人们可能会做出不同的反应。有的人把双手一摊说：“太愚蠢了！”或者说：“真是瞎胡闹！”有的人不屑地说：“你当然能把巧克力蛋糕吃完！阿喀琉斯当然能追上乌龟！”但是，这些反应并未以任何方式来阐明悖论真正的思维逻辑，只是把它回避掉了。

数学家则不是这样，我们也感受到一种难以言状的混乱和困惑，但这种感觉推动我们想要搞清楚究竟发生了什么事。数学家花了几千年的时间发明了微积分，才终于找到了该如何回答这些怪异的问题的方法。而微积分又通过电学和其他现代技术推动了现代生活的发展。

困惑感往往令人沮丧，会让你觉得自己不够聪明，或许应该转身去做别的事情。但有时候，本应感到困惑的人并没有表现出困惑，他们只是产生了某种错觉或缺少自知之明（就像那些自以为能治理一个国家的无能之辈）。其他一些人之所以感到困惑和不知所措，是因为情况的确很复杂，但可惜的是，他们错以为自己不具备驾驭数学的能力。恰恰相反，困惑的感觉表明，你已经准确地探知到一些有趣的事情正在发生，我们有机会通过解决这个问题而变得更聪明。这就是芝诺悖论留给我们的困惑，但数学家花了两千多年的时间才解决这个问题。所以，没错，这不是件容易的事，答案也绝非显而易见。其中包含很多精彩绝伦的故事。在下一章，我们要讨论有关无穷的难题是如何把我们引领到微积分领域的，以及为什么微积分是一个无与伦比又令人不安的数学领域。

什么是好的数学

为什么 0.9 的无限循环等于 1？显然它并不等于 1，只是非常非常接近 1，但它永远无法真正变成 1。

循环小数就是以重复方式无限延伸的小数。对于 0.9 循环，模式非常简单：

$$0.99999999\cdots$$

3 个圆点表示后面还有无限多个 9，有时候它也被简写成数字上方加一个点，就是这样：$0.\dot{9}$。

循环小数之所以令人着迷，是因为它与“无穷”的概念有着千丝万缕的联系，让人们对以无穷方式展开的事物浮想联翩。但涉及无穷概念的循环小数也令人困惑，直觉可能会把我们引入歧途。

具有不同直觉的人经常为什么是“对”、什么是“错”而争论不休。在这一章，我们将探讨数学不仅仅是关乎对错的重要方法之一。我们已经见证了数学如何利用其强大的准则来判断某事是否为真，但数学的意义远不止于此。就算数学的某个部分在逻辑上是合理的，我们也会评价它好到什么程度。这要比逻辑的正确性带有更多的主观色彩，或许还会涉及个人品位：你是否觉得数学对你有帮助、有启发意义或令你感到满足？我会谈到数学真正看重哪些事物，它如何与我们的直觉互动（要么支持正确的直觉，要么修正错误的直觉），以及好的数学是如何阐明问题的，从而让我们的观点具有更广泛的适用性，而不是简单地评判对错。我还会谈到数学如何带领我们构建起越来越复杂的思想，并推动人类取得进步。但我们也必须承认，建立这套价值体系的数学学术领域源自欧洲白人文化。因此，一个令人不安的问题就是，我们为什么要尊重这套价值体系？

数学的价值观

什么才是好的数学？这是一个比数学评判对错更模糊的问题，也是一个相当有趣的问题。数学家长久以来对此各执一词，但是在某些领域的某些问题上，他们也达成了广泛的共识，或许只是因为少数反对者被边缘化了。我们在评判生活中的所有事物时都会面临同样的问题，无论是数学还是电影。截至本书写作时，互联网电影资料库上评分最高的影片是《肖申克的救赎》。我相信人们普遍赞同这是一部伟大的影片，即使它不一定符合你的口味（我喜欢影片的结局，但是中间掺杂了太多的暴力镜头，令我无法忍受）。排名第二的影片是《教父》，同样因为暴力镜头，我没办法认真看完整部影片。

数学之美是一个颇有争议的话题，我知道有人反对这个概念，理由是数学家无法就数学之美达成一致意见或对其做出准确定义。但我不认为这是一种反对意见，因为人类几乎无法在任何类型的美上达成共识，我也从未见过美的具体定义。从个人角度来说，我早已放弃了评判（人类的）身体之美，因为我真诚地相信美只关乎善良和慷慨，我并不在意他人的外表如何。我必须承认，这在一定程度上是我对肤浅的美容文化，尤其是对它对女性施加的压力所做出的反抗。

数学并不全是对与错，尽管严密的逻辑必然诞生正确与错误的概念。但正如我们在第 2 章所讨论的，对与错往往出现在一个更抽象的层面，不能与人们通常所认为的数学中存在正确与错误的答案混为一谈。比如“1+1 等于几？”，答案并不是简单的 2。我们已经看到，在不同的背景条件下，它有不同的正确答案。

然而，“如果 1+1=1，那么 (1+1)+1 等于几？”有一个正确的答案，因为这是一个逻辑问题。

“在自然数的范畴里，1+1 等于几？”也有一个正确答案，因为特定背景下的标准数学定理决定了一切。

我认为在这个层级上，“正确答案”无处不在，即使在我们通常认为不会存在正确答案的领域也是如此。例如，即使是艺术也有正确答案。如果你把两种颜色混合在一起，那就会出现另一种特定的颜色，这是你无法改变的结果：事实就是这样，不由你选择。你可以选择以不同的比例混合颜色，也可以选择其他颜色进行混合，但只要你做出决定，那就必然会出现一个颜色“答案”。得到不同答案的唯一方法就是采用不同的混合方式。

如果你在建造一幢房子，它要么矗立，要么倒塌。如果你缝制一件衣服，你当然可以采用很多方法，但如果你想让衣服真正留在某人的身上，你就必须遵循某些规则，否则它就会掉下来。（你或许就想让衣服掉下来，但即使这样你也要遵循一些规则，否则它就会附着在人的身体上。）

写作的“规则”随着历史的演变越来越具有包容性。语法规则也在不断变化，作家不断尝试突破各种各样的界限：什么算是一个句子，什么算是一个单词，甚至单词是如何拼写的。各个历史时期都有那么一些人极力反对新鲜事物，称那是“错误的”，但语言一直在顽强地进化。就写作来说，除了“正确”与“错误”以及“好”与“坏”的差别，还有这样一个问题：有人想阅读它吗？也就是说，在某种非常纯粹的艺术层面上，作家只需要忠实地表达他们的真实感受，不需要受限于任何外部规则，也无须关心是否有人喜欢他们的作品。这样的作家只恪守自身的原则，无视其他任何规则。下面就是我创作的一首小诗，我用它来表达痛苦和悲伤的情绪。

再一次

　　　　吓吓呆呆

　　不不不

即使你想彻底摆脱所有规则的束缚去追求无限的创造力，你也需要训练你的大脑，让它有能力处理包含对错概念的逻辑，因为生活就是这样。如果你认为所有的移民都是非法居住者，那么这就是一种逻辑错误。如果你认为疫苗能百分之百保护你免受病毒侵袭，那么这也是一种逻辑错误；如果你认为疫苗没有给你提供任何保护，那么这还是一种逻辑错误。

如果你认为气候变化是确定无疑的，那么这是一种逻辑错误；如果你认为气候变化从未发生，那么这也是一种逻辑错误。生活中不乏这类现象，我希望所有人都具备强大的大脑核心肌，这样才能用清晰的逻辑表述我们的各类观点。当然，我并不是说所有不赞同我的人都是不合逻辑的：有合乎逻辑的方式能表达异议。说疫苗根本不能保护人类是不合逻辑的，但你可以说，与病毒相比，你更害怕疫苗带来的副作用。你我的观点或许相左，但至少我们可以就分歧的原因展开讨论。

以上内容都是为了说明数学的确有对与错之别，现在我们来谈一个更微妙的问题，我们为什么要重视数学，以及什么才算好的数学。尽管数学家对数学的好与坏各执一词，但我想谈谈我们中一些人的想法，包括我自己。我们可以从 0.9 循环的例子谈起，当我们的直觉走入死胡同时，这个问题就引出一个聪明的（尽管也有一点儿狡猾的）解决方法。之后我们还会探讨那些能帮助我们形成直觉的场景，甚至当意识到某个直觉指向正确的方向时，我们如何为其建立一套稳固的理论体系。

在生活中，我知道相信自己的直觉很重要，但同时我会秉持开放的心态，接受那些有可能表明直觉出现错误的新信息。我相信数学也是如此。当面对无限循环小数这类与无穷有关的概念时，我们的直觉难免会出错，因为我们在自己短暂、有限的一生中没有太多机会体验无穷的感觉。让严密的逻辑推理来“纠正”我们的直觉，对我来说是一件愉快的事情，但承认自己的直觉有误并努力将其掉转方向，可能会令人感到不安。就像我们下意识地对他人怀有偏见，后来被证明是错误的。在这两种情况下，我们既可以坚守先入为主的想法，也可以满心欢喜地庆祝我们有能力修正自身的思想。数学属于后者，这也是我个人努力的方向。0.9 循环是训练此类能力的一个绝好的出发点。

究竟什么是循环小数

通常来看，无理数是“无限不循环小数”。由于我们无力抵达“无限”，因此很难讲清楚它究竟是什么，除非用另外一种方式来描述。比如$\sqrt{2}$是“平方为 2 的数字”，π是“任何一个圆的周长与直径之比”（我们在第 6 章还会提到）。但是循环小数有规律地重复，所以我们知道它“无限”的样子，至少可以一步步进行推断。但我们还是不知道结果是什么，或许就像我们知道螺旋楼梯的重复规律，但不知道它能把我们带到哪里。

我们可以一步步研究“0.9 循环”。第一步是 0.9，也就是$\frac{9}{10}$。我们知道这是 1 的很大一部分，但肯定不是全部。可以用下面的图来表示：

下一步是 0.99，就是 $\frac{9}{10}+\frac{9}{100}$。另一种理解方式是先取走 $\frac{9}{10}$，再取走剩下部分的 $\frac{9}{10}$。有点儿像先吃掉一半巧克力蛋糕，再吃掉一半的一半。图示如下：

现在来看 0.999，也就是再加上剩下部分的 $\frac{9}{10}$。

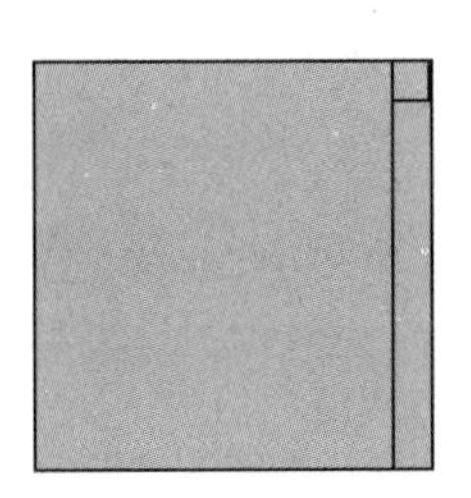

已经有点儿看不清剩下的部分了，但的确有那么一小条空白出现在右上角。如下图所示，我们把这个角落放大来看：

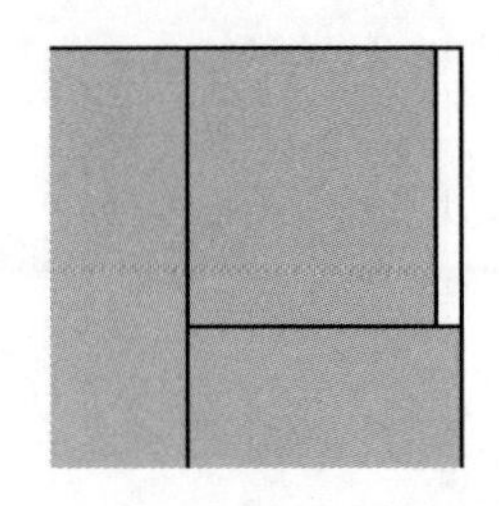

只有把图片放大才能看得清，说明这个问题已经不是那么严谨了。

0.9 循环的概念就是“不断重复上述过程”。你或许觉得无限重复下去的结果就是把正方形填满，但是无论什么时候，只要放大右上角，就还是能看到一个小缺口：

有些人认为，无限放大的那个角落总会出现一个缺口，所以0.9 循环永远不会到达 1。还有人认为之所以有缺口，是因为我们

还没有到达无限，0.9 循环在到达无限的那一刻就变成了 1。

这个问题显然存在争议。社会就给我们灌输了这样一种印象，并把我们丢进一场零和游戏中：有一个赢家就有一个输家，有一方正确就有一方错误。而我更倾向于认为双方都有一定的道理。

如果你认为总是存在一个小缺口，那么你是正确的，因为在这个过程中，人类永远无法真正抵达无限的终点，所以在我们能够描绘出情况的任何一个时刻，一个微小的缺口都存在。

从另一个角度来看，如果你认为在“无穷之处”正方形终将被填满，这或多或少也是实际情况，但需要大量的工作才能做出严谨的证明，这也是微积分的意义所在。数学家一直试图论证“无穷之处”会发生什么，从某种程度上说，这些论证是有道理的。但是，当你对这些问题刨根问底而不是草率地接受答案时，你就会发现，除非你静下心来找出某些概念的真正含义，否则一切都被建在流沙之上。

有一个广为人知的证明 $0.\dot{9}=1$ 的方法：$0.\dot{9}$ 等于 0.99999999⋯，如果我们将其乘以 10，小数点向右移动一位，变成 9.99999999⋯，它等于 9+0.99999999⋯。为了便于证明，我们用一个字母，比如 x 来代替 0. 99999999⋯，就有了下面的等式：

$$10x = 9 + x$$

要解这个方程式，我们可以在等号两边同时减去 x，就得到：

$$9x = 9$$

因此 $x = 1$。

这个证明的方向是正确的，但我觉得其中存在一个技术问题和一个情感问题。你或许不曾想到会有人从情感上反对数学逻辑，但如果一项证明没有把事情讲清楚，也没有让我受到启发，我就会从情感上反对它。我可能不得不承认这项证明在逻辑上是正确的，但它只让我看到了正确的答案，而没有让我理解答案为什么是正确的。对我来说，这项证明就像一个巧妙的骗局，它能令某些人感到满意，但我不喜欢骗局，我喜欢清晰和透明。

更严重的问题出现在技术层面上：上述证明不仅没有提供情感上的满足感，还存在一个巨大的逻辑漏洞。首先，我们怎么知道 0.99999999…乘以 10 就是让小数点向右移动一位？我们如何从逻辑上证明这一点？实际上，要回答这个问题，我们就必须解决最根本的问题：0.99999999…到底是个什么东西？不搞清它的意思我们就无法谈什么观点。上述证明是正确的，但前提是我们先要做出一些定义，并证明微积分中一些深层次的定理，这些定理被掩盖在貌似无伤大雅的“小数点向右移动一位”的小步骤中。这就是我的数学老师经常说的“高射炮打蚊子”：使用一些非常过分的手段解决简单的问题。在这个问题上，不仅仅是手段过分，整个证明过程也毫无诚意，因为证明微积分深层次定理所需的工作量远远超过证明 $0.\dot{9}=1$ 的工作量。这有点儿像你要通过从楼梯上面走下来以证明你能登上一段楼梯的第一级台阶，而事实上这不仅没有证明你能登上这段楼梯，也没能证明你登上的就是这段楼梯的第一级台阶。

这不仅仅关乎工作量——如果你的理解能力足以洞悉深层定理

的证明过程，那么你完全可以直接理解为什么 $0.\dot{9}=1$ 。更重要的是（至少对我而言），这种直接论证的方法使用并阐明了数学中一个非常聪明又迷人的想法，这个想法引领了当代世界最重要的发展之一：微积分的发展。

微积分的起源

微积分起源于几千年前人们对无穷小概念的探索，其中涉及人们对连续运动和曲线的理解。如果仔细思考你就会发现，曲线具有非同寻常的特征：无数个极小的点彼此连接，并不断改变方向。如果这些点沿同一个方向排列，那就形成了一条直线。如果它们沿同一个方向延伸超过一瞬间，那就无法形成一条光滑的曲线。

我们可以尝试用一系列直线来模拟曲线，古人就曾使用嵌套在内部和外部的多边形来模拟圆的形状（多边形的边均为直线）。下图是我分别把四边形和八边形嵌套在圆的内部和外部：

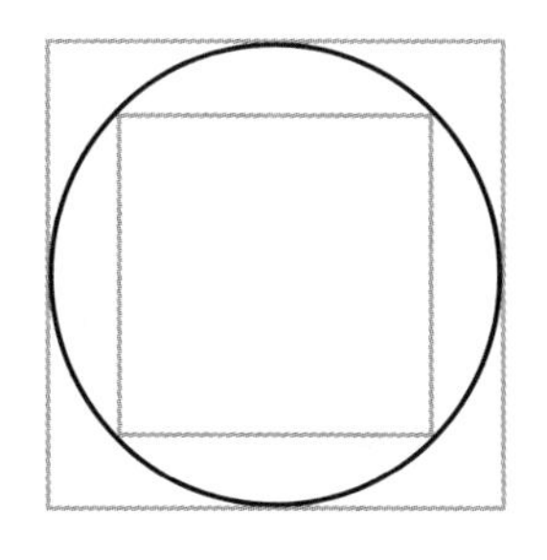

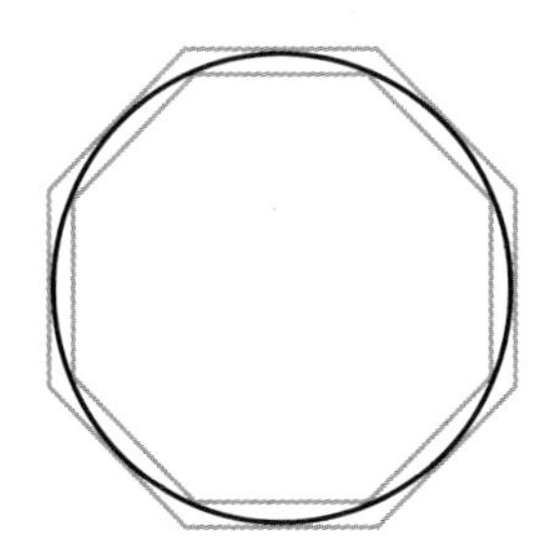

两个八边形显然比两个正方形彼此更贴近，但依然可以看到它们之间的缝隙，也就是圆所在的位置。

因此人们的理解就是，多边形的边越多，内部和外部的形状就越贴近，这在某种程度上等于把圆夹在二者之间。就像一堆弯曲的熏牛肉被夹在两片面包之间，你必须使劲压下去才能把这块三明治塞进嘴里。（实际上，微积分里的“三明治定理”基本上概括了这一观点。）

芝诺理解运动的方法是把运动分成一个又一个瞬间，这意味着将时间分割成无穷小的碎片。我们怎样才能把这些碎片加起来？有限长度的时间可以被分割成无穷小的碎片，数量也有无穷多个。我们怎样才能把无穷个无穷小的碎片加在一起？在孩子和巧克力蛋糕的例子中，如果他们不停地吃掉剩余蛋糕的一半，蛋糕就会越来越小。如果把这个过程推进到“无穷”，怎样才能把无穷块蛋糕加起来？

对于 0.9 循环，我们也面临同样的问题：要把无穷多、无穷小的数字加在一起。你或许觉得这不过就是数学加法的应用，但是在普通数字中，我们只思考过如何把两个数字相加。我们可以重复这个过程，把两个数字之和与另一个数字相加，就等于把 3 个数字相加。还可以把它们的和再加上一个数字，就等于把 4 个数字相加，以此类推。这样的方法被称为“归纳法”，它可以让我们把有限数量的数字相加，但它无力应对无穷多的数字。

顺便提一句，这里谈到的数学归纳法具有逻辑上的严谨性，它与哲学中的“归纳论证”的概念不同，而且后者不具有逻辑上的严谨性。哲学中的归纳论证表示在有限事件的基础上进行外推，例如“到目前为止，太阳每天清晨都会升起，所以明天太阳还会升起”。

这不是一个逻辑上合理的论述：即使结论是正确的，逻辑也不严谨。因为到目前为止，每天清晨都会发生的事情并不意味着明天也会发生。这里的微妙之处在于，太阳迄今为止每天升起的现象是某些物理定律使然，同样的定律也确保了太阳明天会升起，但太阳从前升起并未在逻辑上导致太阳未来升起。

另一方面，数学的归纳极为严谨。它表示：如果我们能证明当 $n=1$ 时某事为真，并且我们也可以证明在第 n 步时某事为真在逻辑上意味着在第 $(n+1)$ 步时某事也为真，那么对之后有限的步骤，某事均为真。不同之处在于，这种归纳法包含了一个逻辑证明，即下一步是由前一步推导出来的，而不是仅凭观察发现截至 n 时某事均为真。

于是数学家静下心来研究如何把无穷多的数字相加。首先存在一个条件，如果这些数字不是变得越来越小，我们就无法做到这一点，因为和会变得越来越大。你或许想说，它们加起来等于“无穷”，但这并不是正确答案，因为无穷不是一个数字。（相反，我们称这种现象为和不收敛。）所以，我们只能把一串变得越来越小的无穷多的数字相加。当然，变小的过程允许出现振荡，但总体上要一直小下去。

最终的定义包含了人类无与伦比的智慧。但重要的一点是，这仅仅是一个定义，是数学家浮现出的某种意念，它让我们有机会采用连贯而有效的方式进行推理。这并不意味着它在任何绝对意义上都是正确的。但我确实觉得这个定义很好，这就是我们在这一章所思考的：什么使数学好，而非什么使数学正确。

这个定义的思路是，我们不再去寻找一个能把无穷多个数字相加的方法，而是想办法判断某个结果是否可以作为一个好的备选答案。这个思路巧妙地避开了如何把无穷多个数字相加的问题。我发现这是一个绝妙且能给人以满足感的方法，用它可以推理出很多无法精确描述的问题。但我也能看到，由于我们还没有正面回答这个问题，这似乎不太令人满意。问题是，有些问题无法做出正面回答，试图这样做最终只会令人更加沮丧。

于是在 19 世纪初，数学家伯纳德·波尔查诺提出了序列“极限”的概念，它本质上是一个很好的“无穷之和”的备选答案。他的思路是，我们不可能不停地加总无穷无尽的数字，但我们可以想象，在这个相加的过程中，走到任何一个有限的点，看到我们是否无限靠近某个特定的数字。如果我们能够到达这个数字的任何一个微小的距离，那么这个数字就是一个无穷之和的优秀的备选答案。

现在，我们有可能根本找不到备选答案。如果我们把无穷多的 1 相加，结果只是一个越来越大的数字，而不会收敛到某个具体的数字。但我们可以证明，如果有任何优秀的备选答案，那就只能有一个，数学中的专业名称是“极限”。

接下来才是精彩的一幕。我们把 0. 99999999…定义为一个极限，也就是序列 0.9，0.99，0.999，0.9999，…，这一系列数字导向的那个数字。

这个序列的极限是 1。

因此，序列 0.9，0.99，0.999，0.9999，…. 将不断靠近且永远不能到达 1。但是我们把 $0.\dot{9}$ 定义为这个序列的极限，因此它的极限就是 1。这是依据极限定义得到的答案。

看起来我好像重新定义了相等的概念，但并不是这样。这里不涉及相等的定义，而是极限的定义。概括来说，这个过程分为以下两个步骤：

- $0.\dot{9}$ 被定义为序列 0.9，0.99，0.999…的极限。
- 这个极限的确就等于 1。

你完全可以表示反对，我个人觉得，对那些你搞不懂的数学结论持反对意见有益无害。我经常询问学生对我们的数学课有什么感觉，但他们往往不知该如何回答，因为他们从未被鼓励对数学有自己的感觉和见解。如果你不喜欢 $0.\dot{9}$ 的定义或结论，没关系，你当然有权利坚持自己的想法。但是如果你想用符合逻辑的方式来反对这件事，方法其实并不多：你觉得 $0.\dot{9}$ 不是 1，那么它是什么？这里有两个选择：要么你认为它是另外一个数字，要么你认为它不是一个数字。如果你觉得它是另外一个数字，是哪个数字？首先不能是比 1 小的数字，因为这个序列总会越过你指定的数字，不断靠近 1。更不可能是比 1 大的数字，原因显而易见，也就是说这个序列总会比你提出的数字更接近 1。

如果你觉得 $0.\dot{9}$ 不是一个数字，这就是一个有趣的哲学问题了。我们利用逻辑理论把 $0.\dot{9}$ 定义为一个数字，而且在这个理论的指导下，这个数字只能是 1。我们没有看到任何逻辑上的矛盾。隐藏在极限定义背后的思想让数学家得以定义全部实数，也就是有理数（分数）和无理数。借用这些理论，他们开始研究变幻莫测的函数，从极限的概念进入微积分的范畴。微积分反过来又带领我们打造了现代化世界的很大一部分。所以，这套理论不仅不存在逻辑矛盾，还产生了广泛、深远、改变了整个世界的影响。

我知道，如果某些逻辑推理过程与我们的直觉不符，比如序列 0.9，0.99，0.999，…永远不能到达 1，这就很难被人接受。但问题在于，定义 $0.\dot{9}$ 的逻辑推理过程并无瑕疵，无论它是否符合你的直觉。数学概念能否成立取决于它是否存在逻辑矛盾，而与个人能否让其符合自己的直觉无关。

如果你经常利用直觉来理解身边的事物，那么我能理解为什么你会觉得这令人沮丧。但是当直觉与逻辑发生冲突时，数学家的欲望是静下心来找出冲突的原因。我们有可能找到逻辑上的漏洞，并将其修正，也有可能发现了改进直觉的机会。[1]

有时候我们在一开始对某些事情并没有什么直觉，之后借助数学论证看清了问题的本质，才培养出我们的直觉。

启发

我喜欢数学，因为它不仅能证明事实就是如此，而且能启发我们思考为什么如此。我最喜欢用两位数的乘法举例，比如 18 和 24。我们把 18 写成 10 + 8，把 24 写成 20 + 4，然后想象它们在一

1　戴维·贝西在《数学软件》一书中谈到了此事。

个网格中相乘，也就是 24 行 18，或者 18 列 24。画出全部的行和列太烦琐了，我们可以采用如下抽象的方式：

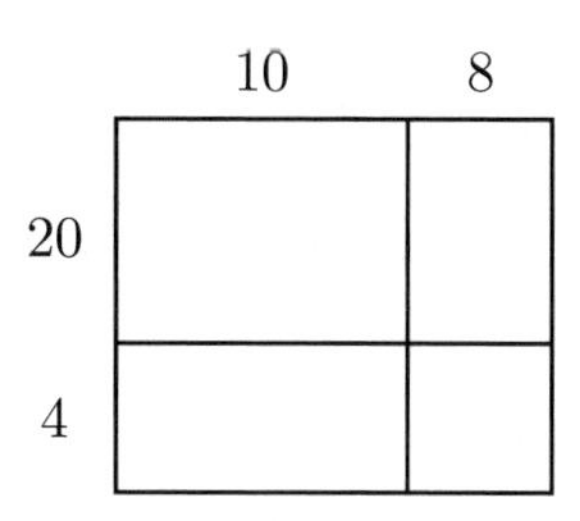

提醒一句，网格中格子大小的比例或许应该代表真实数字的大小（我没有按比例缩放）。这只是一个“示意图”，表明数字间的互动，而不直接表明数量。这么做的目的是调用你的几何直觉来理解数字间的互动关系，而不是实际的尺寸和形状。这种方式比我们在前面章节中使用的树状图更具启发意义，树状图完美地表达了不同的组合方式，但并未进一步触及数字互动的几何直觉。

借助这种表现方式，我们可以算出每个格子里有多少东西，只需要把矩形格子两条边对应的数字相乘，就好像我们真的有那么多的行和列。结果如下：

	10	8
20	200	160
4	40	32

之后将所有数字加总，就得到432。

在某种程度上，与其说这是纯粹的数学，不如说它是一种相乘的方法，但它包含了我所谓的“启发”意义，所以我才称其为方案而不是算法。这里有一个微妙的问题，这个过程与我们旧式长乘法的步骤几乎一模一样，也就是下面这种计算方式（或许相乘的顺序有所不同）：

$$\begin{array}{r} 2\ 4 \\ \times\ 1\ 8 \\ \hline 2\ 4\ 0 \\ 1\ {}^{1}9\ {}^{3}2 \\ \hline \mathbf{4}\ {}^{1}\mathbf{3}\ \mathbf{2} \end{array}$$

我们可能会（也可能不会）得到正确的答案，但我们其实并不知道为什么要这么做。就像列竖式加法，我将其称为一种能摆脱大脑束缚的算法，这可能是件好事，但也意味着我们可以绕过直觉。

网格能让我们在一定程度上摆脱大脑的束缚，但同时意味着我们需要更加依赖几何和视觉直觉，这是我喜欢的方式。后面我们还会看到这种方法另一个让人感到愉悦的方面，那就是它能被广泛应用于其他场景。

我承认，上面的网格法并不是我认为的深奥的数学理念，它更像是一种有助于视觉化事物的方式。我认为有一个包含了深奥数学理念的好方法，那就是小时候母亲教给我的一个关于判断一个数字是否可以被9整除的小窍门。对于不超过90的数字，你只需要把各个位数相加，看看结果是否等于9。用比较形象的方式来阐述，就是下面这个数字矩阵：

0	1	2	3	4	5	6	7	8	**9**
10	11	12	13	14	15	16	17	**18**	19
20	21	22	23	24	25	26	**27**	28	29
30	31	32	33	34	35	**36**	37	38	39
40	41	42	43	44	**45**	46	47	48	49
50	51	52	53	**54**	55	56	57	58	59
60	61	62	**63**	64	65	66	67	68	69
70	71	**72**	73	74	75	76	77	78	79
80	**81**	82	83	84	85	86	87	88	89
90	91	92	93	94	95	96	97	98	99

这样我们就能理解这种规律存在的原因：在这个矩阵中，每前进 9 步，就等于下降一格（加 10）再回退一格（减 1）。同时意味着第一位数加 1，第二位数减 1，因此两个数字的和总是等于 9。

以这样的方式呈现一个矩阵并出现一串对角线的数字，这让我有一种莫名的满足感。但我之所以将其视为深奥的数学理念，是因为它是如何，以及更重要的是它为什么能被应用于任何大小的数字：你可以把所有位数的数字相加，看看结果是否能被 9 整除。如果还是不能做出判断，你就继续把各个位数加总，直到算出（或者算不出）9。例如这个数字 95 238，几个数字相加 9 + 5 + 2 + 3 + 8 = 27，继续相加 2 + 7 = 9，因此原来的数字就可以被 9 整除。

当然，如今我们从未远离计算器（在手机或计算机上），所以我们完全可以输入除法公式，看看计算器能否给出一个整数答案。

这就是为什么我们一开始想知道一个数字能否被 9 整除，而不需要知道结果是多少。我同意这部分数学知识并没有直接的用途（或者用范畴论学者理查德·加纳的话说，我能想到“使用它没有任何有用的用途”）。在我看来，它完全属于数学的间接有用领域，也就是启发人们对事物运行规律的认知。我当然可以设计出一些场景，让你判断一个数字能否被 9 整除。但是，就像数学作业里那些杜撰出来的不切实际的西瓜和野马的数量问题，我不认为杜撰出来的场景有任何意义。部分原因是它显然不具有现实意义，无法直接解决现实问题，部分原因是这样做会淡化它作为间接用途的真实意义。我不愿意用虚假的直接用途掩盖其真实的间接用途。

如果不借用大量的数学符号，阐释这个“窍门”的原理恐怕需要很长的篇幅，但是这个思路的确借用了一些深奥的数学原理，包括整除和位值的概念。但是，即使是只有两位数和矩阵对角线的想法也让我感到极为满足，因为我看到这些想法如抽象的拼图般完美地拼合在一起。

抽象的拼图

所有的事物被完美地拼合在一起，既没有不合常理的凸出，也没有令人遗憾的缺口，在我看来这就是一种数学之“美”。你如果享受把最后一块碎片放入整张拼图，呈现出一幅完整画面的感觉，那就和我对好的抽象数学的感觉相去不远了。

9 的倍数以对角线的方式呈现出的几何图形就是这样的一个例

子。另一个例子是列举 30 的因子，你不但需要写下这些因子，还要进行排列，以显示哪些互为因子，从而形成一个立方体：

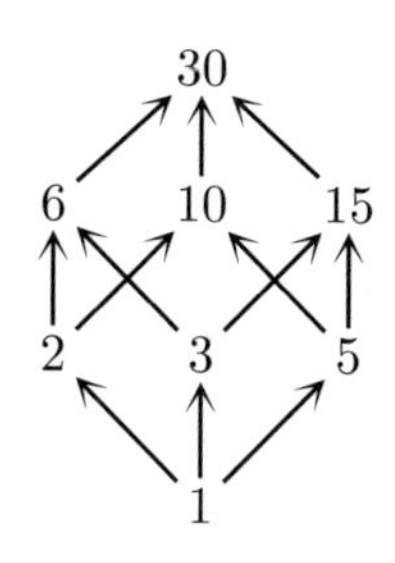

这些数字以我们所熟知的形状排列在一起，这令我产生了极大的满足感，这种类似拼图的表现方式还有更令人满意的一面。如果我们真的把它当作一个三维立方体，那么它的每一个维度就代表 30 的 3 个质因子之一，也就是 2、3 和 5。所有平行的箭头都代表某个数字与相同的质因子相乘。

此外，我们还能看到，立方体每一个面所代表的因子都是两个质数的乘积，也就是 6、10、15。

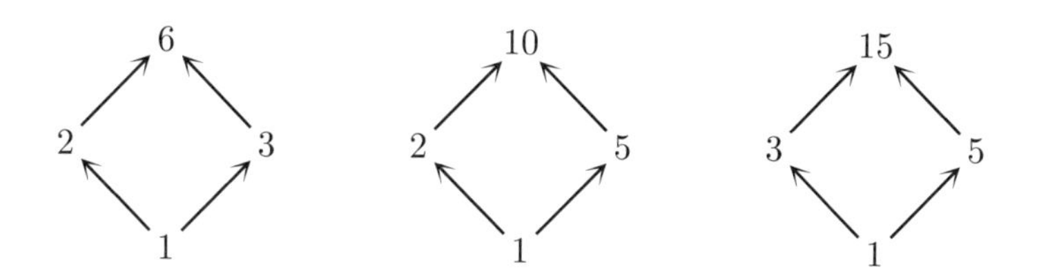

我们还可以挑选一个面，然后观察与之相对的那个面（要把它想象成一个真正的三维立方体），或许我们会发现二者之间的关系：对立面数字是第一面数字与剩下的那个质因子的乘积。例如，我们

挑选数字 6 所在的一面，其中包括质因子 2 和 3，剩下的质因子是 5。我们把这一面的数字与 5 相乘，就得到了立方体对立面的数字：

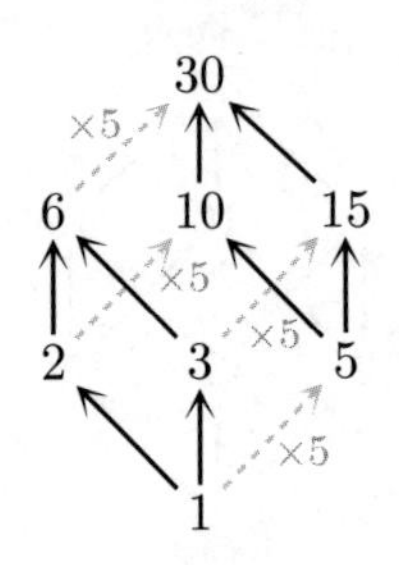

这种方式还能帮助我们把其他因子碎片拼凑成完整的图案。我们还用数字 6 所在的一面举例，如果让所有的数字与 2 相乘（角对角），那就不会呈现出另外一个面，因为 2 已经在这一面了。于是我们得到一个 12 的因子图解：

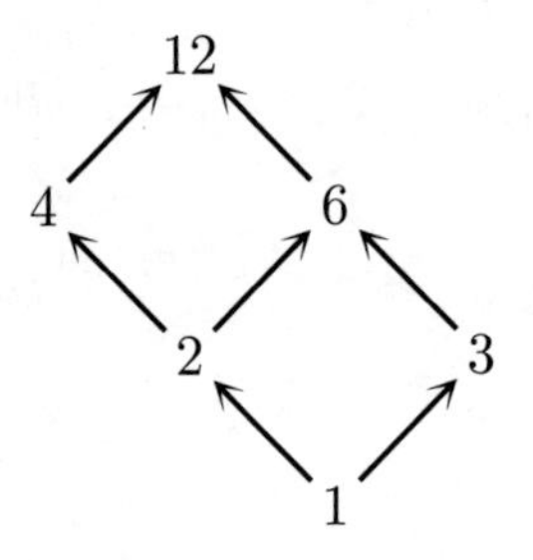

因子间的互动关系被形象地展现出来。这不但是一幅令人心满意足的拼图，而且具有一项我非常喜爱的特征，那就是它可以被推广到更多的应用场景，包括更多的数字，也可以把各具特色、风格迥异的场景统一起来。

归纳与统一

我喜欢数学的可扩展性，它能把不同的事物统一起来。其中的一个方面（我在前面的章节提到过）就是归纳，我们对理论进行扩展，让它变得不那么具体，从而囊括更多的现象。这个意义上的归纳就是把事物一般化，与之相对的做法是把事物具体化。

判断一个数字能否被 9 整除的方法不但可以被推广到更大的数字上，还可以用来判断一个数字能否被 3 整除。数字 30 的因子图解也可以被推广到其他数字上，比如，我们可以为 42 制作类似的因子图解：

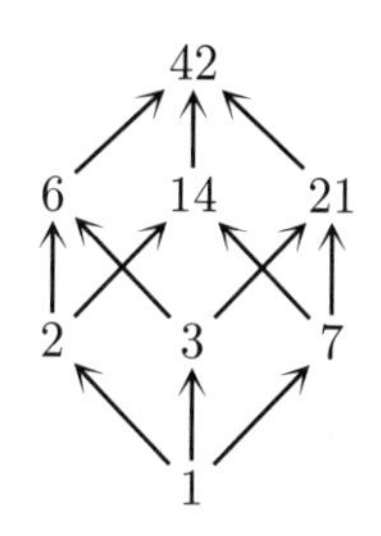

但并非所有的数字都能形成一个立方体。24 的因子就只能表示为以下图解：

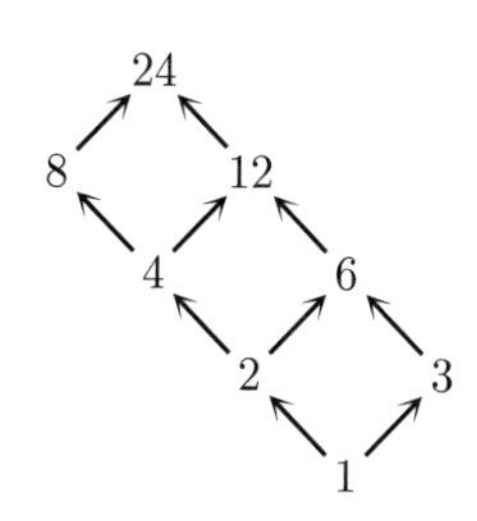

要记住，我们的目的是表明数字间互为因子的关系，在存在这类关系的数字之间画上箭头。但是就像一份家谱，隔代人之间不需要“多余的”箭头，因为这些关系可以通过推导得出。

判断能否被9整除的方法仅局限于数字，这些因子图解似乎也与数字密不可分，但如果深入思考这些图解出现的原因，我们就会发现事实并非如此。这个问题把我们带回质数作为乘法基本构成要素的概念，这些图解向我们展示了使用质数基本构成要素搭建所有相关因子的全部方法。

例如30，3个与它相关的基本构成要素是2、3和5。30的质因数分解结果是这3个基本构成要素各需要一个。如果每个基本构成要素最多只出现一次，它们能搭建出的所有内容就可以表示为：

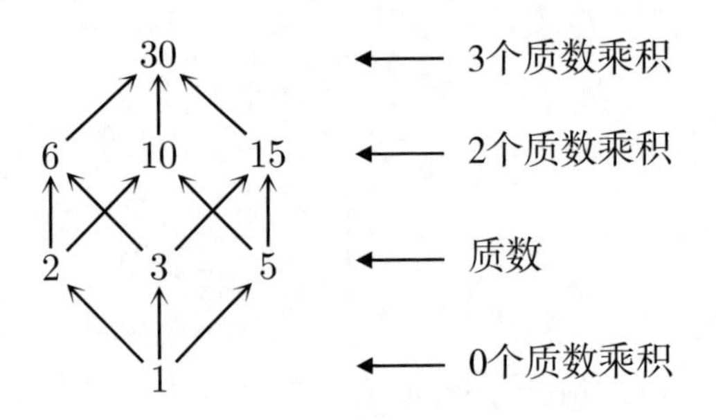

我们从最下方的乘法单位元1开始。在这里，我们没有什么可发挥的，所以标注是“0个质数乘积”。在第一层，我们可以只用一个要素搭建出所有内容；在第二层，我们可以用两个要素搭建出所有内容；在最上一层，我们可以用3个要素相乘，得到30。

在这里我们能发现，任何使用3个不同要素构建出的数字，都可以用同样的图解来表示。42 的质因数分解结果是 2、3 和 7。24 则有所不同，因为它的质因数分解结果是 $2 \times 2 \times 2 \times 3$，出现了 3 个相同的要素 2 和一个不同的 3，因此我们有机会构建出的东西就存在不同的互动关系。当使用两个要素的时候，我们既可以挑选两个相同的要素得到 2×2，也可以挑选两个不同的要素得到 2×3。但我们依然可以根据组成每个数字需要多少要素来列明层次关系：

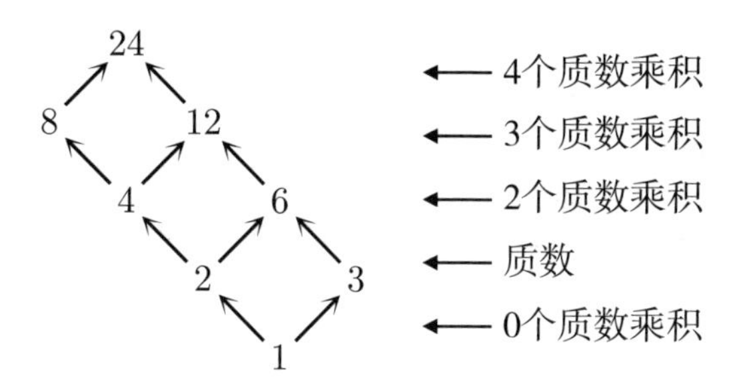

到目前为止，我们已经把这种模式推广到不同的数字上，但是在这个层面上理解，意味着我们也可以将其推广到任何基本构成要素的任何构建方式上。我之前写过如何将其应用于特权问题，并观察 3 种特权之间的组合，例如富有、白人和男性。在这个例子中，构建的方式就是获取特权，我们可以参考下面的图解。我之所以对其念念不忘，就是因为我觉得它极具说服力。最底层是不拥有任何一项特权的人。上一层的人只有一项特权，所以存在 3 种可能性。再上一层的人有两项特权，也存在 3 种可能性，层级间的箭头表示获得某种特权的过程。顶层的人拥有全部 3 项特权。

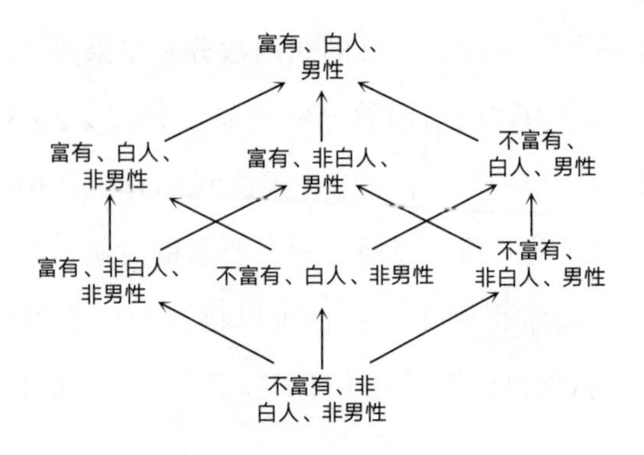

我们可以把这种方式扩展为类似 24 的因子结构，也就是存在重复要素的现象。因此，如果有人多次获得财富特权，我们就认为他们属于越来越富有的人。我们可以划分出贫穷、小康、富有和富豪层级，根据 24 的因子结构画出这样一张图解：

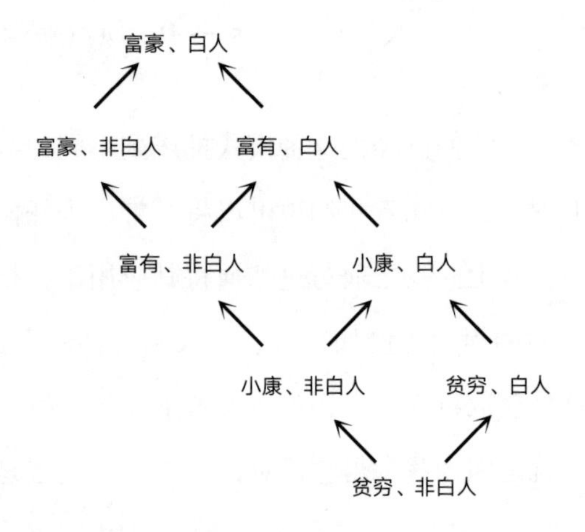

这种图解方式把诸多迥然不同的问题统一起来，在我看来，这是数学强大力量的体现。它表明了单一的适用性：

它还统一了各类情形：

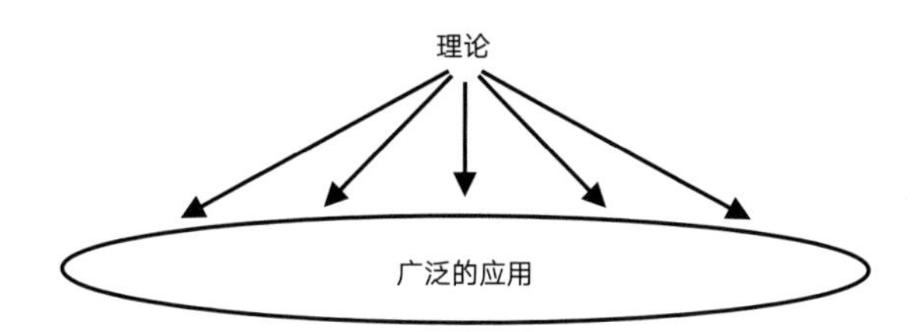

与之类似，使用网格计算乘法的方法不仅可以被用于任何两位数的相乘，还可以被推广到其他用途上，比如三位数相乘，只不过需要更大的网格。

	200	10	8
100	20 000	1 000	800
20	4 000	200	160
4	800	40	32

我们需要把 9 个格子里的数字加总，这显然有点儿麻烦，所以在这个时候，这套方法的启发性意义就大于它的实际应用价值了。

不过，如果我们的确需要一个既实用又高效的方法来计算三位数的乘法，我觉得还是趁早点开手机里的计算器吧。

我们可以尝试用这个方法计算 3 个数字相乘，但这时我们就需要一个三维的图表，但它很难在平面上展现出来。因此，这样的三维的图表更像一个能帮助我们思考事物的抽象工具，而不是一个实际的计算工具。

但我们可以将其推广到其他事物相乘的场景中，比如字母。我们可以用这个方法来计算 $3x+1$ 乘以 $x+2$，或 $(a+b)$ 乘以 $(c+d)$。

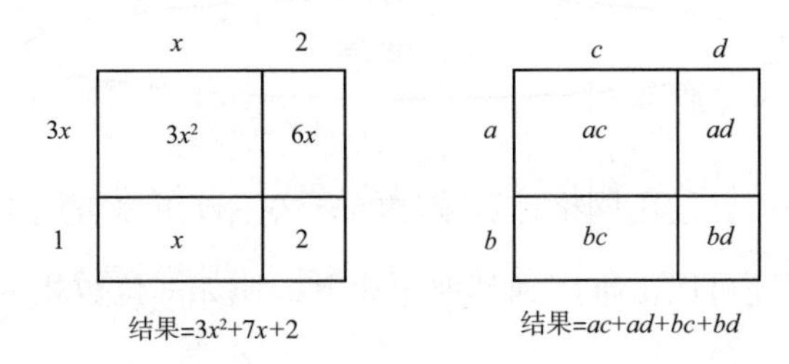

结果 $=3x^2+7x+2$　　结果 $=ac+ad+bc+bd$

这种将括号相乘的方法在我看来要比枯燥乏味的“FOIL”口诀更有深度，也更具启发意义。FOIL 表示“前、外、内、后”（first、outer、inner、last），提醒我们按照括号中前面两项、外边两项、中间两项、后面两项的顺序相乘。

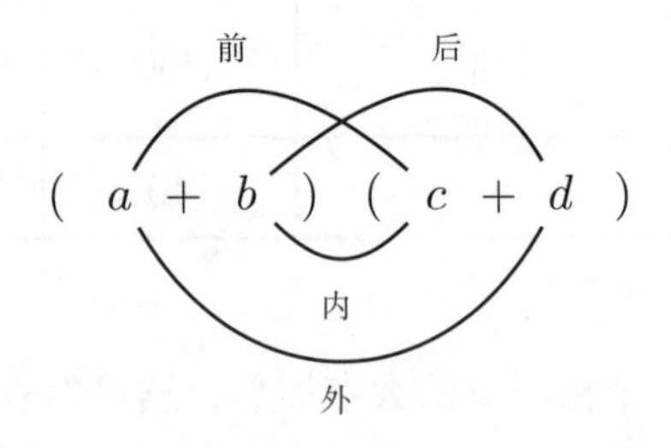

数学家对FOIL的厌恶程度不亚于对数学怀有仇恨心理的学生，甚至有过之而无不及。我会在第6章继续讨论这个问题。总之，FOIL就是网格法的一个廉价替代物。

到目前为止，网格法已经被我们应用于数字和字母相乘，展现出一些令人满意的推广潜力。现在我要展示如何把它进一步推广到更复杂的世界中，也就是复数的世界。

复数

你或许从未听说过复数，也或许早已忘记了它的定义。复数是一种比实数更容易“打破规则”的数字。我们已经见证了一系列打破规则的行为：

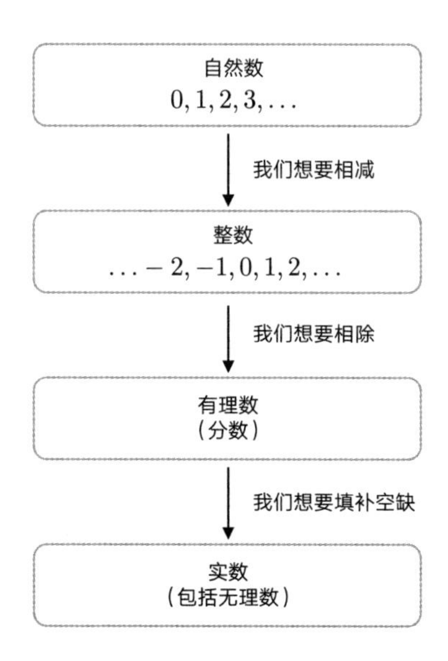

打破下一项规则的动力，来自我们发现不能求负数的平方根。或许你从未感受到这种沮丧的心情，我也记不得自己曾经为此而感到沮丧，只记得当我们说只能用大数减小数不能用小数减大数时，我感到很失望。我还记得在幼儿园里做游戏，我们画出自己手掌“一拃”的长度，并剪下来，用它来丈量教室里的东西。我沮丧地发现，几乎没有任何东西能与完整的一拃长度相匹配，我们可以说“两拃多一点儿”，但我搞不懂“一点儿”仅表示几厘米还是表示近一拃的长度。

不管怎样，你在学校里肯定曾被告知不可以求负数的平方根。第二年，他们又说“现在我们来求一个负数的平方根”。

听起来好像是数学家在不断改变规则，但真正的误导在于，最初有人说“你不可以求负数的平方根”。或许现在你开始怀疑这个说法是否足够准确，经过我在前面所展示的探索答案的过程，你意识到问题的答案取决于定义和环境，也就是真正的问题应该是：“我们什么时候可以求一个负数的平方根，什么时候又不可以？”在数学的世界里，“什么时候可以做这件事”意味着“在什么样的世界里我们可以得到一个合理的答案”。

到目前为止，我们探索过的最微妙的世界就是实数的世界，但是在这个世界里，我们无法找到负数的平方根，原因在于我们对平方根概念的思考。4 的平方根是一个平方（自己与自己相乘）为 4 的数字。我们知道 2×2 等于 4，所以 2 是 4 的一个平方根。我们还知道 $(-2)\times(-2)$ 也等于 4，所以 -2 是 4 的另一个平方根。

因此问题就出现了，一个正数的平方是正数，一个负数的平方也是正数。（0 的平方还是 0。）任何数字与自己相乘的结果都不可能是负数——根本没有这个选择。总结下来，用字母 x 表示我们想要寻找的平方根：

> 我们能找到令 x^2 等于负数的 x 吗？
>
> - 如果 x 是正数，那么 x^2 是正数。
> - 如果 x 是负数，那么 x^2 是正数。
> - 如果 x 是零，那么 x^2 是零。
>
> 所以 x 不可以是正数、负数或零。

如果 x 非正非负也非零，似乎就排除掉了所有的可能性。但这只是排除掉了正数、负数和零的世界中所有的可能性。这排除了整数（包括负数和零），也排除了有理数（包括分数）和实数（包括无理数）。在所有这些世界里，所有数字要么是正数，要么是负数，要么是零。那么是否存在这样一个世界，那里的数字非正非负也非零？这怎么可能？

数学家的工作其实就是无中生有。负数和分数就是我们杜撰出来的东西，只不过没那么明显，因为我们更熟悉负数。无理数作为杜撰之物或许更加明显，为了表明它们的存在，我们不得不发明了序列“极限”的概念。

于是在一阵突发的狂喜中（我喜欢把过程想象成这样），我们给 –1 的平方根发明了一个答案。因为借用了虚幻的想象力，我们称它为“虚数”，写作“i”。就好像乐高刚刚推出一块特殊形状的积木，我们首先要做的就是在我们原有的乐高积木中无限添加这种新积木，看看能搭建出什么东西。

正如我在第 2 章提到的，有些人觉得这些东西不应该被称为数字。你当然可以这样想，但数学家决定将其称为虚数有充足的理由，因为它们的行为方式和数字一模一样：我们可以对它们做加法和乘法，还能进行加法与乘法的交互运算。我们随后就会看到。

或许有些人始终觉得“数字”是指“现实世界中代表长度的东西”，但这是一个封闭、固化的特征描述。抽象数学家更喜欢描述对象的行为特征而不是内在特征，我认为这样的思考方式更具开放性和包容性，因为它能接受任何表现出相关行为模式的对象。这就好比说数学家就是能搞定数学的人，而不是说数学家必须是男性，从而禁止女性学习数学。

将虚数称为数字，是因为我们可以把它放入一个依照数字规则运作的世界。第一个问题就是如何让虚数相加，$i+i$ 等于什么？合理的答案当然是 $2i$。即使不知道 i 究竟是什么，我们也可以说我们有两个这种东西。实际上我们可以说有 b 个虚数，b 为任意实数，并称其为 bi。（你或许更愿意将其表示为 $b\times i$，但数学家早已厌烦了“×”号，所以直接用 $2i$ 和 bi 取代 $2\times i$ 和 $b\times i$。）接下来我们要考虑如何把不同数量的 i 加在一起，就像苹果、香蕉或饼干那样，我们如果把 $2i$ 和 $3i$ 相加，就得到 $5i$。

那么怎样才能让一个“虚数”与一个实数相加呢？例如 1 加 i 会变成什么？这其实就像把一个苹果与一个香蕉相加，除了说结果就是一个苹果和一个香蕉，也没什么答案了。（我的一个学生说结果是水果奶昔。）所以我们得到的答案就是 $1+i$，这看起来可能不会令人满意，但我们也可以借用人们常说的一句话，“事情就是这样”（生活中听到这样的话的确令人很满足）。在这一点上我们确实没有更多可以说的东西了：它就是 $1+i$。但之后我们发现了各种组合，比如 $1+2i$、$-4+3i$，实际上是任何实数 a 和 b 的 $a+bi$。事情开始变得有趣了，因为我们可以在一张二维图表上这样描述它们：

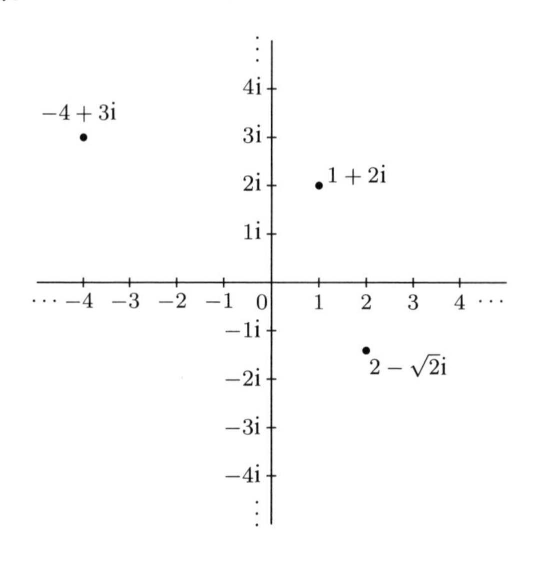

这些东西都被称为复数，原因是……它们都很复杂。每一个数字都包含了实数部分和虚数部分（当然二者可以都是零），有点儿像 x 坐标和 y 坐标，因此它们存在于一个二维平面上，而不是排列在一维的直线上。我们让“虚拟”方向与“真实”方向垂直，表示二者截然不同。当然，这并不意味着虚数是不真实的——“实”在这里是一个技术术语。所谓的实数肯定有更“实在”的一面，因为我们更容易理解它在现实世界中的度量意义，尽管负数出现之后它的这层意义变得相对抽象了。

不管怎样，我们现在都已经能让实数与虚数相加或相乘。那么让同时带有实数部分和虚数部分的两个复数相加或相乘，会出现什么结果呢？相加的过程与加总苹果和香蕉类似。例如，让$(2+3i)$与$(1+4i)$相加，我们先做实数部分$2+1=3$，再做虚数部分$3i+4i=7i$，结果就是$3+7i$。我们还可以用竖式加法来展示计算过程：

$$\begin{array}{r} 2 + 3i \\ 1 + 4i \\ \hline 3 + 7i \end{array}$$

我们可以使用网格法来计算乘法。下面的内容或许包含太多的技术细节，所以如果你能理解复数相乘与我们前面介绍过的乘法方式一样，你就可以随意浏览一下这一部分。

例如，我们要计算$(2+3i)\times(1+4i)$，就可以画出这样的网格：

	2	3i
1	2	3i
4i	8i	$12i^2$

计算的过程同往常一样，唯一要小心处理右下角的网格，也就是$3i\times4i$，结果是$12i^2$，我们需要知道i^2是什么。还记得前面的定义吗？i是-1的平方根，所以i^2就是-1。因此：

$$
\begin{aligned}
3i \times 4i &= 12i^2 \\
&= 12 \times (-1) \\
&= -12
\end{aligned}
$$

于是最终的结果就是：

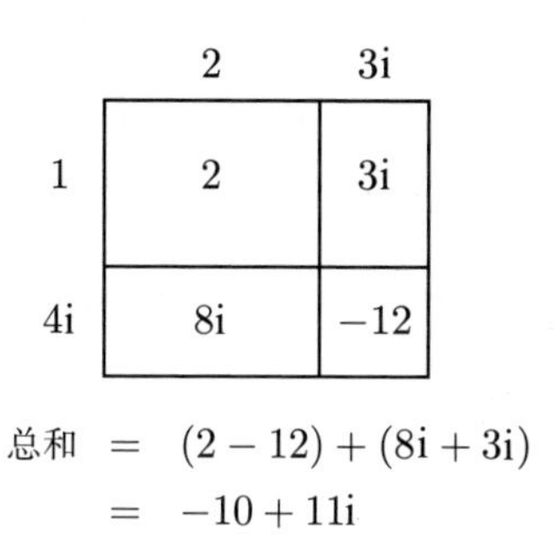

你如果理解不了这个计算过程，也不用担心——我只是想表明网格乘法有广阔的应用空间，它能把不同对象的乘法统一起来。即使在研究层面，这也是数学家在工作中最为看重的一个方面。如果说它能解决某个长期悬而未决的问题，那仅是一个方面，另一个方面是它所衍生出的方法还能帮助我们解决其他问题。更重要的是，它或许能让我们把两个不同类型的问题结合在一起，让我们在理解二者的基础上使之共享、统一，并为之建立相同的基础。这就是数学研究不断进步的原因：不仅要解决前人束手无策的问题，还要理解并建立越来越复杂的理论和结构。这一点在复数的概念中得到了完美的展现。

建立复杂性

复数的“复”体现了一种精确又专业的含义：它意味着我们面对的是一个混合了实数和虚数的世界。但正如虚数带给我们一种虚幻的感觉，复数也代表了一定的复杂性。从某种程度上说，所有的数学理念都是虚幻的，也都是复杂的。但虚数比实数更虚幻，因为它无法丈量现实世界中的具体事物。复数也比实数更复杂，因为它通过混合不同的元素（实数和虚数）营造出一个复杂的世界。复数可以被想象成一个高维度的数字空间，正如它存在于二维平面而不是一维直线上一样。

看起来我们堆砌复杂性只是为了把事情搞得更复杂。它的美妙之处在于，虽然我们仅凭想象杜撰出复数这个概念，但它的确能让我们建立起一整套崭新的数学理论分支，还能帮助我们理解从前无法理解的概念，包括广阔的物理学领域。站在更高的维度上能更好地理解低维度，即使我们真正试图理解的只是更低的维度。复数就扮演了这样的角色。我们从一维的实数世界出发，也就是我们的现实世界，之后利用想象力把复数包括进来，然后各类运算变得更有意义。被局限在一维世界中的我们如果不设法跳到更高的维度，就永远无法看到很多运算的规律和模式。

但是这些规律和模式在哪里？它们是真实的吗？（我指的是非专业意义上的“实”。）从某种意义上说，它们不存在于任何具体的地方。从另一种意义上说，它们的确存在于我们的脑海中，谁又能说它们不存在呢？我们脑海中的规律和模式能帮助我们理解身边现实世界中的真实事物。

在我看来这就像 0.9 循环的问题。从某种意义上说，我们为这个问题创造了一个答案，也就是我们创造了一种方法，让变得无穷小的无穷数列相加存在某种意义。但是我们并没有仅凭想象就直接得到 $0.\dot{9}$ 的答案，而是严谨地推理循环小数的概念。逻辑上的严谨性意味着我们可以深入地构建答案，在这种情况下，它让我们得以构建当代生活的每个方面都依赖于它的整套微积分理论。之后，微积分与复数的结合就是“复分析”研究的领域，它为现代物理学的发展奠定了坚实的基础。

这就是逻辑严谨性和抽象数学的真正意义所在。它的确能让我们构建出符合逻辑的复杂理论体系，让我们整合复杂的概念，将其作为基本构成要素，从而理解愈加复杂的世界。还能让我们利用这些基本构成要素一步一步搭建起一座又一座理论的大厦。

但这的确给我们带来了一个令人不安的问题：为什么这是一件好事？或者这真的是一件好事吗？本书到目前为止讨论了什么是数学，它是如何运作的，我们为什么要学习数学，以及什么让它变成好的数学。但这一切都是围绕一类特定的数学展开的：由学院派数学家定义的严格意义上的数学，这些人大多是过去几百年间生活在欧洲的白人。其他数学理论也为这套学术框架做出了贡献，其他数学家也参与了理论的研究和开发，但那些欧洲白人对这门学科的掌控力和影响力依然处于主导地位。他们创立的理论框架为数学奠定了坚实的基础，让我们得以构建更强大的理论，开发出更复杂的理论体系。必须承认，这是一个成就斐然的过程：数学自此取得了非凡的进步，因为数学家就诸多问题达成了前所未有的广泛共识，并在此基础上继续发展。但这些成就能表明这必然是一件好事吗？我们必须思考，我们在这个世界上更广泛地重视哪些问题？哪些其他类型的数学被忽视、贬低，甚至遭到压制？

进步与殖民

进步必然是一件好事吗？

我们在这里对“进步”的概念做了一些定义和假设，我要在这里表明，或许会引发不小的争议，我们不应当把这样的进步当成一件好事。进步必然伴随着地球自然资源的毁灭，也伴随着殖民主义的扩张，以及殖民者（主要是白人）以“文明”和“进步”为借口消灭更多的传统文化。

数学中有这样一个领域，被主流学术界称为“民族数学”。有关这类数学的定义多种多样（正如社会上存在各类学术领域），这种观点认为，这是一种在更大程度上根植于文化，而不是根植于毫无生气的逻辑和严谨的学术过程的数学。（我在这里使用带有比喻色彩的形容词，是因为毫无生气的环境为实验室培养文化创造了有利条件。）这里的“文化”是指久已存在的文化群体所享有的文化，而非学术界事后发展起来的文化。

“民族数学”这个词有严格的学术意义，但遗憾的是，它往往让人联想到“民族的数学”，听起来像非白人群体专属的数学。这是因为在日常生活中，“民族”或“种族”不幸地对很多人来说意味着非白人，因为占主导地位的白人文化倾向于认为白人没有所谓的种族，而非白人都属于某个“种族”。的确，民族数学所涉及的话题都来自非白人文化群体。

对这类敏感话题的讨论总是令人紧张，社会上的各类群体都非常警惕来自其他群体的攻击。不幸的是，很多群体已经遭到主流数学界的排斥和攻击，因此这种警惕心理是很有必要的。但它的确让我们的讨论变得非常棘手。

首先需要指出的是，历史上的数学工作者并不都是白人。实际上，早期数学上所有伟大的突破都来自古老的非白人文化：玛雅文明、古埃及文明、古印度文明、中华文明和阿拉伯文明都为数学思想的发展做出了重要的贡献，这些思想的形成时间都远远早于白人统治这一领域的时间。古希腊人对数学和哲学的研究颇有见地，但是数学家乔纳森·法利曾向我指出，某些所谓的“古希腊人”并不是真正的希腊人，而是来自希腊帝国其他地区的居民，包括非洲部分地区。例如，曾经用一种别出心裁的方式来寻找质数的埃拉托色尼就来自昔兰尼（位于今利比亚）。几何学之父欧几里得被称为“亚历山大港的欧几里得”，这或许表明他曾经移居当时的学术研究中心，也可能表明他就来自那里。只有我们中的帝国主义者才把希腊帝国的人都称为“希腊人”，就像有人说拉马努金是英国数学家，因为他来自大英帝国的殖民地印度。我把故事讲得太快了，马上还会谈到拉马努金。

我并不是这方面的专家，但我相信所有人都应该思考这些问题。在思考殖民主义和数学的过程中我不止一次掉进陷阱，我敢肯定今后我还会掉进更多的陷阱，任何受过以欧洲为中心的白人主导的教育体系训练的人都会如此。但我冒着掉进陷阱的风险，继续思考这些问题，而不是安全地躲藏在纯数学的研究中。我并非白人的事实并不能让我因此免遭殖民主义的谴责。与此同时，也有一些非白人认为数学被“洗白”纯属无稽之谈。遗憾的是，压迫和排斥的现象之所以存在，是因为总有被压迫者（有意或无意）觉得最安全的举措就是顺从压迫者。因此，有些女性会反对女权运动，有些黑人会支持把黑人一律视为罪犯并剥夺其投票权的政治党派，也有些亚洲移民会支持限制移民的政策。他们的行为并不能证明压迫政策有合理之处，只是表明了压迫的力量有多强大。

总而言之，我们需要仔细思考很多细微差别。首先，我们需要承认，数学的早期发展都得益于非白人群体的努力。其次，我们需要承认，当代数学一直被白人主导，被白人封锁，而且白人在数学研究领域所占比例过高。把大多数（但不是全部）现代数学的进步都归功于白人，并不能抹杀数学史中非白人的贡献。

与此同时，数学作为一门学科，的确是按照一个精心构建的逻辑框架小心而又谨慎地发展起来的。这个逻辑框架显然包容了一些数学，也排斥了另一些数学。然而，即使不提资源和教育分配的不平等现象，我们也要质疑数学逻辑框架所包含的价值观。虽然他们高举“进步”和“发展”的大旗，但在内心深处，我总有一种不安的怀疑，因为这些原则都与殖民主义、帝国主义和征服他人的欲望有着千丝万缕的联系。

的确，非白人文化也曾或多或少地参与了对其他民族的征服，白人也曾试图征服其他白人，而不仅仅是非白人。但我的确认为，当前的世界秩序与白人群体通过其“发展”压倒非白人群体的方式密不可分。抛开其他因素，单就他们不断开发大规模杀伤性武器和其他战争机器这一点就足以说明问题，因为这就是他们在历史上征服欠“发达”国家的主要手段。21 世纪又出现了一些没有那么直接但潜在破坏力更强的武器，比如，资本主义国家借助技术力量和其他方法，把权力集中在实力本已无可匹敌的个人或国家手中。

我们谈论“发达”国家和“发展中”国家的方式本身就包含了我们对“发展”概念的臆断。

但是请允许我后退一步，承认在某种程度上我也接受了这套价值体系。我热爱数学，因为我痴迷于它构建、发展和进步的能力，这一切都有赖于它那强大的能判定真伪和促成共识的理论框架。出于类似的原因，我还热爱很多其他的事物。在所有音乐中，我最喜欢西方古典音乐[1]，而我最喜欢的音乐是那种发展最快、结构最复杂的音乐，那种永远无法即兴创作或可以代代相传的音乐。我并不是说其他音乐不复杂，而是试图描述一种非常刻意的复杂结构，在这样的结构里，每一个音符都被写下来并被有意识地构建，形成一个又一个结构。我喜欢结构复杂的文学作品，其中的明线和暗线极其紧密地交织成完整的故事情节。这种作品不可能一挥而就，而是经过精心的策划，以确保所有内容都完美地融合在一起。我还喜欢制

1　这在以欧洲为中心的文化中一般被称为“古典音乐”，加上“西方”一词是承认其他文化也有古典音乐的标准方式。但是“西方”一词本身就有问题，其指代的对象不是那么明确，正如“远东”其实也并非东方极其遥远的地方，如果你身处那里。

作工艺复杂、烹饪方法成熟的食物，精心调配的酱汁能把各类食材神奇地转化成完全不同的味道。

所有这些都与发展有关，你可以说我对发展的热爱仅限于美学层面。但我经常进行自我批评，我担心一些与结构性剥削和殖民主义相关的问题，因此我一直担心自己对发展的热爱永远无法摆脱殖民主义和帝国主义的视角，即发达国家优于发展中国家，这就是为什么某些国家比其他国家更富裕，某些文化总是凌驾于其他文化之上。

因此我不得不扪心自问：这种不断的发展是否意味着我们变得更好了？除了我们为自己搭建的理论框架，它是否会让我们在其他框架中变得更好？

有些文化做事方式不同，我们凭什么声称自己的方式更好？证明文化差异最鲜活的实例，就是拉马努金的故事。

拉马努金和哈代

斯里尼瓦瑟·拉马努金是一名杰出的印度数学家，他的故事妙趣横生又充满了悲剧色彩。他于 1887 年出生在印度，没有接受过正规的数学教育。在成功地获得贡伯戈讷姆政府艺术学院的奖学金之后，他不愿遵循英国式课程的刻板要求，而是更喜欢做自己的事情。这导致他除了数学大多数科目都不及格，失去了获得奖学金的资格。后来他尝试继续深造，这一次进入了不受英国人资助的帕凯亚帕学院，但他依然无法融入既有的教育体制，最终没有获得学位。

他的生活极度贫穷，他在勉强维持生计的同时不懈地探索数学的世界，并确信数学的真谛是一位女神赐予他的。

1913 年，拉马努金给剑桥大学“传统”数学教授 G.H. 哈代（至少以当代欧洲数学界的眼光来看，他的确是个古板的学者）写了一封信。哈代一板一眼地沿袭了数学界的传统：他获得了数学专业的正式学位，写了一篇论文，小心谨慎地推理、证明，把结果发表在经同行评议的专业期刊上。

拉马努金的经历与此截然不同，但是哈代发现了他的才华，于是邀请他前往剑桥大学从事当代欧洲的正规数学研究工作。这对拉马努金来说是人生的一个重大抉择，因为他所信奉的宗教要求他不能离开自己的国家，他的母亲也非常反对他出去。

拉马努金来到剑桥大学之后，遭遇到各个层面的文化冲突。哈代坚持要求他学习如何在欧洲数学界公认的框架内进行数学证明，以确保结果正确。但拉马努金看不到这么做的意义，因为女神已经把数学的真谛告诉他了。最终拉马努金被说服了，部分原因是哈代指出了他的一个错误结论。

这里要提一句，尽管拉马努金的确相信女神对他的眷顾，但他那种与生俱来的，甚至有些神奇的数字才能有时候被那些想要把整个故事浪漫化的人刻意夸大了。有一个广为流传的故事，哈代去看望住院中的拉马努金，他随口说起刚才搭乘的出租车牌号 1729 是一个“很无趣的数字”。拉马努金立即说恰恰相反，这是一个非常有趣的数字，因为它是能用两种不同的方式表示为两个数字的立方和的最小的数字。

$$
\begin{aligned}
1\,729 &= 1^3 + 12^3 \\
&= 9^3 + 10^3
\end{aligned}
$$

这种深刻的洞察力通常被认为是拉马努金天赋的证明，人们觉得他看清数字内涵的本领即使是伟大的数论学者哈代也不能相比。

然而，仔细检验拉马努金的笔记，人们发现他一直在研究“费马大定理”的“近似差错”。费马大定理是数学家皮耶·德·费马于1637年左右在一本书的空白处草草写下的一个著名猜想，他同时还写下了一句话：“我确信已找到一种美妙的证明，可惜这里的空白太小，写不下了。”该定理描述的内容并不复杂，即在 n 大于等于3的情况下，以下方程没有整数解：

$$x^n + y^n = z^n$$

对于 $n=2$ 的情况，我们已经知道方程的解，即毕达哥拉斯有关直角三角形边长的定理。你或许在学校里曾经学过直角三角形的两种边长整数比：3、4、5和5、12、13（这是三条边的长度）。我记得我在学校时，与这两个三角形有关的一切知识都令考官非常痴迷。我猜或许是因为出题人都来自计算器出现之前的那个年代，因为涉及平方根运算，找到毕达哥拉斯定理的解不是件容易的事，不借助计算器求平方根的确很难。

“费马大定理”这个名称其实并不恰当，因为他还没来得及分享自己“美妙的证明”就去世了，而一个猜想在得到完美的证明之前都不能算作“定理”。直到1994年，安德鲁·怀尔斯才证明了这一点。事实上，他一年前的第一次证明是错误的，但后来他成功地纠正了错误。不管怎样，最终的证明过程借助了费马去世后出现的很多数学理论，所以这不可能是费马的证明方法。今天的数学家认为费马对这个猜想的证明是错误的，他们甚至知道费马犯的究竟是什么错误。

不管怎样，拉马努金在几十年前潜心研究费马大定理的“近似差错”，而近似差错之一就是在以下意义上与方程的解相差 1 的数字。待解方程是：

$$x^3 + y^3 = z^3$$

一个“近似差错”类似于：

$$x^3 + y^3 = z^3 + 1$$

他已经发现了这个“近似差错”方程的解，即 1 792（$12^3 + 1$），当哈代提到出租车牌号时，拉马努金对此已经研究了许久，所以这不是他的神来之笔。他深邃的数学思想已经足够神秘，我们不需要借助这些无中生有的事来佐证。

是什么造就了伟大的数学家？出租车牌号和拉马努金的故事给我们设定了一个危险又挥之不去的模板：要成为伟大的数学家，你必须是一个不世奇才，对数字有一种令人无法理解、近乎魔法般的解读能力，并且有能力从迷雾中找到真相。

我不确定怎样才能在一个领域获得“伟大”的称号，但是要成为一名优秀的数学家，你无须具备以上任何一个条件。你需要思想开放，能够灵活思考，能够同时从不同的角度审视眼前的问题。你需要能够看到事物间的联系，这通常意味着你要忽略某些细节，以便认清事物间的匹配关系。但你也需要足够的灵活性，把这些细节放回去，暂时忽略其他因素，以不同的方式看待事物。你需要构建高度严谨的论点的能力，将它们储存在你的大脑中，反复思考，然后把它们与其他高度严谨的论点结合起来。你需要宽容，甚至渴望看到由此积累起来的复杂性。这也涉及创造处理这种复杂性的方法，比如研制出某种特殊的鸡蛋，然后发明一种特殊的鸡蛋盒来盛放这些鸡蛋，然后制作特殊的箱子来装鸡蛋盒，或许还需要特殊的卡车来装这些箱子，以此类推。因此，优秀的数学家通常从微小的念头出发，一步步地建立起越来越宏伟的梦想，所以这需要生动的想象力，以及将这些奇特的想法带到你脑海中的能力。有一种荒诞的说法，认为数学和科学与艺术中的“创造性”是分开的，但它们之间的界限真的很模糊。这种误解可能源于这样一种想法，即数学只是一步步计算，有明确的答案。但是请注意，我在描述一名优秀数学家的特征时，并未提到演算、计算、记忆力、数字、获取正确答案的能力。数学当然无法回避其计算的部分，但并非所有数学都是计算性的。

另一方面，我的确多次提到要构建高度严谨的论点，这暴露出我是站在西方、欧洲、殖民数学的特定角度来描述一位优秀的数学家的。[1]

哈代站在这个特定的角度评判拉马努金，称他前途无量但在技术上有所欠缺，因此催促他尽快遵循西方殖民主义的标准。令我困扰不已的问题是，哈代敦促拉马努金用欧洲数学理论的方式来证明一切，这种做法正确吗？就欧洲数学理论的标准来看，他这样做无

1 这里又出现了疑窦重重的“西方”。

可非议，但这不过是个自证怪圈。

这就是殖民主义的另一个方面。拉马努金在文化上始终不被剑桥大学接受，后来因无法找到能符合其信仰的食物而身患重病。他是个虔诚的印度教教徒，也是绝对的素食主义者，但当时的剑桥大学几乎无法提供这类饮食。（素食即使在我那个时代也不算普遍，但至少还有。）

拉马努金最终回到了印度，但身体一直没有康复，去世时年仅 32 岁。年轻的他得到了英国数学界的认可，当选英国皇家学会会士，是有史以来最年轻的会士之一，也是继 1841 年的阿达西尔·科塞吉之后的第二位印度籍会士。后来他成为首位当选剑桥大学三一学院院士的印度人（当然是在他得到英国皇家学会的认可之后）。

这听起来像是一个来自印度的贫穷男孩最终被崇高的剑桥大学数学界接受的励志故事。但是换个角度来看，这是一个庞大、死板的机构强令一个来自不同文化背景的人接受其行为准则，并以此作为接纳他的条件的故事。

拉马努金去世后留下的笔记记载了大量的数学“真理”，都未沿用欧洲人的方式去证明。数学家花了 100 年的时间研究这些公式，迄今为止，他们利用欧洲人的方法证明了几乎所有的理论都是正确的。但拉马努金在世时出于自己的理由对这些理论已经深信不疑了。

谁能评判哪一种方法更好呢？拉马努金的部分理论的确存在缺陷，但依然包含了深邃的洞察力，而这些错误也颇具启发意义。事实上，安德鲁·怀尔斯在第一次尝试证明费马大定理时不是也犯了错误吗？所以我们不能说欧洲的数学家永远正确。有无数的实例证明，数学家在自己或他人的证明中发现了错误，相关的论文不得不被重新修改或者干脆被撤回。

这件事不禁让我想起新老出版方式的一场战争，对阵双方是老派的同行评审和新兴的维基百科式众包。秉持守旧思想的同行评审对维基百科惊恐万分，他们觉得让所有人都评判真理必然会导致真理错误丛生。维基百科上错误百出，但同行评审的错误也在所难免。《自然》杂志在2005年的一篇著名文章中比较了维基百科和《不列颠百科全书》的内容，结论是维基百科的表现一点儿也不差。[1]当时维基百科尚处于起步阶段，它在2012年的表现更加突出。[2]就在同一年，《不列颠百科全书》宣布停止纸质版的出版。

这个例子与白人数学的区别在于，从宏观角度看，白人数学并不是守旧人士拒绝接受改变，而是后来者（欧洲文化毕竟相对年轻）宣称古老文明久已存在的方法是低等的。为什么现代文明敢于宣称古老的方法无效？古代文明建造的一些神迹依然令现代文明困惑不已，比如巨石阵或金字塔。也许这些未经证实、未经同行评审的方法比当代学者愿意承认的要多。

这就是数学与民族数学差异的关键所在，或者是基于发展理念的数学与基于文化的数学之间的对比，前者使我们尽可能远离自然文化，后者始终与文化保持联系。我们或许惊叹于因纽特人建造皮

1 https://www.nature.com/articles/438900a.

2 https://upload.wikimedia.org/wikipedia/commons/2/29/EPIC_Oxford_report.pdf.

划艇而不做任何我们认为是计算的事情，或者阿米什人能利用代代相传的方法建起一座谷仓。我们或许可以称其为数学，以纪念它的辉煌，但这算是把我们的文化准则强加给它吗？我们或许也可以称其为民族数学，为了表明它也是一种数学，只是与我们基于逻辑论证的方法有不同的风格。但是，这是不是把其他民族的数学“他者化”了？

最后，我们的数学更好吗？我们一味地追求发展和进步，我们赖以生存的地球环境遭到破坏。相比之下，本土文化不受殖民主义、帝国主义和欧洲人“进步”思想的摆布，知道该如何与环境和谐相处，享受环境的滋养，又不致将其破坏殆尽。

究竟什么才是最伟大的成就？是与我们的环境和谐相处，还是不遗余力地推动工业发展，之后不得不采用紧急措施来修复被破坏的环境？

如果后者被定义为“进步”，那么它是我们真正想要的结果吗？

我不知道，我只是觉得所有人都应该严肃地思考这个问题，并为实现“更好”的目标而不断努力。

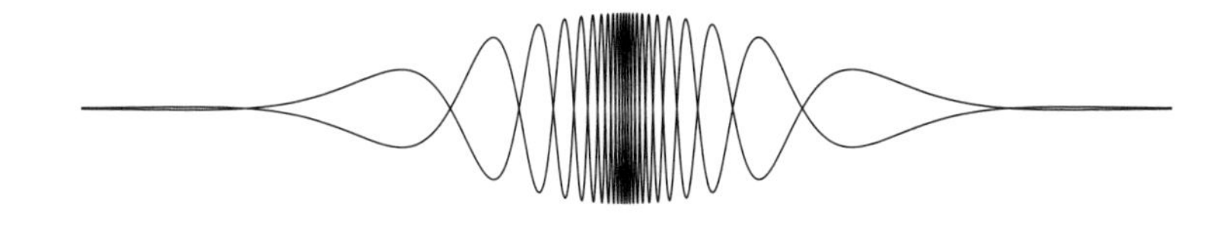

字母

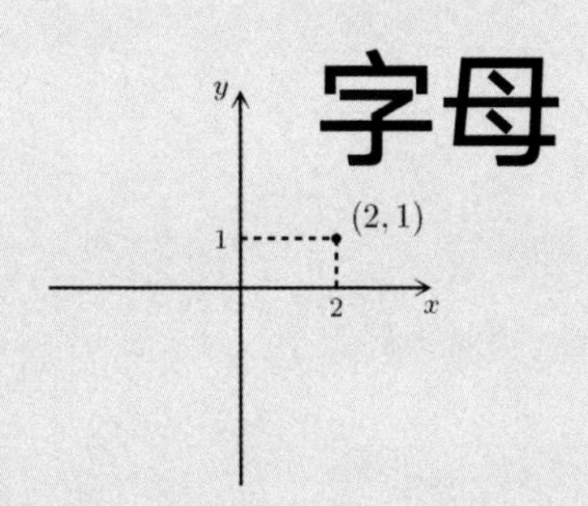

为什么 $y=mx+c$？或者说，这些字母出现在这里是要干什么？

在前面几章，我们已经思考过数学的一般概念：数学从哪里来，数学的逻辑，为什么要学习数学，什么是好的数学。现在我们来看看数学中更具体的问题，看看它们是如何从需要深奥的数学理论知识才能回答的天真问题中发展起来的。在这一章，我们先从一个相当棘手的问题开始，也就是在数学中使用字母，它会把我们领进代数的学科领域。

为什么要把数字变成字母？经常有人不寒而栗地对我说："我对数学的感觉还不错，直到数字都变成了字母……"

那么在解释 $y=mx+c$（出于某些原因它在美国通常被表述为 $y=mx+b$）的意思之前，我首先想说明为什么要把数字变成字母。然后我们会讨论这么做的动机和意图，以及在特定的案例 $y=mx+c$ 中字母存在的原因。最后我们来看看这个等式究竟告诉了我们什么，它什么时候成立，什么时候不成立——的确如此，因为它只在特定的前提下成立，尽管它可能是一个你必须记住的绝对真理。

我之所以要按这样的顺序来讨论问题，是因为在研究数学之前了解动机是非常重要的。用字母代替数字，我们在本书前面的章节一直在暗示，并将问题引向这个概念。这种暗示和引导是整个数学的关键：我们所研究的数学问题会不断把我们推向即将遇到的新的数学问题。如果你感觉不到这种牵引力，或者没有看到这种牵引力，那么数学就像一种人为的追求，而不是一种自然的流动。这就好像我们把一堆食材丢到碗里看看会发生什么，而不是有一些逻辑支配着我们的选择，尽管这只是一种直觉，很难做出解释。既然很难，我们就更应该尝试做出解释。

在我看来，这有点儿像搭乘一个“链斗式升降机”（paternoster）。很有可能你从未搭乘过链斗式升降机，这是一种极特殊的电梯或扶梯，它总是在移动中，从不停止，它有一连串敞开的“隔间”，沿一个巨大的圆形轨道（确切地说是椭圆形轨道）穿过一座建筑物的所有楼层。据说它的设计模仿的是天主教徒的手链念珠，那种在他们不断重复念诵祷文时记录念到了哪里的手串。我猜这也是它叫 paternoster 的原因（拉丁语主祷文的开篇就是 Pater noster，意思是“我们的天父”）。不管怎样，这些隔间永远处于移动的状态，无论何时，每一个楼层都会有一个隔间向上升，还有一个隔间向下降。当你站在某个楼层时，一边向上，一边向下，你只需要等待下一个敞开的隔间，在它通过时走进去。

谢菲尔德大学就有一座这样的电梯，搭乘它的人通常只是想经历一次有趣的体验。但是有一个学期，我必须搭乘它去参加定期的会议。我在第一次走进这座电梯时被彻底吓坏了，而且我发现走出电梯比走进电梯更可怕。不管是走出来还是走进去，关键在于预判，但是它的运行规律并不符合人类的直觉，我总是无法让自己比较自然地随着它上下。与其主动踏进隔间，不如把脚伸出去，让电梯通过时直接把你带走。走出电梯更麻烦，根据对称性理论，电梯下行时走出来要比走进去更容易。

借用这个类比我想要说明，如果你感觉自己被推向另一个层面的抽象数学，那么这就像一次飞跃，你很有可能会在这个过程中摔倒。有一次我的脚就被升降机卡住了，幸好踏板上有一个翻盖式的安全机制，我才没有发生危险。如果你感觉到一股强大的数学牵引力将你拉起来，带着你前行，那么这种感觉是极其自然的。所以，你对这个问题的反应不应该是“呀，我们为什么要处理字母？”，而是要想“嘿，谢天谢地我们有了更好的表述方式”。

更好的表述方式是什么？

前面我曾多次举一些例子，然后模糊地期望你能做出推断，了解其中的要点。我也曾用一些非常冗长的话语来表述我的观点，例如在谈到加法时，我说 1 个东西与 5 个东西相加就等于 6 个东西，不管这些东西是苹果、饼干、香蕉还是其他什么东西，只要它们不会自燃、合并或繁殖（也没有人吃掉它们）。这种表述可以用更简洁的方式写成：

$$1x + 5x = 6x$$

这样做并不是为了节省篇幅，而是为了将某些东西打包之后方便携带。我经常想到那种真空袋，就是你把衣服放进一个袋子里，然后用真空吸尘器抽掉袋子里的空气，它被压得扁平之后既便于携带又便于收纳。用一种简洁的方式来表述一个复杂的、包含了多种可能性的问题，意味着我们把它压缩成一个独立的概念。上述表达式就借用 x 表明这样一个事实：1 个苹果加 5 个苹果等于 6 个苹果，1 块饼干加 5 块饼干等于 6 块饼干，1 头大象加 5 头大象等于 6 头大象，以此类推。无穷尽的可能性被包含在一个表达式中。

当我们在第 3 章讨论利用数字来完成一些最基本的运算时，这种情况经常发生。当时我提出了一个具体的例子，我是这样开始的：

> 相加的顺序对结果没有影响，例如
>
> $$2+5=5+2$$

这是一个一般性的概念，你能猜到它同时也表明 $3+4=4+3$、$5+2=2+5$ 等等。我把所有这些可能性精确地表述为：

> 对于任何数字 a 和 b，$a+b=b+a$

同样，对于组合问题，我说：

> 加法的组合方式对结果没有影响，比如
>
> $$(2+5)+5=2+(5+5)$$

这只是基本原理中的一个例子，而非完整的描述。这个基本原理可以被完整地阐述为：

> 对于任何数字 a、b 和 c，
>
> $$(a+b)+c=a+(b+c)$$

我们还谈到了奇偶数相加的通用法则和容忍度的问题。我们既可以用详细的文字来表述，也可以利用字母简洁地表述：

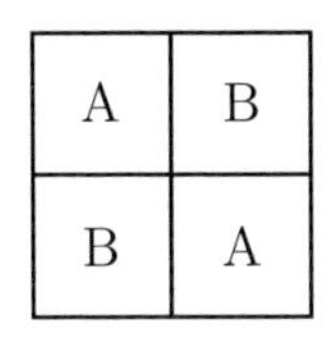

A	B
B	A

担心一般性概念的表述是否足够严谨，似乎有过于迂腐之嫌，尤其是当具体的例子已经能够准确地表明一般性概念的含义时。很多时候，这的确给人一种假道学的感觉，但是正如我在前面提到的，我认为迂腐表示不具有启发性的精确，因此，如果某种做法具有一定的启发意义，它就不再是迂腐的。我对启发性的概念深信不疑。我算不上语法学的老学究，因此我更相信沟通，而不是教条式地遵守语法规则。如果一句话语法正确但听起来华而不实或者词不达意，那么我宁愿换个说法。（我确实喜欢有时为了避免以一个介词来结束一句话而变换句子的表述方式，但我只是喜欢观察这种现象，而不是觉得有必要这么做。）同样，我不喜欢逗号的规则，尤其对连续使用逗号既不支持也不完全反对，我只是不喜欢教条式的

规则，我更喜欢使用那些能配合句子表义的逗号。[1]当然，有些句子的意义会因添加或遗漏连续的逗号而完全改变，但那往往都是庸人自扰，就如同说在日常生活中必须具备心算的本领一样。

在上面的数字例子中，我所要表述的规则有可能已经足够明确，使用字母也不会增加什么。但是当问题变得更加复杂时，如果我们只举一个例子就无法展现出明确的规律，还有可能引发歧义。标准化考试似乎颇为青睐这类题目："这个序列的下一个数字是什么？"这类问题经常让我不知所措，因为它只是给出几个数字，让你根据某些未指明的规律来判断下一个数字"必须"是什么。这已经不是数学问题了，而是特异功能的问题，因为你必须借助超感官能力来猜出考官的思路。从逻辑上看，任何一个数字都能说得通。比如这个序列 2, 4, …，我们无法判断下一个数字应该是 6 还是 8，或者是其他什么数字。即使我们在开始时给出更多数字，比如 2、4、6、8、10，下一个数字显然应该是 12，但也许这个数字序列是你每天锻炼身体时要做的俯卧撑的数量。你采用科学的锻炼方法，每做 5 天休息一天，之后增加每天俯卧撑的数量。所以这个序列其实是这样的：

2, 4, 6, 8, 10, 0, 3, 5, 7, 9, 11, 0, 4, 6, 8, 10, 12, 0, …

还有可能是这样一个序列：

2, 4, 6, 8, 10, 800, 7 532, 15, π, –100 000 000 000, …

没有什么特别的原因，就是为了表明数字序列存在各种各样的

1　这让文字编辑很困扰，在这里我对帮助我审阅稿件的编辑表达歉意。

类型。如果仅列出序列中有限的数字，我们就无法知道下一个符合逻辑的数字应该是什么。

数学就是要借助强大的逻辑来界定事物，不能依靠猜测或特异功能，这就是我们使用字母的原因之一。它能让我们表达出数字之间的一般关系，并将其应用于其他所有数字，而不是仅限于特定数字间的特定关系。

关系

尽管看起来不那么明显，但数学的确就是一门研究关系的学科。我的研究领域范畴论就是一个绝好的例证，它关注事物与事物之间的关系，而不是根据事物的内在、固有特征来研究事物。

即使写下一个等式，我们也是为了表现事物之间存在的关系。$1+1=2$ 就是数字 1 和 2 的关系，而且与其把这个等式当成一个"事实"，不如把它当成一个微妙的思考过程。

但这只是具体数字 1 和 2 之间的关系。如果我们想要表达数字间的一般关系，就要展现出所有数字，而不仅仅是某些具体数字之间普遍存在的关系。例如，无论我们想到什么数字，其相加的顺序对结果都没有影响。也就是说，对所有数字 a 和 b：

$$a+b=b+a$$

这就是所有数字间的一般关系，而非具体数字间的特定关系。对于更复杂的一般关系，使用字母来"明示"要比使用具体数字来"暗示"更有益。数学就是为了发现规律——精确表述的规律比任由人们猜测更有效。我们其实可以一口气写出无限多的关系，就像一个孩子用无数条对称的直线给一个圆涂满颜色。假如我们想要告诉别人我们在思考这样一个无穷序列：

$$0, 2, 4, 6, 8, 10, \cdots$$

这个序列大致的意思是说，我们每隔一个数字就隐藏一个数字。如果我们知道奇数和偶数的概念就更好了，我们可以说“跳过奇数，列出下一个偶数”。但数学家还是不大满意，这样的表述方式既啰唆又给人一种一次只能前进一步的感觉。他们理想中表述这个无穷序列的方法是说明第 n 项是什么，n 为任何自然数。[1] 于是我们的偶数序列就可以表示成：

> 对于任何自然数 n，序列的第 n 项是 $2n$。

我们还可以进一步简化，把序列的第 n 项称为 a_n，于是我们就可以说：

> 对于任何自然数 n，$a_n = 2n$。

现在，整个序列再也不会出现歧义了，因为我们已经利用逻辑将它界定清楚了。[2]

1　记住，自然数就是用来计数的数字，我在这里将其设定为 0，1，2，3，…。

2　如果你想知道如何用这种方式来表述前面例子中的俯卧撑序列，我承认这的确有点儿复杂。我们会这样说：对于任何可以表示为 $6k+r$（其中 k 和 r 均为整数，且 $0 \leqslant r < 6$）的自然数 n，当 $r \geqslant 0$ 时，$a_{6k+r} = k + 2r$。还要说明序列始于 $n = 1$。

我知道这个例子还是太不自然了，但是用字母来代表一般数量的想法是一股强大的推动力，为我们打开了数学世界的许多扇大门。这就是学校数学中所谓的“代数”（algebra），当然，它与数学研究领域中的代数有很大不同。“algebra”这个单词来自阿拉伯语的 al-jabr，其原意是“复原破损的部位”，最早用来表示接续断骨。9 世纪的波斯数学家阿尔·花剌子模将其引入数学领域，他当时正在写一本有关在方程中使用符号的书（如同我们在学校中学到的代数），研究代数其实就是把各个部分组合在一起。

我在这里要讲几句题外话，有关我们如何把功劳归于第一个做某事的数学家。对最早提出某个数学想法的人表示赞许当然是“正确的”举动，也合乎礼仪。声称一个想法的提出者另有他人肯定是错误的。但是我个人觉得，数学的成败取决于它自身的逻辑，而非最早提出某个数学思想的人。所以我认为，在大多数（也许是所有）其他学科中，关注某人做了什么事并不重要。从另一方面来说，我认为过多地关注提出这些思想的人实际上是一件坏事，因为数学实际上不应该依赖人，而应该依赖逻辑思想。而且，有时候多名数学家几乎在同一时间浮现出同样的想法，我们对最早发言者的过度关注并没有太大的意义。

然而，对某些非白人在数学领域做出的重要贡献，还有另一层考虑，这与反对数学领域的白人至上主义有关。遗憾的是，依然有人相信数学是白人男性的专属领域，我们必须与这种思想做更多的斗争。在过去的几百年里，白人男性在这门学科中只手遮天，然而他们的手段只是排斥异己，而非凭借自身固有的才能。我们有能力，也有责任纠正这种不公平的现象。

闲话到此为止。现在我们要谈谈在使用字母表示数学关系后，我们还能做些什么。我们现在可以做的一件事是构建复杂关系，这样我们就可以将关系组合成更复杂的关系，这就是“代入”的概念。比如，我们知道 $a=b^2$，也知道 $b=c+1$，将二者结合起来我们就会发现 $a=(c+1)^2$。这算不上是个有趣的例子（数学教科书中的例子都不那么有趣），但我们在生活中也会叠加一层又一层的关系。例如，说到姨妈和叔父，大部分人都能坦然接受这种亲戚关系，但说到表亲或二代表亲，或许就有人搞不清楚了。

使用字母能帮助我们把更多的事物“叠加”起来，但如果你从一开始就不喜欢字母，处理这类问题就会让你的大脑疲惫不堪。就如同你骑上自行车比步行能到达更远的地方，除非你不会骑自行车。

字母的确比数字更抽象，数字作为具体事物的代表已经足够抽象了，但我们中的大部分人已经或多或少地接受了这种抽象化的思维，甚至是在我们很小的时候。这表明我们完全有能力做这件事，如果搞不懂你为什么要这么做，在这种情况下，你就没有动力去做。我能肯定自己可以学会很多事情，只要有足够的动力（比如接住对方掷来的球或者熨烫衣服），但我没有动力去做，所以我至今还不会做这些事，或者做得不够好。我还要承认，在生活中我已经能坦然接受自己缺少某项技能的现实，而不至于在被人奚落时耿耿于怀。我曾无数次看到人们公开宣称自己不擅长数学，甚至说这门学科毫无意义，对此我们不需要继续强调数学多么有用，而是不要再鄙视那些觉得数学很难的人。

然而，内心的驱动力也只能把我们带到这里了。无论我有多么强的动力，有太多的事情我都做不来，比如瞬间移动。我连做梦都想学会这项本领，但至今还是做不到。所以，动力不一定能让我们做成所有事，但没有动力肯定会妨碍我们做成一些事。

抽象似乎是一项小众运动，然而在司空见惯的场景下，我们其实都在下意识地运用抽象的本领。代词也是一种抽象的概念，有时候它会引起混淆，并让我们心理负担过重。代词能让我们指代某人而不需要重复他们的名字，还能让我们指代不特定的人或一般意义上的人。正如我在前一句话中所说：

代词能让我们指代某人
而不需要重复他的名字。

这句话适用于任何人。如果必须用具体的人来举例，我不得不这样说："代词能让我们指代埃米莉而不需要重复埃米莉的名字，还能让我们指代汤姆而不需要重复汤姆的名字，还能让我们指代史蒂夫而不需要重复史蒂夫的名字……"这也太啰唆了吧。在数学中，用字母指代数字也具有同样的意义。当然，我们有时也用字母指代人，比如某些情况过于复杂，无法仅用代词来说明，我们或许会说，A 对 B 做了什么，B 对 C 做了什么，C 又对 A 做了什么。

顺便说一句，不具有性别特征的第三人称代词"他们（they）"是更高级别的抽象概念，因为它能让我们在指代某人的同时无须知道他们的姓名和性别。我们中有些人使用这个代词，就是因为不想指明性别，或许是因为某人的非二元性别身份，也或许我们根本不了解对方的性别。原因也可能在于，我们不想沿用过去一个世纪普遍使用的标准用语“他”来表露其中隐含的某种性别偏见，或者觉得“他或她”既啰唆又无法包容非二元性别人士。对一些人来说，“他们”的使用是一个过于抽象的层次，但我相信，如果每个人都有足够的动力，他们都有能力做到这一点。问题是，有些人没有动力这么做，因为他们看不到性别代词的问题；更糟糕的是，有些人特别拒绝包容非二元性别人士。

字母的意思是“不知道”：我们想要指代某个东西，又不知道那究竟是什么。有时候，当我们还不知道这些是什么时，重点是写下这些量之间的关系，然后用这些关系推断它们是什么。很遗憾，相关的例子依然难以摆脱做作的痕迹，比如这道老掉牙的题目：

> 母亲的年龄是我年龄的 3 倍，
> 10 年后她的年龄是我年龄的 2 倍。
> 我今年多大？

数学就像一部侦探小说，我们搜集线索，把它们拼凑起来，推断出从前不知道的事情。如果我们有办法用某种方式来指代我们尚不知道的答案，拼凑线索的工作就会变得更加简单。这种方法并不能简化推导过程，只能让我们得到一些从其他渠道绝无可能获取的思路。将其应用在一些简单易懂的场景中也大有裨益，比如直线。这就是方程式 $y = mx + c$ 所要表达的概念：它是一个描述存在于特定二维空间中的直线的方程。我们怎么知道这个说法是对还是错？首先我们需要搞清楚这个表述中所有的概念，暂且不管直线，先来看看二维空间中的点。

二维空间

方程中的 x 和 y 指代一个二维平面中的横坐标和纵坐标。我们似乎已经打定主意要采用这种方式来表示二维空间，但这仅仅是可以用来描述我们周围世界的一种方式。它被称为“笛卡儿坐标系”，因为这套理论体系最早由数学家、哲学家勒内·笛卡儿于 17 世纪提出。下面就是根据 x 坐标和 y 坐标绘制出的一个二维空间图：

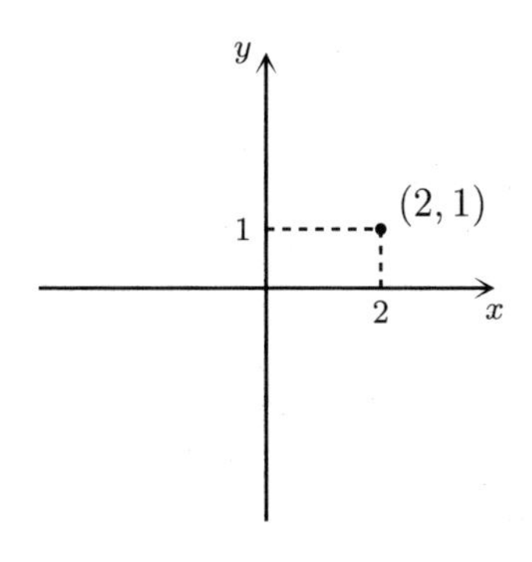

这套理论认为，平面上的任何一个点都能通过赋予其两个坐标的方式明确无误地表示出来，分别代表这个点在 x 方向和 y 方向上的距离。依照惯例，我们把 x 坐标写在前面，因此我在图中所标记

的点的位置就是 $(2, 1)$。

但是，另外一种标记方向的方法也无懈可击，它是一个倾斜的坐标系：

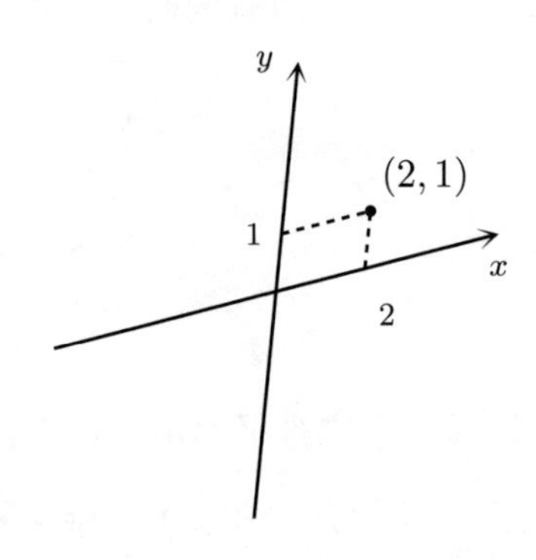

我们让两个坐标轴相互垂直并没有特殊的理由，或许只是在某种程度上方便一点儿，也或许是为了贴近我们的直觉。但是从抽象意义上讲，两个坐标轴以任何角度相交都是可以的，数学家确实研究了我们如何根据一个轴的选择来表达事物，以及我们如何相对于另一个轴来表达事物之间的关系。灵活转换参照系是很有用的一项技能，但前提是你必须搞清楚所描述对象的转化过程，否则当你在不同的背景下得到相同的东西，而不是真正不同的东西时，你将无法识别。

还要注意，有一些思考二维空间的方法根本不需要参照两条坐标轴。如果你观察自己国家的地图，你会发现经线和纬线很像笛卡儿坐标系中的网格。但是如果你把目光投向北极或南极，你会看到经线和纬线变成了另一个样子：经线就像一个个同心圆，而纬线就像自行车车轮上的辐条。

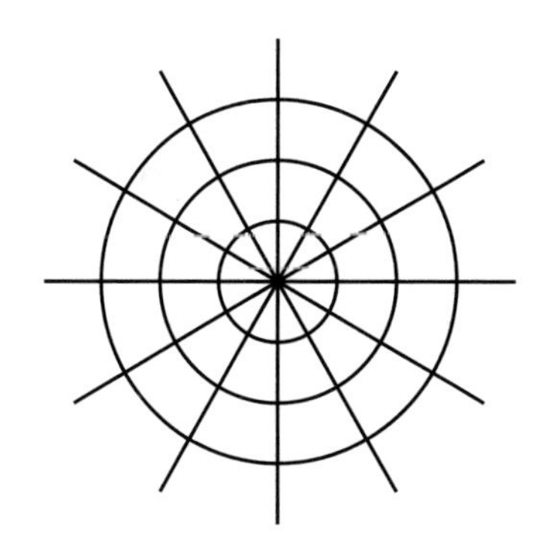

即使不在极点，只要愿意，我们也可以用这种方式来指明二维空间中一个点的位置。脱离了横坐标和纵坐标，我们可以表明该点距一个选定的中心点的距离，以及它与（比如）水平线的夹角。这样的坐标系被称为“极坐标”，因为它看起来就像北极和南极附近的情形。需要注意的是，地球的形状在两极处并没有发生太大的改变，只不过我们选择的放置经线和纬线坐标的方式意味着这些地方就是这种圆形坐标系出现的地方。

在某些情况下，放弃笛卡儿坐标而使用极坐标更具合理性，例如，你正在使用雷达扫描瞭望塔周围的一片区域。雷达的传感器沿圆形轨道旋转，它在任何一个时刻都能感知到被测物体与中心塔的距离。这意味着我们得到的两个信息是传感器的角度，以及被探测到的物体到传感器的直线距离。下面是一个雷达瞭望塔的俯视示意图：

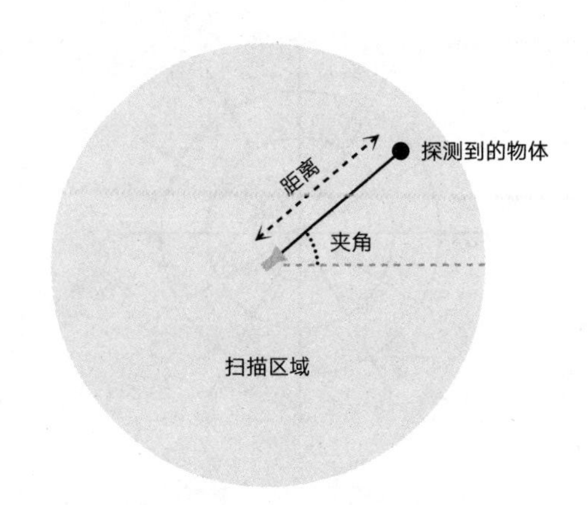

这与 x 坐标和 y 坐标截然不同，但最终我们都能实现同样的目的：精确描述平面中任何一个点的位置。

顺便说一句，依网格系统规划的城市基本上都使用了笛卡儿坐标系。芝加哥的城市规划几乎就是一个字面意义上的坐标：它选定的单位距离是 1 英里[1]的 1/800，州街和市中心麦迪逊大街的交汇处就是坐标系的原点（0, 0）。因此，“北密歇根大道 800 号”就是密歇根大道上的一个地点，位于麦迪逊大街以北 1 英里处。“西兰道夫 400 号”就是兰道夫大街上的一个地点，位于州街以西 0.5 英里处。与之截然不同的是英国城市（以及美国的很多城市，甚至包括一些采用网格系统规划的城市）的建筑物门牌号系统，那里的建筑物沿着道路按顺序排列，一边是单号，另一边是双号。芝加哥的街道也是一侧单号（南北向街道的西侧和东西向街道的北侧），一侧双号，但并非所有房屋的门牌号都存在，因为这些号码参照的是坐

1　1 英里 ≈1.609 千米。——编者注

标，而不是建筑物数量的递增。

然而，亚利桑那州的太阳城采用的坐标系统要复杂得多，因为某些街区是一个圆圈：[1]

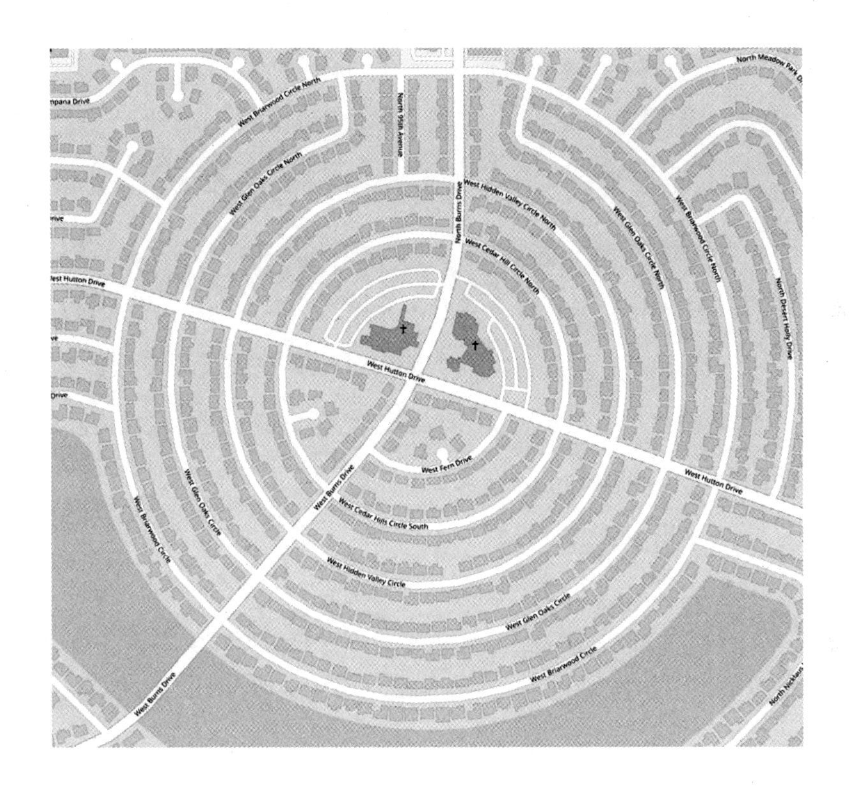

阿姆斯特丹的城市规划类似于极坐标“网格”，因为它的运河（以及夹在其中的街道）像一个个同心半圆：

1　地图信息归 OpenStreetMap 版权所有，经开放数据库许可证授权。见 https://www.openstreetmap.org/copyright。

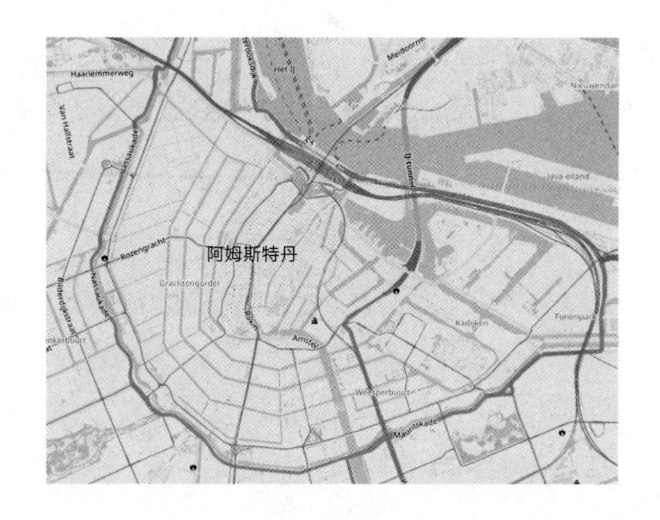

至于我在第1章提到的穿过剑桥大学的“三角形”路线，算不上几何学意义上完美的半圆形（太阳城的圆形街道更具现代化色彩，也更接近完美的圆形），但在我看来，我们也可以称其为“半圆”。

我在这里想要说明的是，描述二维空间位置的方法很多，如果想要描述二维空间里的一条直线，我们首先要思考使用哪一种类型的坐标系。如果使用极坐标，那么某些直线描述起来会更加简单。“半径线”（如同车轮上的辐条）就像自然而然的产物，因为你从原点出发，不改变角度只改变距离，无论如何都要走上这条直线。然而下面这条直线就不那么自然了，同心圆反而显得比较自然：

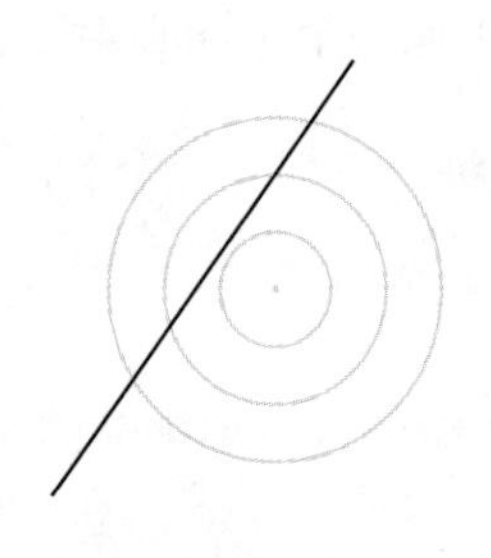

于是对“为什么 $y = mx + c$ ”这个问题的第一反应和往常一样，最好是搞清楚它什么时候成立，而不是它为什么成立：它并不总是成立，即使我们已经澄清我们试图描述一条直线。我们需要更具体地表明，它只针对笛卡儿坐标系。

接下来要搞清楚方程式究竟能告诉我们什么。

如何用方程来描述一个图形

图形与代数表达式之间的关系极其深奥，令人叹为观止，我们会在第 7 章深入讨论。用一串字符就能画出一幅画，的确是一件神奇的事。（在上一章的结尾，我用方程画出了一个文本分隔符。）

它的运作原理是这样的。我们先在笛卡儿平面上画出一条直线：

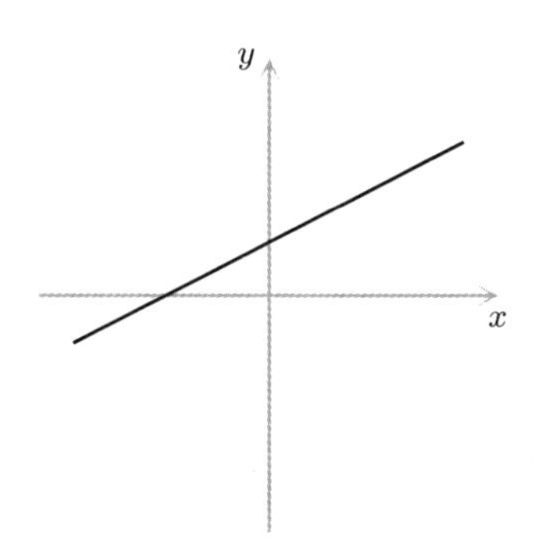

现在，这条线上的每个点都有一个 x 坐标和一个 y 坐标，因此问题就是，我们能否在事先判断出一个给定的 (x, y) 组合是否落在这条直线上。如果取所有可能的 (x, y) 组合，我们就得到了整个平面，这当然远远超过我们想要寻找的东西。我们想要的仅仅是某些

特定的 (x, y) 组合，而且我们需要用某种方式精确地描述出这些组合，而不需要将它们一一列出，因为组合的数量是无穷的。

我们不但无法列出一条特定直线上的所有坐标，更不可能列出所有可能存在的直线上的所有坐标，因为这个平面上存在无数条直线，每条直线上有无数的点，这时候，字母就有用武之地了。一项神奇的举措是“把数字变成字母”，于是我们就可以一次性地表达无穷多的关系。这就是用字母代替数字的全部意义。

那么 $y = mx + c$ 中的几个字母都是什么意思？m 和 c 被定义为“常数”，也就是说，一旦我们确定了一条直线，数字 m 和 c 就不再改变。如果改变它们，我们就会得到另一条直线。因此，m 和 c 共同为我们锁定了一条特定的直线。一旦确定了 m 和 c，这个方程就为 x 和 y 建立了一个关系，从而定义了这条直线上所有点的 x 坐标和 y 坐标。也就是说，任何满足这种关系的 x 坐标和 y 坐标组合都必然落在这条直线上，直线上所有点的 x 坐标和 y 坐标组合也必然满足这种关系。

因此，用字母代替数字能让我们极其简便地表述出无穷多条直线的无穷多种关系。我觉得无论怎样表达我们对这种神奇转变的敬畏之情都不为过。如果你尚未献上你的敬意，现在就请这样做吧。如果我们忙着说某些事情多么显而易见，不屑一顾地打击别人提出的“愚蠢”问题，我们就彻底失去了见证此类奇迹的机会。

我们已经讨论了隐藏在方程背后的思想，但还没有谈到它的具体应用。下一步研究的方法之一是尝试举几个实例。要记住，我们已经固定了 m 和 c 的值，看看我们能得到哪些 x 坐标和 y 坐标。

我们可以让 $m=1$ ，$c=0$ ，从而得到以下的 x 坐标和 y 坐标：

x	$mx+c$
1	1
2	2
3	3
4	4

如果把这些点标记在坐标系上，我们会得到：

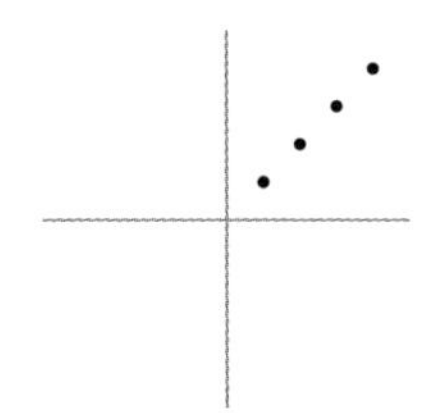

我们或许会猛然醒悟，“啊，看起来像一条直线”，然后将它们连起来：

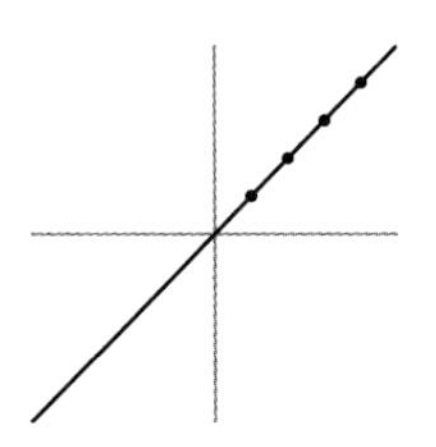

这可不是严格意义上的数学方法，我们仅凭几个例子就推断出结果，似乎更多是借助“特异功能”而不是逻辑。实际上，有很多图形都会经过这 4 个点，比如这个图形：

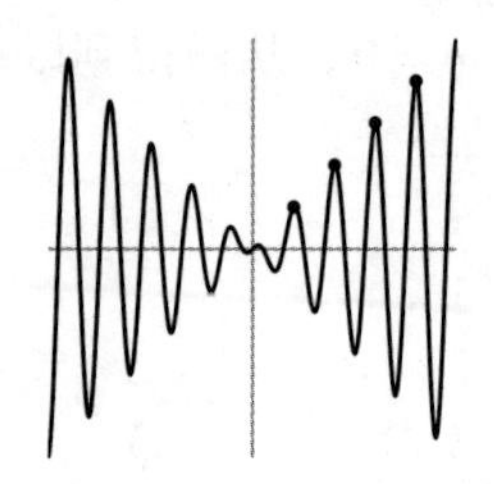

还有这个不那么规整但绝对成立的图形：

用更符合数学的（也就是合乎逻辑的）方法来说：如果 $m=1$ 且 $c=0$，那么方程 $y=mx+c$ 就变成 $y=x$（把 m 和 c 的值代入方程）。笛卡儿平面上的哪些点能满足这种关系？这个问题要问我们自己了，答案是所有水平距离与垂直距离相等的点，也就是我们第一次画出的那个斜线上所有的点。但得出这个结论的过程不是靠猜测，更不是少量样本诱发的特异功能，而是严格的逻辑推理。

现在我们来尝试给 m 和 c 赋予其他的值，或许 $m=2$、$c=1$。我们得到了下面的结果，以及根据有限的点猜测出的一条直线：

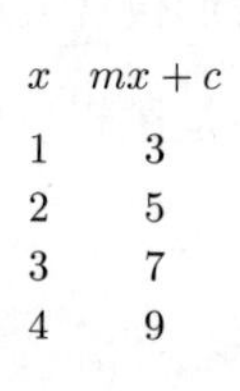

x	$mx+c$
1	3
2	5
3	7
4	9

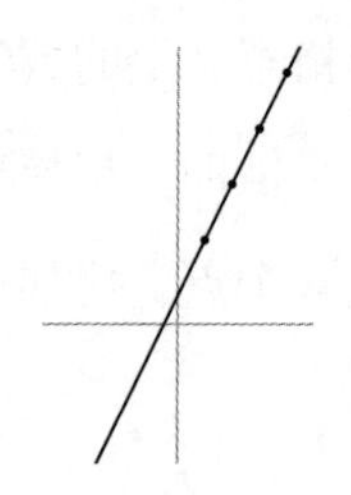

我们好像发现了某种规律，看起来 m 值越大，直线就越陡；c 值越大，直线就越向上。我们甚至可以尝试一些负数，结果发现如果 m 值为负，直线变成向下倾斜；如果 c 值为负，直线就向下而不是向上。

尝试了几次之后，我们或许会发现一个“显而易见”的事实：这个方程所描述的图形永远是一条直线，但这也不是严格意义上的数学方法。发现某种趋势只是实验性的结论，而非数学意义上的证明，仅凭若干次的尝试无法从逻辑上阐释完整的情形。发现这些趋势并猜测一般规律是数学发现的开始，但要使其成为数学，我们还需要进行严谨的逻辑论证，而不仅仅是猜测。

自此我们就会见证直线的深奥之处，因为你必须设法证明每条直线都可以用方程 $y = mx + c$ 来表示。那么，根据前面的一些答案，你可能已经开始猜测，除了要指明坐标系的类型，它还可以归结为首先定义什么是直线，这反过来又归结为如何对几何学做出非常仔细和精确的定义。数学家花了几个世纪理解几何学的概念，最终发现几何的类型远多于他们最初的想象。他们还发现，只有在特定的一类几何学中，直线才可以表述为方程 $y = mx + c$，其他类型的几何学有完全不同的直线方程。因此，这个方程并不是颠扑不破的真理。

当直线看起来不那么“直”时

我们如何定义一条直线？这是一个极其深奥的问题。一种方法是把直线想象成一根被完全拉紧的绳子，或者想象成光的传播路径：二者都会选取一条最短的路线。当我们拉紧绳子时，它的确代表两个端点之间最短的路径——在特定的空间里。如果我们尝试绕过一座建筑物把绳子拉紧，那么它所代表的最短路径就要考虑特定空间里建筑物作为障碍物的存在。下图就表示在两个端点之间放入一个建筑物把绳子拉紧的情形。当然，这是一个高度虚拟的场景，不一定是现实的，但我们需要借此来理解这种抽象概念。

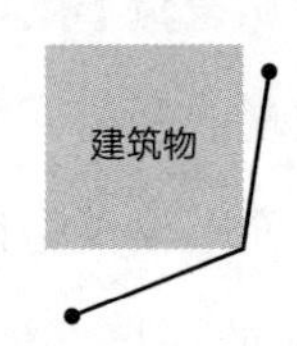

因此问题就在这里：所谓两点之间最短的距离取决于你所在空间的形态，更重要的是，取决于你打算使用什么意义上的距离。这是极其情景化的。

例如，“出租车距离”是假设我们生活在一个网格化的城市里，就像芝加哥市中心，我们只能沿道路行进。在这种情况下，地图上两点间的最短距离就是 7 个街区，因为无论选择哪条道路都要向东走 3 个街区，向南走 4 个街区才能到达目的地。[1]

1 地图信息归 OpenStreetMap 版权所有，经开放数据库许可证授权。见 https://www.openstreetmap.org/copyright。

这意味着在这样的几何环境里，以下任何一条路线都算“直线”，因为它们都是从A点到B点的最短距离，前提是我们认为转弯不需要耗费额外的路径和时间。

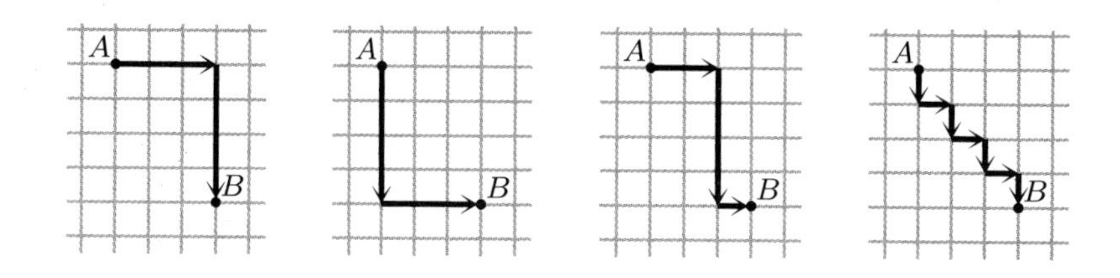

这显然与一只乌鸦以对角线的路径从A点飞到B点截然不同，也就说，直线的概念取决于你所在世界的几何环境。

据报道，2021年，英国海岸出现了一些壮观的视觉幻象，船只看起来像悬浮在海面上。这种现象被称为“上现蜃景”，“上现”并不是更好的意思，而是说物体看起来比实际的位置更高。与其相对的现象是“下现蜃景”，也就是物体看起来比实际的位置更低。“上现蜃景”发生的原因是暖空气位于冷空气之上，冷空气的密度更大，光在其中传播的速度更慢。这使得光在到达我们的眼睛时传播路径向下弯曲：但从某种意义上说，这是由空气密度变化产生的几何结构中的“最短距离”。问题是我们的大脑没有那么聪明（我无意侮辱人脑，但它的确有局限性），它依然将其理解成光在常规空间里以直线传播，没有考虑空气密度不同的问题，因此，它看起来就像船只悬浮在半空中。

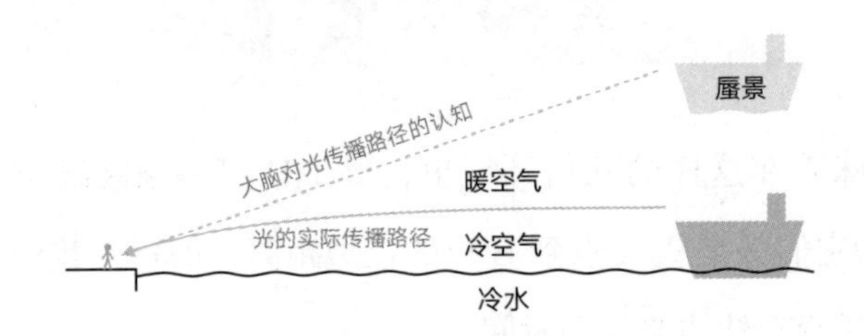

你可以想象这样的场景：一个你看不到的人向你抛来一个球，这个球在空中划过一道弧线，自上而下向你飞来，就像上图光的实际传播路径。如果你的大脑觉得球应当沿直线飞行，你或许以为那个人一定飘浮在半空中，从那里把球抛向你。实际上，由于重力的作用，球以曲线运动，爱因斯坦相对论的一个重要思想就是把这些曲线想象成直线，当然是在另一种几何学的环境下，一种考虑了重力作用的几何学。我们只看到了球的曲线运动轨迹，是因为我们让自己置身于合适的几何学环境。

球体表面两点间的最短距离也不是一条直线，比如地球上的两点。如果走得不远，最短距离看起来的确像一条直线，那是因为地球太大了，它的一小部分面积与平面相差无几。所以相距不远的两点间的最短距离，看起来与常规意义上的直线相去不远。但是如果你观察飞机的航线，或许会惊讶地发现它的弧度竟然那么大。飞机并不总是精确地走最短的路径（无论如何它们都不是穿过平坦的空间，因为它们要考虑气流等因素），但它们基本上会选取从 A 地到 B 地的最短路径，以节省时间、燃油和成本。我总是无法理解从芝加哥到伦敦的航线竟然向北延伸了那么远。我隐约觉得这条航线应该穿过大西洋中部，因为芝加哥在伦敦的南面，但实际上它们之间的最短路径是向北飞越加拿大，甚至飞越格陵兰。在特定类型的几何学里，从 A 点到 B 点的最短路径被称为“测地线”。

不同类型的几何学的存在让数学家措手不及。他们还在忙着理解欧几里得有关几何学的假设，也就是他认为直线颠扑不破的真理。但是在证明直线不可能存在其他形式的过程中，他们意外发现了一整套全新类型的几何学，其中的直线以另一种方式存在。

他们的发现之一是球体表面的几何学，被称为“球面几何”。我喜欢管它叫“圆滚滚”几何，因为所有东西都鼓起来了。如果你在一个球体的表面画出一个三角形，它一定会变成圆滚滚的样子。（不知为何，我总觉得用圆珠笔在橙子表面画三角形有一种莫名的满足感。）这种“鼓起”现象可以用三角形的各角之和来准确表述。在正常的“平面几何”（没有鼓起）里，三角形的各角之和为 180°。但是在球面上，三角形的各角之和超过 180°。

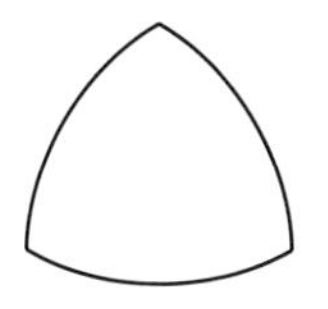

你或许会想，既然有“鼓起”几何，那有没有“凹陷”几何

呢？你可能已经开始在脑海里模糊地想象它的样子了。如果是这样，你就是在像数学家一样思考了。你或许已经猜到，这类几何中的三角形各角之和应该小于 180°。这种类型的几何叫作“双曲几何”，其具体的形态有点儿难以想象，但如果你做过缝纫或编织，或许你会有一点儿印象。假如你想编织出一个平坦的圆形，比如一个小托盘或餐垫，你要从圆心开始一圈一圈地向外织。你必须小心翼翼地增加每一圈的针数，确保最终的成果保持在一个平面。如果你少织了几针，餐垫就变成了一个碗，因为圆心部分会向内凹陷。如果你多织了几针，四周多余的材料看起来就像是褶边。双曲几何大致就是这个样子。更简单的说法是马鞍（用于马）或者薯片。[1] 在薯片上画一个三角形，也就是用最短路径把 3 个点连在一起，它最终呈现出来的样子就像一个瘪进去的三角形，或者“凹陷”三角形：

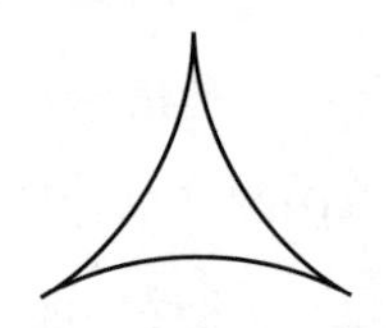

这样看来，$y = mx + c$ 作为描述一条直线的方程式并不是绝对正确的，它只在特定类型的“平面几何”条件下成立。实际上，“平面几何”的定义只针对欧几里得最初在直线问题上冥思苦想时所试图描述的那类几何，那类几何现在被称为“欧氏几何”。

1　所谓“可堆叠的薯片”，就是借用了这类几何学的原理。

这有什么意义

数学中字母存在的意义就是为了一次表达更多的事物。它所构建的方法能让我们对更复杂的问题进行深入推理，它还能让问题表述的方式具有更高的灵活性，以便我们把对具体事物的理解应用到更广泛的地方。

在数字因子图解的例子中，我们借用30的因子图解了解到3个不同质数 a 、b 、c 的乘积，进而理解了3个不同元素 a 、b 、c 的组合。一旦进入这个抽象层级，我们思想的灵活度就远远超越了30的因子，这也是一种间接应用。那么它的“用处”是理解30的因子吗？我认为不是，至少不那么直接。全面理解这件事情能让我们深刻洞悉社会的结构，这才是最重要的间接应用。

对数学最常见的抱怨，是说它毫无意义，在生活中从来没有应用的机会。遗憾的是，如果你只了解数学的直接应用价值，并且坚信数学只具有直接应用的意义，那么你可能是对的。对于二维欧氏几何的直线方程式，以笛卡儿坐标系为参照表述为 $y=mx+c$ ，我不觉得这个概念有任何直接应用价值，它从未在我的日常生活中发挥任何作用。但绝对有用的一点是，我的大脑在深入探索不同的几何世界和摆脱个人思维的局限性以观察各类不同结果的过程中得到了大量训练。对我来说，这就是抽象思维以及用字母指代数字的意义所在，这也是探索不同类型几何中直线概念的意义所在。

能在一般意义上运算未知的数量，与只懂得如何运算具体的数字相比，显然具有更广泛的应用价值。因此，这里存在两个问题，其一是为什么某些知识对数学家来说是一项极富成效的技能，他们能将其应用到未来的工作中。其二是为什么这些知识与所有人都相关，而他们或许穷极一生都不会用到这些特殊的技能。

我对第二个问题的回答，与我对经常提出的另一个问题的回答一样，也就是我究竟如何利用语言或图表来有效地阐明各类敏感、脆弱、微妙又复杂的社会争议问题。答案就是，我在抽象数学领域所接受的训练让我能够很顺利地理解这些问题。我实在无法具体说明摆弄数字符号如何让我具备了利用抽象概念来理解周围世界的能力，但这一切都可以归结为我们如何训练大脑的核心肌。

有一次，我去参加一个题为“生活中的数学”的公开研讨会，出席会议的演讲者都是应用数学家，除了我。众人精彩的发言涉及选区划分不公的数学、激光唱片纠错中的数学[1]、密码学中的数学，甚至巧克力喷泉中的数学应用。当然，我也谈到逻辑、抽象概念和一些政治话题。演讲结束后是众人提问时间，听众可以向任何演讲者提问。一个人问我们，如何在日常生活中应用我们的研究成果。所有的应用数学家都表示，他们在日常生活中没有机会直接应用他们的研究，或者他们只能应用数学的一般性技能和原理。这时我觉得自己可以为抽象数学挺身而出，说这些技能和原理其实就是抽象数学的研究成果，从这个意义上讲，我每天都在生活中应用我的研究，只不过应用的方式是那些只关注直接应用价值的人无法察觉的。

1　如今激光唱片已近绝迹，但数字纠错功能不仅限于激光唱片。

公式

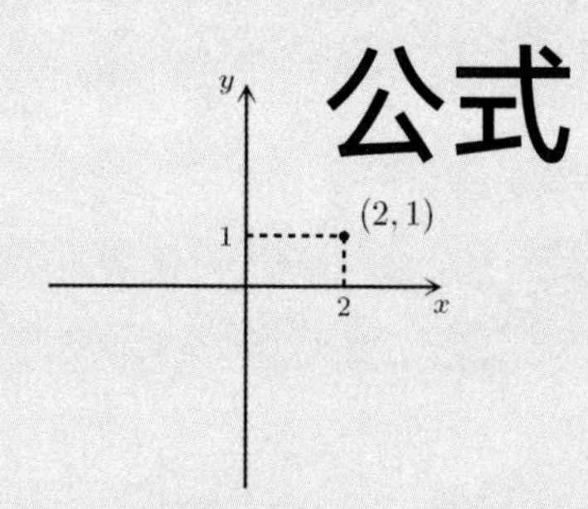

所有的三角形公式都是从哪里来的？我们为什么要记住它们？

我希望你现在已经能预料到第二个问题的答案：如果能理解公式的原理，我们就不需要死记硬背。上一章有关直线公式的讨论，让我们能用一串符号来精准地表述一个图形，其方法是寻找落在这个图形上所有的点所具有的共性，其表现形式是它们的横坐标与纵坐标的关系。这一章我们将研究给出事物之间关系的公式，每个事物都具有自身的完整图形：三角函数的正弦、余弦和正切。看起来公式的出现就是为了考验我们，但实际上它是为了帮助我们。我还会继续展示公式的本质，对我来说，公式就像一台具有魔力的机器，能让我们同时完成无限多的工作。最美妙的公式能为我们解释极为复杂的概念。通常，只有在把某个问题解释给别人听时，我们才能更深入地理解问题的本质，而公式为此提供了最简洁的方法，只不过不明就里的简洁往往显得很突兀，容易让人产生困惑。如果不习惯面对功能强大的机器，你就会产生困惑感，你可以想象一下两百年前的人看到一架大型喷气式客机的情形。公式就像功能强大的机器，而方程就像神奇的桥梁，让我们在不同的数学世界之间自由穿梭。

记忆与消化

你或许觉得公式就是定义，无所谓理解与不理解，只需要记住就好。然而，数学中的定义往往是由某些因素驱动的，如果挖掘出这些驱动因素，我们就有机会将其消化而不是死记硬背。记忆与消化的区别虽不明显，但至关重要。消化表示某件事情已经通过理解、直觉、重复使用、精通等方式深深嵌入你的意识。而记忆对我来说，就是采用暴力手段把某件事情强行塞进大脑，比如死记硬背或者利用一些完全不相关的助记符，比如用 SOHCAHTOA 来表示三角函数表达式“正弦等于对边与斜边之比，余弦等于邻边与斜边之比，正切等于对边与邻边之比”，把 FOIL 作为乘法去括号的顺序“前、外、内、后”，把 BODMAS（还有诸多变体，如 PEMDAS 或 PEDMAS）作为运算顺序规则“括号、乘方、除、乘、加、减”。甚至还有人用 MR VANS TRAMPED 来表示法语动词不规则过去式：

Mourir	**V**enir	**T**omber
Rester	**A**ller	**R**etourner
	Naître	**A**rriver
	Sortir	**M**onter
		Partir
		Entrer
		Descendre

最后一个例子也可以用来说明我所谓的“记忆”与“消化”的区别，即使你不会说法语。（如果这本书有机会被翻译成法语，我要提前向法语译者道歉，因为这部分内容本来就很难转化成另一种语言，而我的叙述把事情搞得更复杂了。）凭借记忆的确能让我说出这些动词的不规则过去式，尽管我很多年都没有参加正规的法语考试了。但是记忆从来没有帮助我在日常交流中熟练地使用它们。如果你每说到一个动词都要停下来，在头脑中调出这个列表，思考该如何组成正确的过去式，那就太不自然了。相反，要真正流畅地使用它们，你必须消化这些动词的用法，无论是借用各种组合还是重复训练，从而达到理解和精通的境界，最终潜意识就能告诉你，哪一种结构是正确的。

记忆与消化的区别至关重要，但我们从未将其彻底弄清楚，所以我们经常陷入“记忆”对数学是否重要的争论，而参与争论的人似乎对“记忆”的理解也不尽相同。我个人认为，能让死记硬背发挥重要作用的场合少之又少，不能说它完全没有帮助，但前提是有人享受死记硬背的过程。如果这不是一个愉快的体验，那么它必然弊大于利。在讨论数学教育的问题时，我们在很大程度上忽略了“弊”的问题。某些东西虽然有助于学生提高考试成绩，但我们要想想这些东西是否会造成“数学创伤”，让学生从今以后再也不愿接触数学。如果是这样，从长远的角度来说，除了让学生厌恶数学，我们没有教给他们任何东西。

有趣的是，我在上学时的确死记硬背过三角函数的定义（不是借助 SOHCAHTOA，直到成为一名教授，我才从一个新生代学生那里听到这个词）。很久之后，当开始从事教学工作时，我才发现其中竟然存在如此美妙的关系，我多么希望有人能早一点儿让我窥见其中的奥妙呀。我并未遭受任何“创伤”，因为我并不在意记住那些公式，但显然并非所有人都像我一样。

我所提到的公式就是三角函数的正弦、余弦和正切与三角形各边的关系。你或许还记得正弦波是什么样子，把它画在坐标轴上就是下面左边那张图。余弦波稍稍偏移，是右边那张图的样子。

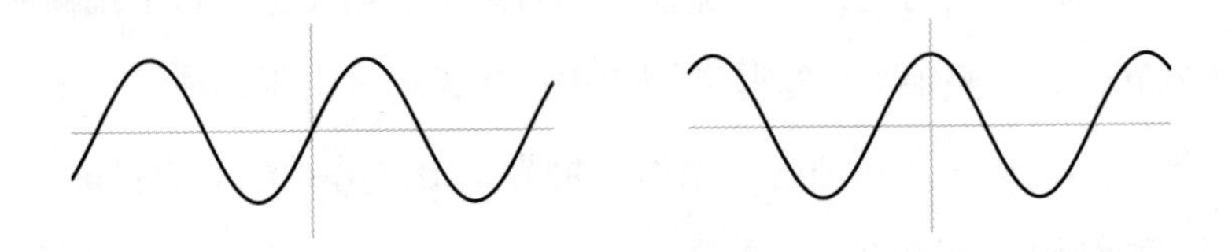

现在我们可以借助计算器或计算机计算出任意正弦或余弦值，但公式能告诉我们如何利用直角三角形的各条边，把函数应用到该三角形的一个角上。边的名称相对于我们所关注的角，即下图中用虚线标出的角。

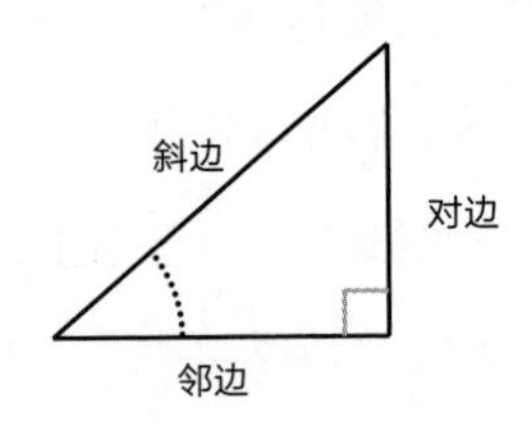

接下来就轮到助记符闪亮登场了：

- SOH：正弦等于对边比斜边

- CAH：余弦等于邻边比斜边
- TOA：正切等于对边比邻边

我和其他很多学生都觉得，不得不记住这些定义的原因是没有人解释它们究竟是怎么得出来的，所以我们别无选择。现在我已经明白了定义的形成过程，因此我再也不需要死记硬背了。更重要的是，遥远的记忆让我不敢保证它的准确性——这也是死记硬背带来的麻烦事之一。相比之下，如果你能理解公式的真实含义，你就可以根据自己的理解准确地将其表述出来，远比死记硬背更可靠。

人们对三角函数的"真实意义"可能有不同的理解，但在我看来，它解释了圆形与正方形之间的关系，或者圆形网格与直角网格之间的关系。

圆形网格与方形网格

上一章我们谈到了在一个二维平面上描述位置的两种方法：笛卡儿坐标系（直角网格）和极坐标系（圆形网格）。我们还说，你可以任意选择一种坐标系来描述点的位置，只要你知道如何在两个不同的环境中转化你的描述方式。

因此问题就出现了：我们怎样在极坐标系和笛卡儿坐标系之间进行转换？

假如我们知道一个点的极坐标，想要把它转化成笛卡儿坐标。我们知道这个点与原点的距离和角度，如下图所示：

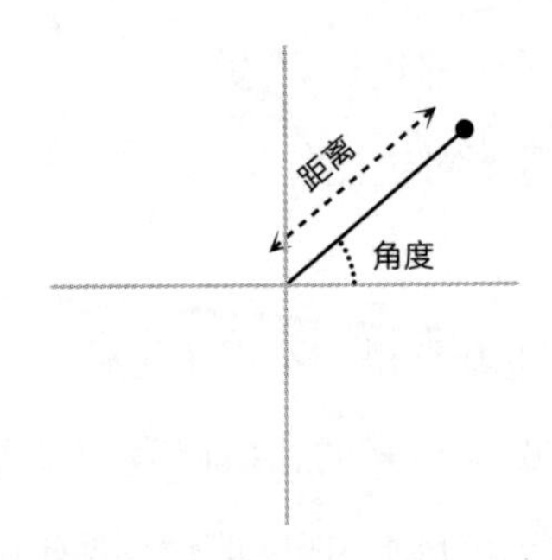

怎样才能把它变成x坐标和y坐标？这就涉及下面的直角三角形：

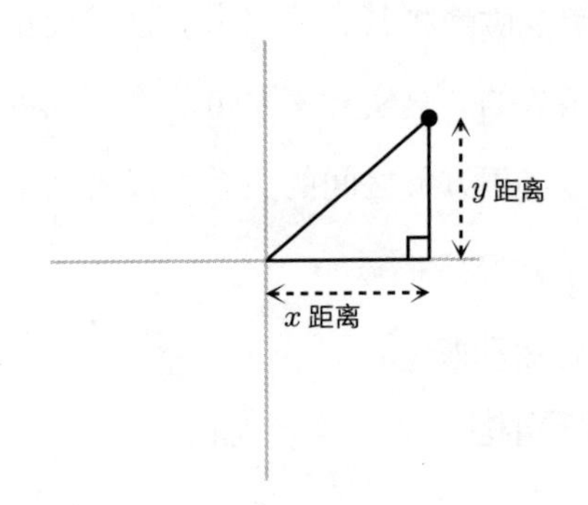

要注意，这里之所以出现直角，就是因为我们想要贴合笛卡儿直角坐标系。于是我们的已知条件就是这个角和三角形的长边（也就是“斜边”），我们想要借此算出其他两条边的长度。

我们也可以换个角度，想一想怎样把笛卡儿坐标转换成极坐标。那么我们的已知条件就是点的x坐标和y坐标，要将其表述为一个角度和这个点与圆心的直线距离，也就是利用直角三角形的两条短边求出斜边和角度（直角之外的那两个角）。

我在这里谈的是二维平面上一个特定的点，但是数学家不想研究每一个点，他们更喜欢一次性解决所有问题。我们想要知道两个世界之间的整体关系，而不仅仅是每次转换一个点的方法。（二者的区别或许就像翻译和字典的差别。）如果考虑不同点的转换，而不是一次转换一个点，我们可以想象这个点沿极坐标系的圆形轨道不停地运动，然后观察与之对应的 x 坐标和 y 坐标会发生怎样的变化。

举个例子，就好像你坐在一个摩天轮里，随着摩天轮的转动，你会发现垂直运动明显快于水平运动。那是因为我们人类更习惯水平方向的运动，不常经历垂直方向的运动。当你处于摩天轮上升的一侧时，你的垂直运动感非常明显。之后这种感觉逐渐淡化，有那么一刻，当你到达顶点时，这种感觉彻底消失了。之后垂直运动感越来越强，因为你从另一侧开始下降。当到达底部时，垂直运动感再次消失了。

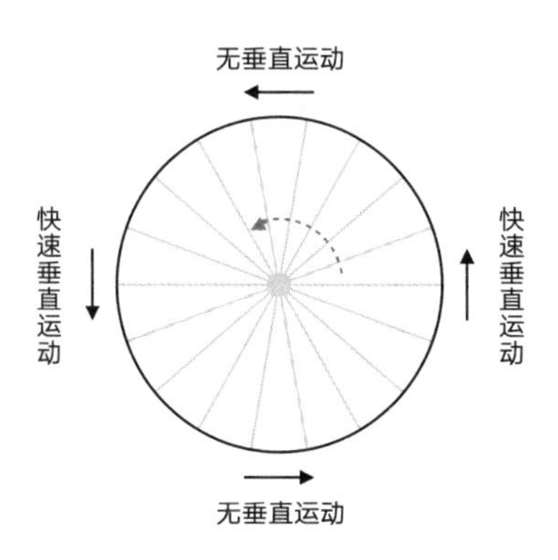

如果对水平运动更加敏感，你把上述剧本转化一下就好：在摩天轮运行到顶端和底部时你的感觉最明显，在两侧时感觉并不明显，当你当达最外侧的点并完全垂直行驶时水平运动彻底停止。

现在该亮出我们的结论了：这就是正弦函数和余弦函数的起源。如果你只注意垂直运动，那就是正弦函数；如果你只注意水平运动，那就是与之相对的余弦函数。下图说明了正弦函数与你在圆周运动中所处角度之间的关系。关键是要记住（根据我们之前的极坐标原理图），这里的角度是相对于水平的 x 轴测量的，因此 0° 和 180° 是圆的两个侧面，90° 和 270° 是圆的顶部和底部。

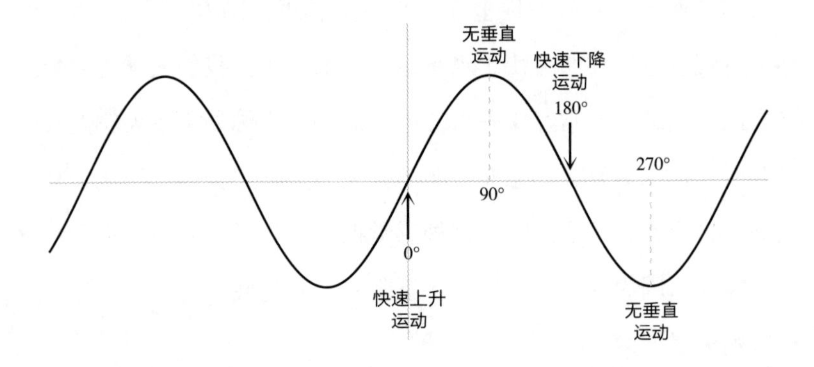

在数学中，前缀“co”往往指代与某物互补的概念，通常用来表示从对立或相反的角度看待同一事物。这就是正弦和余弦互补的意义。

你或许搞不懂为什么正弦和余弦一个为“正”、一个为“余”，以及“sine”（正弦）这个词究竟是从哪里来的。

“sine”这个词应该是语言学上的一个误解，它的来源似乎是用阿拉伯语音译一个梵文单词在翻译成拉丁语时出现了错误。遗憾的是，有太多潜移默化进入英语的词语都不恰当地借用了其他语言。例如“chai”的意思就是“茶”，那么“柴茶”（chai tea）就等于说“茶茶”。说到茶叶，喜爱中餐的西方人通常会说去吃“dim sum”，这是个尽人皆知的表达方式。香港人喜欢说“yum cha”，字面上的意思是“饮茶”，但通常表示去吃点心（当然也往往佐以茶水）。还有很多移民的家族史极难考证，就是因为他们的姓名在翻译过程中出现了多个版本，更不用提缩写、简写、笔误和全部删除等现象了。

一般意义上的三角学研究可以追溯到古代文化，但我们今天所说的正弦函数是由 4 世纪和 5 世纪的印度天文学家最先提出的。已知最早的参考文献来自阿耶波多，他用 jya 表示“半弦”，这个词语在梵文中的意思是“弓弦”（如弓和箭）。从这个意义上说，“弦”是连接圆上两点的一条直线，有点儿像弓弦。根据下图，如果把圆心设为 0，并旋转视图使弦垂直，我们可以看到弦的长度是垂直距离的两倍。

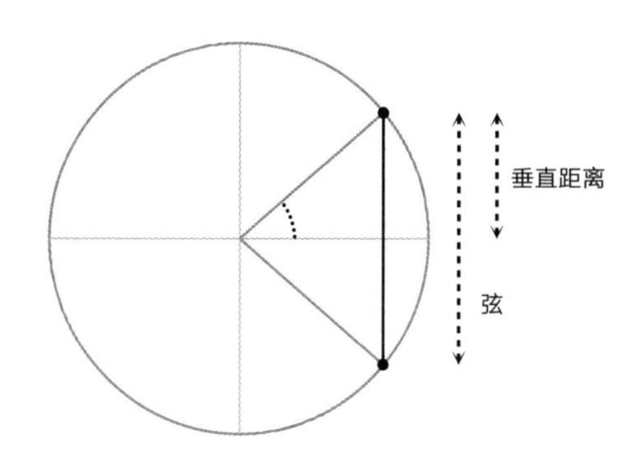

当然，如果你把这个圆想象成一个巨大的车轮，那么圆心不在

地面上，但或许我们可以把它想象成一个一半在水下的轮子，因而我们需要能在水下正常运作的密封设施，还有各种安全机制……这里就体现出数学与工程之间的一个差别：我可以坐在沙发上自由自在地想象一个一半在水下的大轮子，而不用操心这是否真的具有可行性。反正我想到了这样的场景，而且很喜欢这个想法。

我们把圆心在两个方向上都设定为 0 是出于便利或整齐的考虑，也可能是因为我们的懒惰，或者因为我们想要排除不相干的复杂因素（也许这都是一回事）。有时候，数学就像受控实验，你只希望关注某一特定方面的现象，于是你有意设定一个特殊的环境，确保实验结果不受其他因素的干扰。在这个问题上，一旦理解了圆心为 0 的情形，我们就不难推断出圆心偏移之后的结果。

圆心为 0 能呈现出令人愉悦的对称感，还能把我们带回到极坐标的理念，即以 0 为圆心的同心圆。我们可以采用任意一种方式来摆放一个圆：

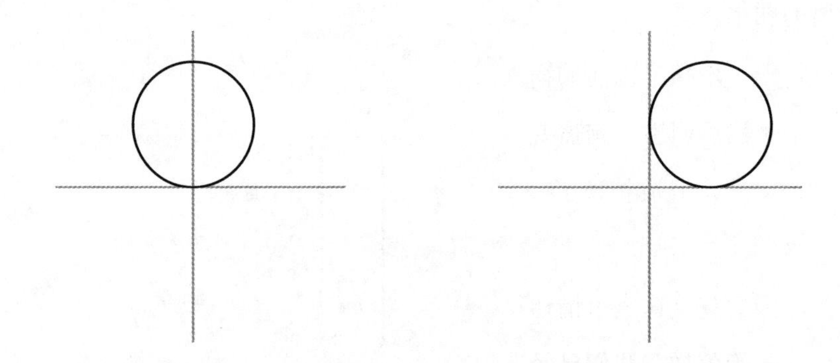

但它既增添了复杂性又没有带来更多的见解。如果某样东西虽然复杂但颇有见地，那就值得我们静下心来对其进行评估，但是对

这个例子没有更多评估的必要。

数学家在受控实验中经常使用的另一个方法是按比例缩放，让尽量多的数字变成 1。对这个圆来说，如果我们把它的半径设定为 1，接下来的研究就会极为便利。之后我们可以判断其他大小的圆与半径为 1 的圆之间的关系，然后做相同比例的缩放就好。

你或许会问“1 什么？”，也就是长度单位是什么。正如我在前面提到的，这也是我在纯粹数学和工程学或物理学之间更钟爱数学的另一个原因：我们用什么长度单位并不重要，因而无须指明，我们只需要假设在给定的场景中使用相同的长度单位。这就像我们在最初学习数学时遇到的问题：我们不需要特别说明把 2 个这个东西与 3 个同样的东西相加，只要说 2 加 3 就代表了这类东西的相加。另一个例子是原材料的配比，比如燕麦粥的配方就是一份燕麦加两份水（按体积）。“一份”究竟是多少并不重要，只要燕麦和水取相同大小的“份”就好。

和很多人一样，我在学校里也遭受过“度量值”的创伤。我最近找出一份很早以前的物理学试卷，其中有一个问题是先阅读一段文字，然后回答“狗需要几秒钟才能追上球”之类的问题。我的回答是“5”，但被扣掉了一半的分，因为我没写“秒”。可是问题已经写明了“几秒钟”呀。你或许能感觉到我对这件事依然耿耿于怀，因为就是这类事情让很多学生对一门学科失去了兴趣。

不管怎样，我们已经造出了一个圆心为 0、半径为 1 的大轮子，那么它的垂直高度就是正弦函数。

正弦和余弦

现在我们已经做好了研究三角函数的准备，我觉得有必要先用一些字母来表示变量。数学家通常喜欢用希腊字母表示角，用罗马字母表示边，或许是为了告诉我们不同字母所扮演的角色稍有不同。我会使用希腊字母 θ 表示角，使用常见的 x 和 y 分别表示水平距离和垂直距离。我们说，θ 和 y 之间存在的固定关系叫作正弦，于是这个公式就可以写成：

$$y = \sin\theta$$

没错，正弦的拼写的确是 sine，但数学家将其简写为 3 个字母的 sin。

一开始我们讨论了如何“转换”极坐标和笛卡儿坐标，到目前为止，我们也知道了如何表示 y 坐标。x 坐标也与角 θ 存在固定的关系，即余弦，因此我们可以说：

$$x = \cos\theta$$

你或许察觉到一个现象，正弦和余弦其实没有太大的差别，这是因为，圆的对称性导致水平运动和垂直运动具有相同的模式。所谓水平和垂直都是我们的主观定义（或许也与我们对重力的感知有关），也就是说，我们选取其他的基准线也会得到相同的运动模式。对称性原理还为我们展示了更多的线索。在这种情况下，它可以帮助我们理解余弦和正弦是一样的，只是偏移了一点儿。正弦在两侧移动速度很快，在顶部和底部移动速度很慢；而余弦在顶部和底部移动速度很快，在两侧移动速度很慢。如果我们掉转参照系（比如侧身躺着，从侧面观察），二者就互换了角色。这就是为什么正弦和余弦的图形看起来如此相似。

至于为何一个为“正”、一个为“余”，一个可能的原因（或许带有感情色彩）是，测量同一坐标轴的角度和距离令人有某种满足感。

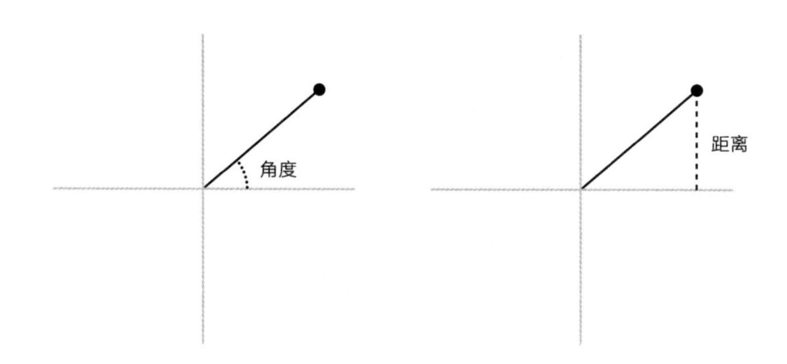

这意味着我们可以把零度角和零距离作为起点，之后二者均呈增长态势。但如果我们用一个轴测量角度，用另一个轴测量距离，起点就变成了零度角和最大距离。实际上，我们绝非厚垂直而薄水平，只不过我们想从同一个坐标轴开始测量。于是我们认为这属于更“基本的”关系（正弦），而另一个是与之互补的关系（余弦）。

顺便说一句，这个公式并未告诉我们某个角的正弦值究竟是多少。这是一个复杂的问题，涉及微积分的知识，但我们看看自己身边的事物或许也能得到一些启发。有一次我去参加会议，当时的午餐是统一订购的卷饼。这些卷饼都被斜向切开，这么做通常是为了露出更多的馅料，使其看起来分量很足——斜切面的面积显然大于直切面的面积。

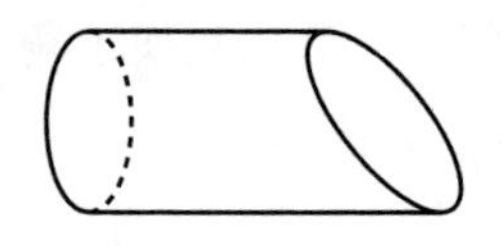

在这种情况下，我觉得自己的卷饼太大了，想要剥掉一层，于是我展开最外层的卷饼。瞧，我手里竟然出现了一个正弦波！

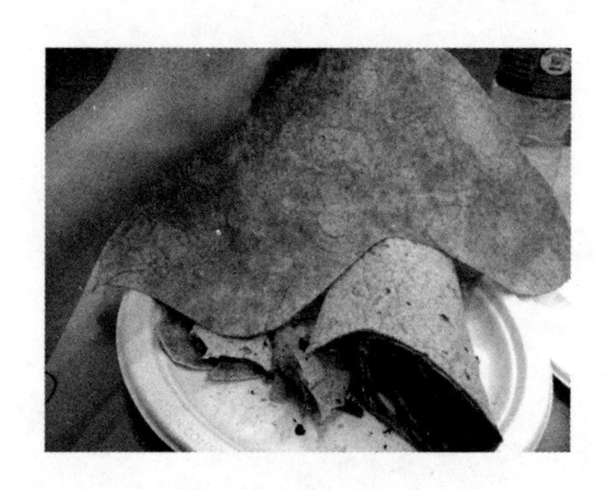

会议接下来的内容都被我抛在脑后。我在草稿纸上做了很多计算来验证我的想法，它果然是一个正弦波。

从前我在打电话的时候，手里总喜欢摆弄螺旋状的电话线：用各种方式缠绕、拉伸，尝试解开扭结。如果你也曾把电话线或其他螺旋状的物体（比如彩虹圈）拉长，那么你从侧面就能看到一个正弦波，因为在侧面你只能看到一圈圈电话线的纵坐标；你只是看到它上下移动，看不到它距离我们远近的变化。要想看到横坐标的变化，你需要从上方而不是从侧面去观察。但是出于对称性原理，你看到的东西没有什么不同，只是位置稍微移动了一点儿。下面的照片是我把一个类似彩虹圈的螺旋状物体拉长后的样子。这张照片或许有一点儿问题，拍照时镜头对准中间，所以中间部分的线圈直接面对镜头，但两侧的线圈与镜头方向稍有倾斜，看起来不大像正弦波了。但我希望你能看到至少中间部分像一个正弦波。

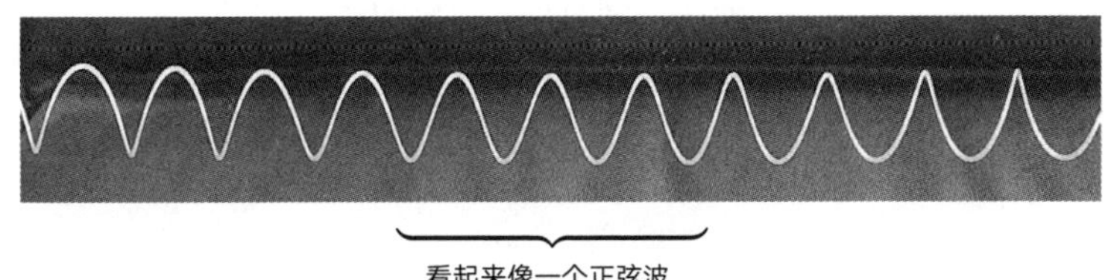
看起来像一个正弦波

我曾经尝试拍了一张长时间曝光的照片：我从镜头前走过，边走边在身前沿圆形轨道挥舞一只LED（发光二极管）灯，灯在我手中的运行路径是上—右—下—左—上—右—下—左：

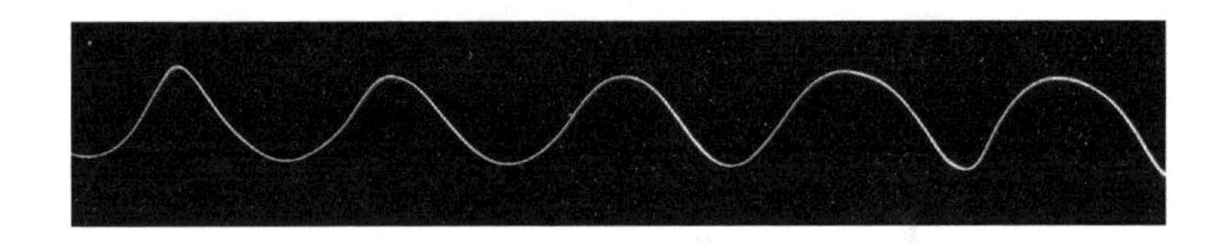

当然，我很难保持恒定的移动速度和挥舞频次，但结果不难让我们联想到一个正弦波。

沿圆形轨道一圈又一圈地挥舞LED灯，告诉了我们为什么正弦函数会呈现周期性重复的轨迹，这种现象在数学中的确被称为“周期”：当我们回到圆的起点时，y坐标将重复上一次的变化模式。

画出一个圆，并标注出x坐标和y坐标，再借用一点儿几何学知识，我们就能理解三角函数之间存在的一些关系。然后我们就可以把这些关系表述为公式。

关系与公式

下图是圆上的一个点，我们标出了它的 x 坐标和 y 坐标，以及一个我们用来思考问题的直角三角形。我们还用 θ 表示图中的角，因此，这个点的纵坐标就是 $\sin\theta$，横坐标就是 $\cos\theta$。

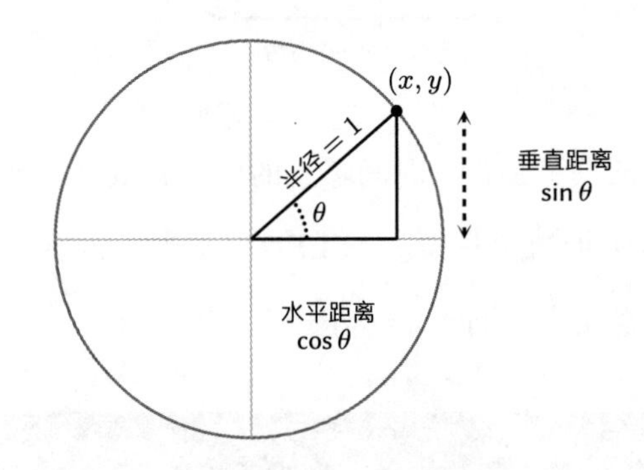

我们立即就能发现可以在这里使用毕达哥拉斯定理，即 $a^2+b^2=c^2$，其中 a 和 b 是直角三角形的两条短边，c 是长边（斜边）。

这里的 a 和 b 分别是 $\sin\theta$ 和 $\cos\theta$。于是毕达哥拉斯告诉我们，正弦和余弦存在以下关系：

$$\begin{aligned}(\sin\theta)^2+(\cos\theta)^2&=1^2\\&=1\end{aligned}$$

深入思考缩放三角形的几何问题，能让我们更多地理解臭名昭彰的助记符 SOHCAHTOA。但我们先要了解缩放物体的一个基本原则：如果要把某样东西放大或缩小，又维持其形状不变，我们需要保持所有的角度不变，把每一条边乘以相同的数字，即“比例因子”。例如，如果要放大左边的三角形，我需要保持所有的角不改变，把每条边乘以 2，就得到右边的三角形。

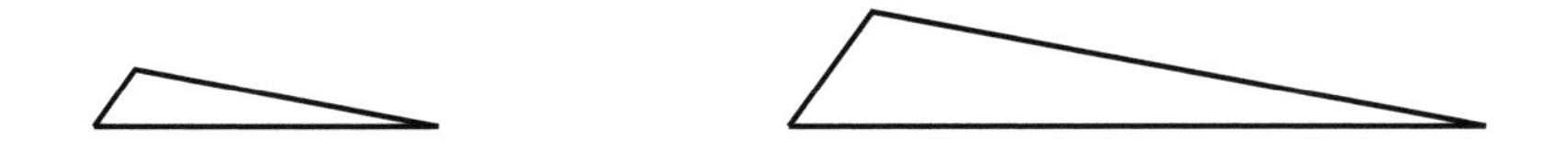

对于任何形状，无论多么复杂，我都可以用同样的方法来操作：只要把每条边乘以相同的比例因子，我就可以确保所有的角不变。新的形状在我们看来完全一样，只是大小不同。其实，我在画下面这两个图形的时候就利用了这个原则，在图形的代码中我只改变了基本长度单位，其他代码一模一样。第一张图的长度单位是 1 毫米，第二张图是 2 毫米。

在内心深处，这就像我们从不同的距离观察同一个图形——它只是看起来有大有小，但依然是同一个图形。缩放必须基于乘的关系，不能是相加。如果我把每条边长加上 10 而不是乘以 10，三角形就变成了下面的样子：角度改变了，形状也不一样了。

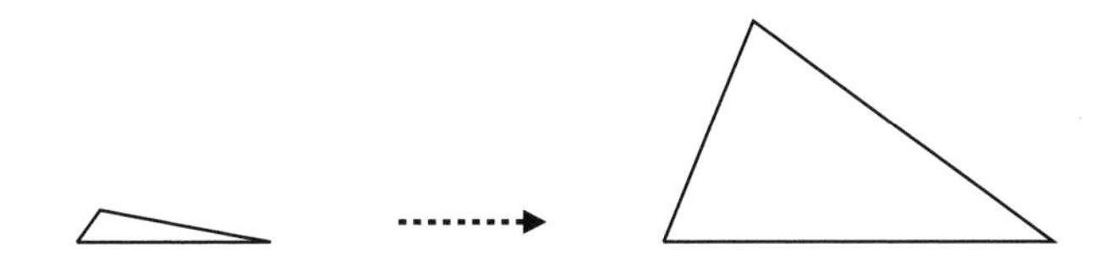

缩放原则意味着，我可以基于已经充分理解的单位圆（半径为

1）图形，将其缩放到任意想要的大小。例如，我如果想了解半径为 2 的情形，就可以得到这样一个三角形：

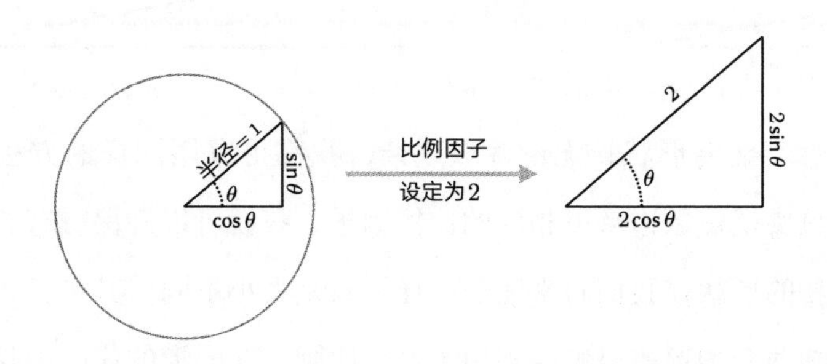

我们看到圆的半径变成了 2，如果我想让三角形的形状保持不变（同样的角度），我就需要把每条边都乘以 2。因此 y 坐标变成了 $2\sin\theta$，x 坐标变成了 $2\cos\theta$。

现在我们可以再次调用字母，并且说我们不想为所有可能大小的三角形列出这种关系，所以我们可以说：假设半径（三角形斜边）的长度为 h，那么整个三角形需要被放大 h 倍。因此 y 坐标就是 $h\sin\theta$，x 坐标就是 $h\cos\theta$。

最后一步，我们要知道无论三角形的摆放方式如何，也就是说，即使 y 坐标不再是垂直的，x 坐标也不再是水平的，比如以下几种情形，sin 和 cos 的公式也成立。

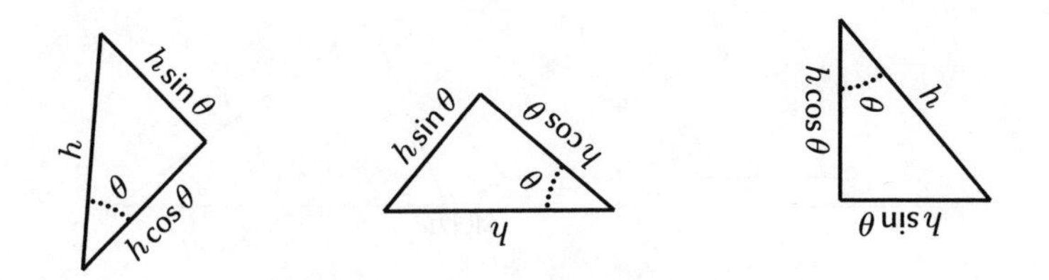

只要三角形中的一个角是直角，这个原理就成立。这意味着我们可以把一个三角形任意旋转，直到能看到一条水平的边和一条垂直的边，并让它的长边（斜边）看起来像一个对角线。

为了在研究三角形之前不必把它们转来转去，我们最好用更稳妥的方法来表示 y 坐标和 x 坐标，也就是一种不依赖于三角形摆放方向的方法。我们称 y 坐标为“对边”、称 x 坐标为“邻边”，就是为了排除一些潜在的歧义。

现在我们可以说：

$$\text{对边} = h\sin\theta$$

也就是说，我们可以稍稍调整一下：

$$\sin\theta = \frac{\text{对边}}{\text{斜边}}$$

以及

$$\text{邻边} = h\cos\theta$$

调整后变成：

$$\cos\theta = \frac{\text{邻边}}{\text{斜边}}$$

看，这个公式不就是 SOH（正弦、对边、斜边）和 CAH（余弦、邻边、斜边）吗？我们终于搞清楚了 SOHCAHTOA 的前半部分。

还剩下最后的 TOA，它所描述的是正切函数，与我们前面的讨论有所不同（但也算不上深奥），因为它关注的是“辐条”或半径的坡度。我们要测量一个斜坡究竟有多陡，方法是思考在水平移动过程中垂直距离增加的速度。交通标志就是用这种方式来表明坡度的。如果你看到一个路标写着“1 : 5”，它的意思是你在水平方向上每前进 5 个单位距离，垂直方向就上升 1 个单位距离。换个方式来说，不管你在水平方向上走出多远，垂直方向仅上升 1/5 的距离。

这就是数学中直线的“坡度”或“斜率”的定义，即垂直上升距离与水平移动距离之比。用数学方式来表达，斜率就是以下比例或分数：

$$斜率=\frac{垂直距离}{水平距离}$$

回到最初单位圆的三角形中，我们知道垂直距离和水平距离分别是正弦和余弦：

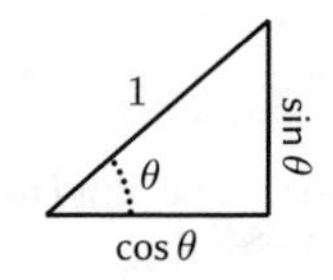

这意味着斜率就是 $\frac{\sin\theta}{\cos\theta}$，而斜率恰恰是正切函数的定义，因此它的公式就是：

$$\tan\theta = \frac{\sin\theta}{\cos\theta}$$

我们还可以快速地做一个“完整性检查”，确保这个三角形被缩放之后各项比例都不会变：

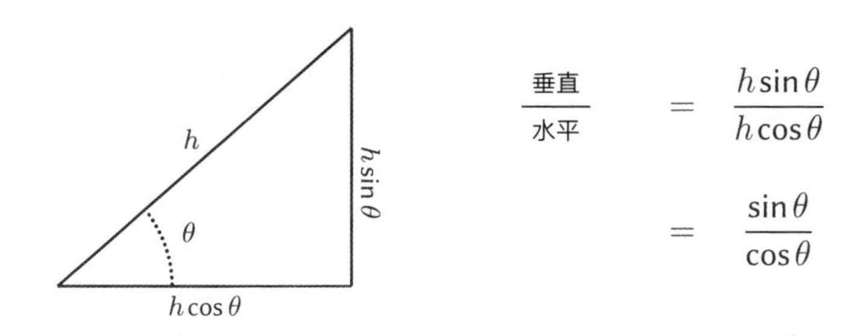

看起来你需要“记住”究竟是“垂直除以水平”还是“水平除以垂直”，但是我更倾向于把它理解为斜边上升的速度，这是一个垂直距离。然后，我们通过水平距离缩放它，因为我们不需要了解具体上升的高度，而是一个比率，也就是相对于单位水平距离的上升距离。

我们都有过这样的经历：在学校举办的各类标准考试中用尽量短的时间回答出尽量多的问题，你根本没有时间从头到尾梳理思考的过程，最终推导出这些结论，能不假思索地套用这些公式还是很有用的。但问题就在于考试制度，让学生们用极快的速度背出这些公式的唯一原因，就是全社会对计时考试制度的热衷。我不知道计时考试到底有什么意义，除了把学生按成绩分为三六九等，用来作为入学、就业和各行各业的筛选标准。这真是一个极其糟糕的评价方式。

令人欣慰的一点是，公式实际上是对事物的解释，在这个例子中，它解释并探索了极坐标与笛卡儿坐标之间的关系。

圆形与正方形

对圆形与正方形关系的深入思考能最终推导出 π 的起源。多亏了“圆周率日”，π 如今是数学界最著名的概念之一。它幸运地跟“馅饼”同音，从而引发了人们对幸福和美味的联想。当然，所谓的“同音”也只是针对以英国为中心的人群，我觉得应该不会有太多的语言把馅饼跟这个希腊字母扯上关系。说句题外话，我刚刚发现希腊语的馅饼叫“皮塔饼”（pita），我们这些长久以来认为皮塔饼是一种希腊面包的英语母语者又一次在翻译上栽了跟头。

如果说 π 的双关语是以英国为中心，那么圆周率日的出现则以美国为中心，因为它符合美国人书写日期的习惯，即月在前日在后，于是 3.14 就代表了 3 月 14 日。如此天马行空般的想象力，加上 π 与馅饼之间不可理喻的关系，让我对圆周率日困惑不已。但我逐渐意识到，人们不过是为了找点儿乐子，一年里的那么一天，所有人都能感受一下数学的欢乐气氛，我们没必要对此大动老学究式的肝火。如果给兴致勃勃的人群浇上一盆冷水，我们就加深了人们心目中数学无趣的印象，即数学不仅无趣，而且在积极地反对人们享受它。

针对圆周率日的另一个反对声音就更加迂腐了（根据我对迂腐的定义）：有人声称 π 是一个“错误的”常数，正确的表述“应该”是 τ，这个希腊字母表示 2π。在谈完 π 的具体含义之后，我们再来关注这个问题。

π 这个数字存在的意义似乎就是让人们尽量多地记住它的小数位。我对圆周率日深为不满的原因之一，就是它带来了大量的竞赛和“挑战”。总体来说，我不大喜欢竞赛（我在《$x + y$：一位数学家的性别反思宣言》这本书中曾提到，竞赛对我来说过于咄咄逼人了），因此，圆周率日那一天举办的烘烤馅饼大赛总让我感到有点儿不舒服。更让我恼火的是，竟然有人比赛看谁能背出 π 的更多小数位，即使排除竞争的因素，这也只是在强迫人们死记硬背一串毫无意义的数字。了解 π 所代表的数字不能带给我们任何收益——它只是一个无理数，无规律可循。把这些数字塞进头脑里只能凭借死记硬背，毫无理解可言。

我总喜欢拿我只记得 π 的两位小数（3.14）这件事来开玩笑（其实我知道 3.141 59）。两位小数足以满足我生活中的所有需求了，反正我也不会从事那些性命攸关的精密工程项目——或许 3 已经足够了。唯一需要用到 π 的场合，就是当我想把一个圆形蛋糕变成正方形的时候，反之亦然：这就是圆形与正方形之间的关系。

对于这个问题，更准确的描述是，如果我有足够制作一个圆形蛋糕的原材料，但我想要使用一个正方形的模具来烘烤，那么这个正方形的蛋糕会是多大（假设我不改变蛋糕的高度）？归结起来，这就是如何利用正方形来近似圆形面积的问题，也是令古巴比伦和古埃及数学家百思不得其解的问题。古巴比伦的数学思想被详细记录在远古的泥板上，而古埃及的数学思想被一个名叫阿默士的人记录在公元前第二个千年的一张莎草纸上，他声称这些记录来自一个更古老的卷轴。这张莎草纸有时被称为"阿默士纸草书"，但遗憾的是，它更广为人知的名字是"莱因德纸草书"——一位苏格兰古物收藏家亚历山大·亨利·莱因德于1858年从埃及人手中买来这张莎草纸，后来被大英博物馆收购。如果我的某些久被遗忘的研究记录在遥远的未来被人发现，且被认为具有研究价值，那么我希望它能以我的名字来命名，而绝对不能以贩卖它的人来命名。罔顾原创者的身份而以贩卖者来命名古物，是这座著名的殖民主义博物馆的殖民主义惯例。

另一个颇富争议的名称是"埃尔金大理石雕塑"，它是由著名雕刻家菲狄亚斯和他的助手为帕台农神殿创作的古典希腊大理石雕刻作品，于19世纪初被第七代埃尔金伯爵掠走。无论如何我都不赞同以一个购买者的名字来命名某样东西，更不能冠以将其从合法家园带走之人的名字，何况其被带走时或许并未得到主人的同意。

还是让我们回到正方形和圆形的问题上。古代数学家并未借用蛋糕来提出这个问题，而是颇为抽象地说：对于一个给定的圆，多大的正方形与它的面积相等？我们需要花一些篇幅来专门解释圆的面积，因为定义与曲线相关的"面积"是一个极为复杂的问题。

面积的概念

我们可以想象，测量不规则圆形面积就像先用极少量的液体将这个不规则圆形覆盖，然后将等量的液体倒进一个很薄的正方形中，看看这个正方形有多大。但这种方法并不严谨，而且在实践中我们也很难操作。

我们在小学采用的方法，或许是把一个图形画在正方形的网格中，然后数出图形所覆盖的网格数量。于是我们就需要一些方法来解决那些被部分覆盖的网格：如果网格至少一半的面积被覆盖，我们就把它算作 1；如果网格被覆盖的面积不到一半，我们就把它算作零。在下面这个图形中，阴影部分是我数出来的被覆盖的网格：

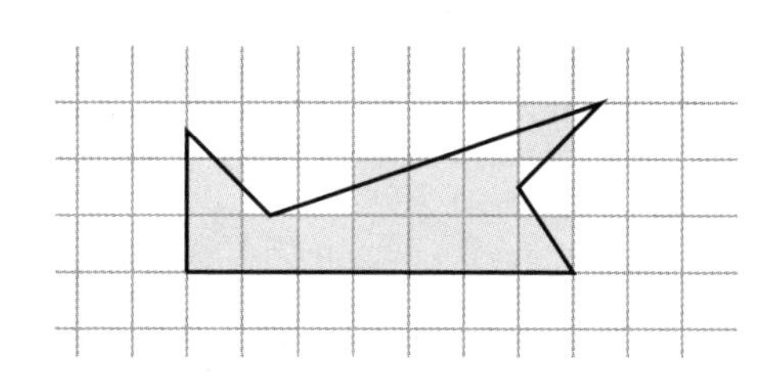

这也算不上一个严谨的方法。除了必须猜测网格被覆盖的面积到底有没有超过一半（右上角那个网格我就不敢肯定），它所依赖的思路是一些网格被多算进来的面积会跟另一些网格被少算进来的面积相抵消。获取近似值的确是个好方法，但绝非严谨的定义。

一个更巧妙的方法是把图形分成若干个三角形，并计算出每个三角形的面积。三角形面积的计算方法是参考它与长方形的关系：

每个三角形的面积都是长方形面积的一半，而长方形的面积显而易见。真的是这样吗？长方形面积的计算公式是从哪里来的？它的确来自网格排列计数的一次想象力飞跃，以及如果有一个边长为 1 的正方形，我们似乎就可以宣布它的面积为 1 的想法。之后我们把这套理论陆续扩展到边长为整数、分数的长方形，最后我们的信念飞跃到无理数。

于是我们逐渐构建起面积的概念，从正方形到网格，到长方形，再到三角形，从而严格定义出任何由有限数量的直线边构成的图形的面积，因为我们总是能把这些图形分割成有限数量的三角形。但是这个理论本身也需要一些证明，而且另一个问题在于，分割一个图形的方法有很多种，它们加总后的结果是一样的吗？例如，为什么按以下方法分割出来的三角形，面积加总之后都是相同的？虽然看起来本应如此。

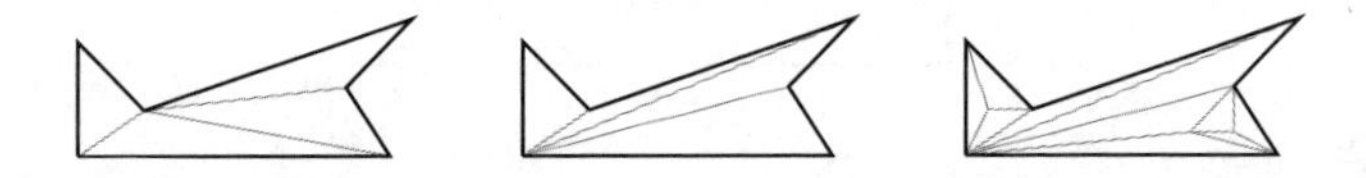

同样，觉得这种问题"不言自明"的人或许有一种数学家附身的感觉，但如果你对其感到困惑，那么你内心深处的思维方式更像一名数学家。

这趟旅程的下一站就是探索曲边图形的面积问题，毕竟，自然界中没有任何物体的边缘是完全笔直的，我们的探索就体现了基于已有理论构建新理论的过程。我们能在曲边图形与业已了解的直边图形之间建立起某种联系吗？当然，我们依然可以使用三角形来近似模拟曲边图形，但总存在少许的欠缺。早在公元前 250 年左右，锡拉库萨的阿基米德就开始尝试一种方法，他用正多边形（也就是边长相等的形状）来近似模拟圆形。多边形的边越多，就越近似于圆形，正如我们在第 4 章提到的正方形与正八边形的比较。

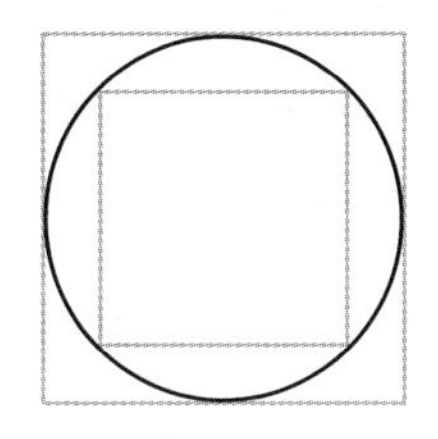
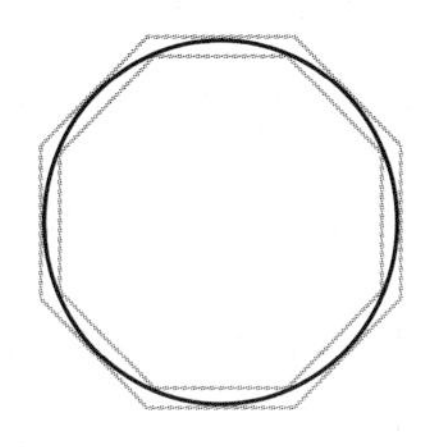

更多的边让我们愈加贴近圆形，但这并不严谨。被曲边包围的图形需要用一整套微积分理论来严格定义。它要使用到“无穷小”的三角形，而任何涉及无穷小的问题，都需要借用微积分。当然，我们也有其他一些方法，但微积分无疑是最著名、最有效的方法。

实际上，就连定义一条曲线的长度都需要使用微积分。从直觉上看，曲线的长度不难被测量——我们可以把一条绳子摆放成曲线的样子，然后将其拉直再测量，但这同样不是严谨的方法。

或许你觉得这已经足够准确了，而这就是发展与构建数学论证的思想存在的原因。这一系列方法非常适合日常使用。如果打算给一个圆形蛋糕的模具衬上一层烘焙纸，我不会用 π 和半径来计算它的周长，我只需要把烘焙纸包在模具外面，然后剪开，允许有少许重叠。说真的，用这种方法来计算曲边长度，在我的日常生活中已经算再精确不过了。

然而，当数学叠加一个又一个结构、一项又一项理论时，它需要的是逻辑正确，而不仅仅是“差不多”正确。逻辑正确能让我们进一步推动数学的发展，还能开发出更多错综复杂的应用，比如极端复杂的工程建筑。在前一章，我们已经质疑了这种“发展”的价值。但除此之外，人们还有一种超越实验数据对纯粹理解的追求：用一根绳子能找到问题的答案，但背后的原理究竟是什么？

这让我想起当我找不到某样东西的时候，我会在房间里发狂一样四处翻找。我实在不喜欢这么做，因为这就像依赖于实验而不是逻辑的方法。我更喜欢在脑海里仔细思考上一次用到这个东西时的情形，然后推断它在哪里。我要感谢阿加莎·克里斯蒂笔下的侦探赫尔克里·波洛，他坚信侦破案件的关键在于深入思考，探寻犯罪动机，而不是像他所鄙视的那些侦探那样手忙脚乱地搜集物证。

如果你没有动力想了解曲线的精确长度，也没什么兴趣构建复杂的理论和应用场景，那么我相信你可能对如何用微积分解决这个问题也没什么热情。据说，网上流传的一篇梗文让很多人感到非常有趣，大致的内容是这样的：

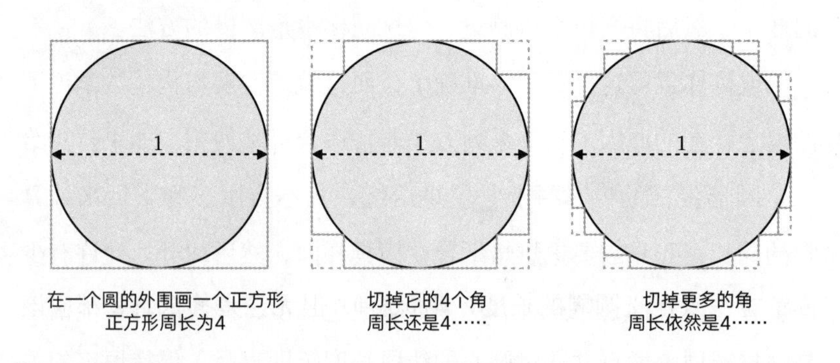

或许人们转发这张图的原因就是觉得它在某种程度上打破了数

学的定理。很多喜欢数学的人都试图寻找推理的过程在哪里出了问题，但是从严格意义上的数学来说，它并没有错，只是存在于一个不同的环境中。正如我们在前面看到的，长度的概念也取决于不同的背景条件。这意味着 π 也是有条件的，它不仅是一个数字，也是一种关系，一种强调了我们该如何分析定义和定理的关系。

π 是什么

如果我们只是把 π 当成一个数字（3.14…），那么我们就有了一些必须记住的“事实”，比如圆的周长是 $2\pi r$，面积是 πr^2。我觉得这是对圆的一种通俗解释，但掩盖了其更精彩的一面。它其实与图形的缩放原则有关：如果我们按比例缩放一个图形，所有的长度都乘以相同的数字。这意味着图形之间长度的关系保持不变。我们如果画出一个长宽比为 2∶1 的长方形，无论按怎样的比例缩放，长始终是宽的两倍：

我们认为，这个原则也应该适用于圆。我们不知道该如何用严谨的方法来定义圆周的长度（即周长），但无论是什么，它都应该与连接圆周上两点并通过圆心的线段长度（即直径）保持恒定的关系。不管我们对其进行怎样的缩放，这个比例都不会改变。这是一个神奇、深奥又最为基础的事实，坦率地说，我不知道这种比例关系是如何形成的。或许是自然界某种神秘的力量？比例法则？与人性有关的真理？从某种意义上说它“显而易见”，但从另一种意义上说它“高深莫测”，对此我感到无比惊讶。有趣的是，“显而易见”的意思是“它如此明显，以至我无法解释”。我建议你静下心来仔细思考一下，似乎“显而易见”就意味着“无法解释”，这真是太神奇了。

不管怎样，一个圆无论大小，它的周长与直径之比都保持恒定，也就是一个常数。在这种情况下，用字母代替数字的方法再一次派上了用场：我们不需要知道这个数字是什么，但可以用一个名称来指代它。就像我不知道外面的温度是多少，但依然可以用“外面的温度”来指代（不管温度到底是多少）。数学家挑选了希腊字母 π 表示这个比例。选定名字之后，他们开始着手研究这个数字具体的数值，采用的方法就是多边形近似法。因此，我们在这里说的 π 的定义就是：

$$\pi = \frac{\text{周长}}{\text{直径}}$$

一旦确定了 π 的定义，我们就可以重新排列，利用圆的直径来求周长，因为我们知道：

$$\text{周长} = \pi \times \text{直径}$$

或者周长等于 $2\pi r$，因为直径是半径的两倍。

这时候就出现了一个微妙的问题：这个比例取决于我们所处的环境，既然是长度的比例，它就取决于我们所讨论的长度类型。因此，要想找出 π 的具体数值就需要解决两个问题：我们需要知道长度的类型，还要知道如何测量一条曲线的长度。

如果回想一下只能沿直角网格行驶的出租车世界，我们就能了解这种背景是如何产生的。要记住，在这个世界里，我们不能走对角线路线，只能沿网格系统的“街道”移动。这种背景下的“圆”是什么样的？

或者说，究竟什么是“圆”？

当圆不像一个圆时

你或许觉得一个圆就是类似下面的形状：

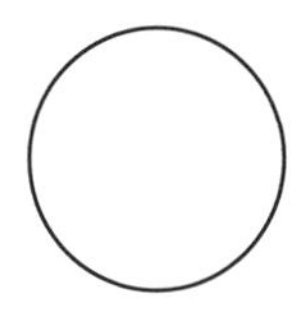

但它究竟是什么？我们怎样才能向电话那一头的人描述它，或者我们如何向别人解释这个概念？

线索就隐藏在用一只圆规画一个圆的过程中（如果现在还有人这么做，而不是在绘图软件里选择画圆的功能）。你把圆规的两脚分开一定的距离，将针尖对准纸面上一个固定的点，把圆规的绘图脚转动一周。由于到固定点的距离不变，你实际上就找出了纸面上与固定点距离相等的所有的点。而固定点所在的位置就是圆心，固定的距离就是半径。

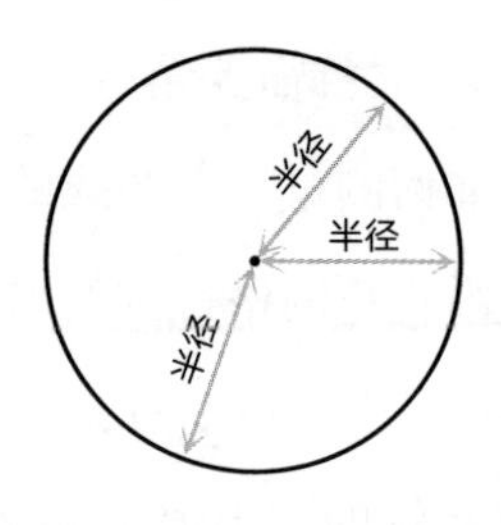

因此，一个圆从本质上说就是与选定圆心距离相等的所有的点。这个定义听起来有点儿遥远、抽象，但抽象的描述一如既往地有其存在的意义：我们可以赋予其更广泛的应用场景。我们可以将其应用于三维环境中的球体，甚至更高维度的球体。我们还可以在具有不同长度定义的世界里寻找圆形，比如在出租车的世界里。

在下图中，我们可以试着找出与 A 点相距 4 个街区的所有的点。

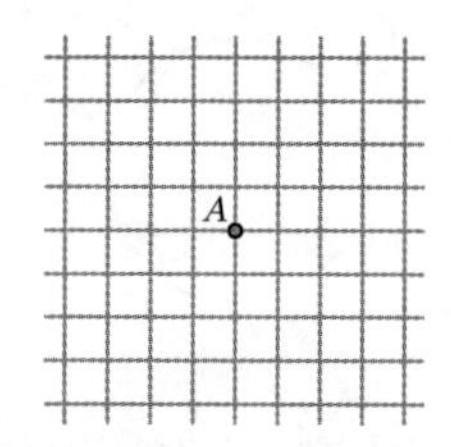

最明显的位置是正北、正南、正东或正西方向的 4 个街区。但我们还可以向东两个街区，再向北两个街区，加起来的距离也是 4 个街区。我们还可以向东 3 个街区，之后向北一个街区。你还可以尝试其他路线，比如每走过一个街区就转个弯，但结果和走过两个街区之后转弯相同。要记住一点，不能走回头路，因为我们必须确保目的地与 A 点有 4 个街区的距离。

如果把所有与中心点 A 相距 4 个街区的位置都标记出来，我们就得到下面的结果：

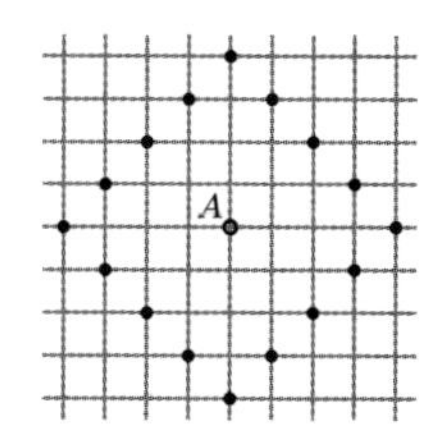

这就是出租车世界中的一个“圆”。但是它看起来不是那么的圆滑，甚至都没有线条把这些点连接起来。你或许有一种用对角线把这些点连起来的冲动，但要知道这个世界没有对角线路线。你或许还想用阶梯状线条把它们连起来，这样的路线的确存在，但是阶梯上的点与中心点的距离就不再是 4 个街区了，所以这些点并不是这个“圆”的一部分。

现在我们可以尝试计算一下在这个世界里作为周长与直径之比的“π”，但是要记住，我们必须用这个世界的方法来测量长度。为了测量外围距离，我们需要选择这些点之间的最短距离，也就是下面这些线段的长度：

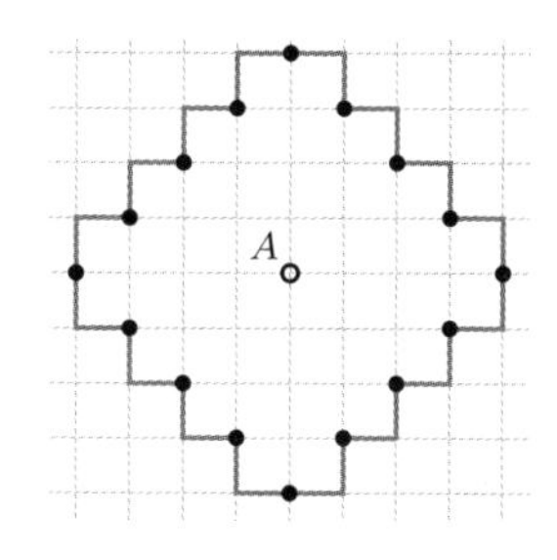

我们数出了 32 条街区，“直径”是经过中心点线段的长度，即

8，π 就是 $\frac{32}{8}$，等于 4。

在出租车的世界里，π 等于 4，就像网络梗文中的结论。[1]

所以 π 并非一个固定的数字，在不同的环境下这个比值有不同的结果。当然，我们也可以直接宣布 π 是依据欧几里得空间中的圆推导出的数字（也就是我们早已习惯的“正常”距离），但是我喜欢强调每一个结论赖以存在的背景。此外，我喜欢在圆周率日举办的 π 小数位背诵比赛中公然声称答案就是 4 的想法。

我在这里还想说一句，除了圆周率日，我认为还应该为虚数 i 建立一个“i 日”，日期定在 2 月 29 日，原因就是 i 的周期性特征：它以 4 为周期，因为 i 乘以 i 等于 −1，所以 i^3 等于 −i，i^4 就等于 1。也就是说，如果你不停地让 i 自乘，呈现的结果是 i、−1、−i、1，之后无限重复这个模式——每乘 4 次就回到 i，就像闰年的规律一样。而且 i 没有小数位，所以我们已经背下了它的所有位数。

我之所以主张“i 日”，在某种程度上是为了反对把 π 当成一个固定的数字来记忆。π 的确是一个基本常数，但必须基于一个特定的环境。在每个环境里，π 的概念都会告诉我们该环境下正方形与圆形之间的关系。

这就是我从有关 π 的网络文章中看到的东西，当然我觉得创作这篇文章的人或许没有意识到其背后隐藏着如此深奥的数学知识。

1　我或许还应该指出，这篇文所描述的问题与此稍有不同，它不是一个出租车世界中的圆，它看起来根本不存在于出租车的世界里。然而，它确实存在于出租车世界的一个版本中，在这个版本中，街道无限紧密地排列在一起，在这种情况下，图形的周长确实是 4，π 的值也是 4，只不过这并非它成立的理由。

最后，我们来谈谈很多人极力推崇的另一个常数 τ ——希腊字母“tau”。这个想法具体来说就是，公式 $2\pi r$ 中的 2 显得多余，可以把 2π 变成一个新的基本常数，也就是一个名为 τ 的数字。我们可以把周长与半径之比改为周长与直径之比，于是周长的公式就变成 τr（tau 乘以半径），似乎能更简洁地表述周长与半径的关系。这样的变化本来无伤大雅，但我们弄乱了面积与半径之间的关系，因为面积的公式是 τr^2，但如果我们让 $\tau = 2\pi$，公式就变成了 $\frac{\tau}{2}r^2$。

但真正让我厌恶 τ 的原因，是有些人将其视为能凌驾于他人之上的某种优越感，似乎他们能更深刻地洞悉宇宙的奥秘，因为普通人只知道 π，天赋异禀的人才知道 τ。

令人遗憾的是，有太多的网络梗文在跟随这股潮流，并且吸引了数百万的点赞、评论和分享。网络上不时会出现某种“运算顺序”测试，也就是我们进行 +、−、×、÷ 等运算的先后顺序。这个顺序在世界不同的地区（甚至在不同的英语国家中）被各种不同的但听起来同样愚蠢的助记符固化在人们的头脑中。

记忆术

BODMAS、BEDMAS、PODMAS、PEDMAS、PEMDAS，我根本搞不懂这些助记符都是什么意思，但它们似乎代表了我们必须记住的数学运算顺序。B 表示“括号”（相对于美国人使用的 P），O 表示“之于”（of），E 表示“乘方”，然后是乘、除、加、减。把“除”和“减”也包括进来纯属多余，因为除法可以表示为乘法

（乘以倒数），减法也可以表示为加法（相反数）。

我刚刚在谷歌上搜索“BODMAS meme”，第一条结果就是我脑子里的那个，即类似这样一个问题：

以下问题的答案是什么？

$$7+7\div7+7\times7-7$$

可惜很多人都算错了！

最后这句话是典型的陷阱，试图吸引那些自以为才智出众、坚信必然能得到正确答案的人。在下方的评论区里，人们纷纷给出不同的答案，并不忘相互挖苦对方有多愚蠢，说某人甚至连BODMAS、PEMDAS等规则都不懂。我不喜欢这些网络梗文，主要有两个原因。第一，这些梗文的存在主要是为了让某些人有机会表现他们凌驾于他人之上的优越感。第二，它们所讨论的内容在数学中既枯燥乏味又不具有任何意义，与数学家所做的和所思考的事情毫无关联。

我要在此发布几条公共声明。首先，数学家并不是整天坐在那里做加法和乘法！其次，或许也是更具破坏力的一条，声明数学家并不关心“运算顺序”。好吧，也许我不应该代表所有的数学家，但我从未遇到一位在乎运算顺序的数学家。从本质上说，“运算顺序”并不是真正的数学，它只是一个方便的符号约定。我们可以选择一种不同的符号约定，这对真正的数学运算没有任何影响，比如，我可以决定在做乘法之前先做加法。我们依然需要括号（或者其他什么符号）来表示更高的优先级，这样才不会把 BODMAS 彻底变成 SAMDOB。但我们至少可以把 ODMAS 变成 SAMDO。在这种情况下，我们会得到以下的转化过程：

ODMAS世界		SAMDO世界
$2\times4+5=13$	⟷	$(2\times4)+5=13$
$2\times(4+5)=18$	⟷	$2\times4+5=18$

看，好像天也没有塌下来。我们之所以形成某种运算顺序的习惯，在我看来，或许就是因为我们懒得使用乘法符号，尤其是在面对字母的时候。我们更喜欢写 $2x$，而不是 $2\times x$，我们把更多的运算项合并在一起，以此表示二者具有更紧密的关系。因此从视觉意义上讲，这个表达式把 2 和 a 放在一起，把 3 和 b 放在一起：

$$2a+3b$$

这样做的目的是让符号的表达与我们的视觉直观感受更加贴合。但如果我们加入乘号，这种感觉就全被破坏了：

$$2\times a+3\times b$$

我完全无法想象有数学家会写出这样的一串符号，因为这实在令人费解。因此，我绝对不相信有数学家在网络上发布那样的问题，即使他们试图那样计算（这是不可能的）。数学家不仅很少使用乘号（以我的经验），也很少使用除号，他们喜欢更具视觉冲击力的分数形式。这样你就不用担心与除法相关的运算顺序了，因为类似下面的表达式在直观上已经表明 2 和 5 在一起，7 则自立门户。

$$\frac{2}{5}+7$$

至于那篇网络梗文中的那个表达式，我可以把它改写成：

$$7+\frac{7}{7}+7\cdot 7-7$$

两个 7 之间的那个点，是我们有时用来代替数字间乘号的符号。我们不能像 $7a$ 那样省略所有符号，因为这样一来就变成 77 了。

如果不得不使用乘号和除号，那么我会加入括号和适当的空格来澄清这个表达式的含义：

$$7+(7\div 7)+(7\times 7)-7$$

那种没有括号的表达式总让我心生厌恶，这已经不是数学的问题，而是数学的正字法。

如果不提 FOIL，我对我最不喜欢的助记符的讨伐就算不上大获全胜了。我已经在第 4 章提到助记符，它应该可以帮助我们将括号对儿相乘，比如：

$$(2x+3)(4x+1)$$

它所主张的方法是按照括号中前面两项、外边两项、中间两项、后面两项的顺序相乘。采取这种做法不但让我们错失了对很多问题的理解，还引发了诸多的数学问题。它实际上限制了我们的理解，因为它忽略了一个事实，即我们根本不必遵循这样的顺序：如果承认加法交换律，那么我们可以任意选择 F、O、I、L 的次序，但即使不知道交换律，我们也可以把两个括号相乘之后得到 FIOL 而不是 FOIL。这是因为，它们相乘的方法来自乘法对加法的分配律。因此，这里存在两个定律：

$$a(b+c)=ab+ac$$

以及

$$(a+b)c=ac+bc$$

或许乘法“网格”有助于我们的理解，两种类型的分配率可以分别表示为：

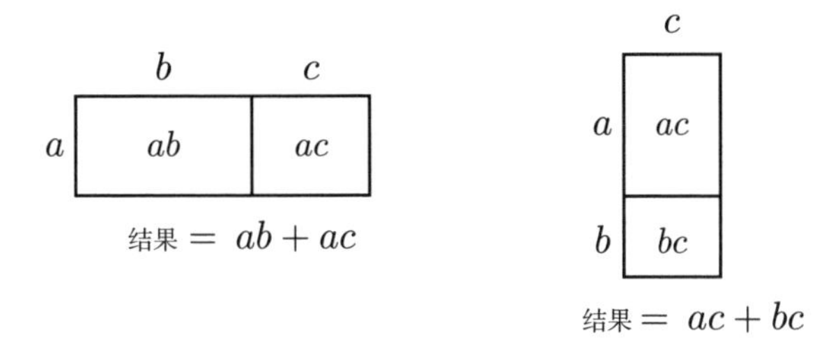

一种像水平码放的两个箱子，另一种像垂直码放的两个箱子。

于是这里就出现了一个 FOIL 无力触及的深奥思想：要想用乘法破除分别包含两个字母的两个括号，我们必须同时使用这两种类型的分配律。例如，$(a+b)(c+d)$ 这个表达式就可以表述为以下这个网格：

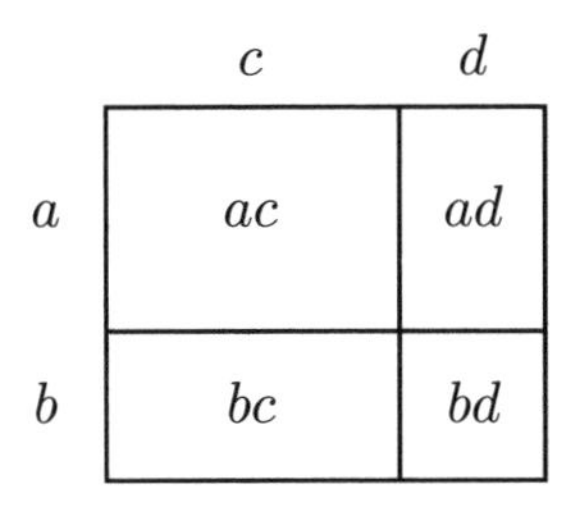

结果 = $ac+ad+bc+bd$

为了得到结果，我们先要理解垂直码放和水平码放的规则，然后决定孰先孰后。

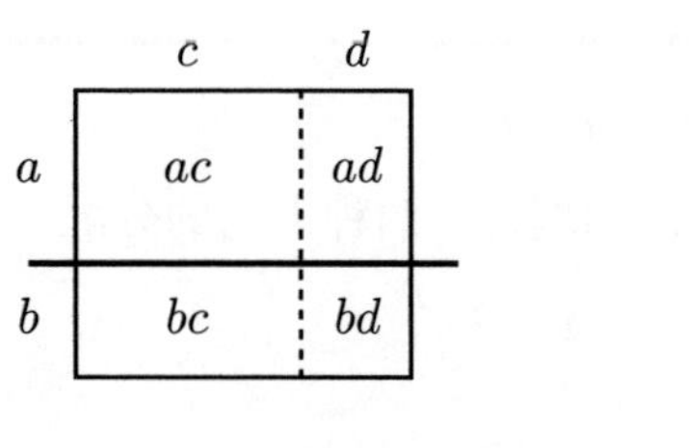

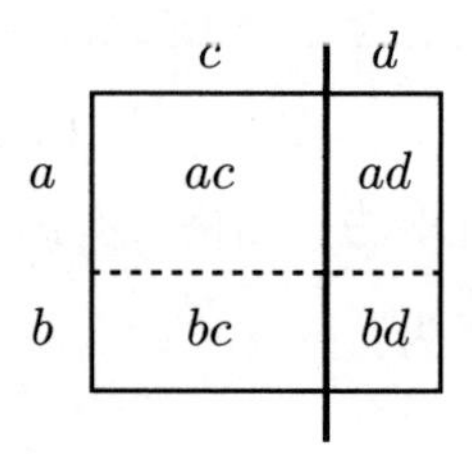

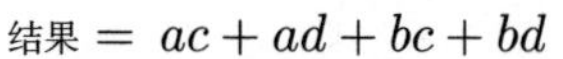

结果 = $ac + bc + ad + bd$

如果用代数学的方法来表达，第一种方法是把 $(c+d)$ 当作一个整体，得到：

$$a(c+d)+b(c+d)$$

然后利用分配率破除括号，这就是 FOIL。

第二种方法是把 $(a+b)$ 当作一个整体，得到：

$$(a+b)c+(a+b)d$$

利用分配率破除括号，这就是 FIOL。现在让我们来看看这两个结果，它们并不完全相同——中间两项的位置是颠倒的，就像变换了两个字母的位置后，FOIL 就变成了 FIOL 一样。如果两种分配律都成立，那么 FOIL 和 FIOL 的结果必然相等，因此不难得出加法必然存在交换律的结论，因为没有别的选择。

我大费周章地描述这个稍显晦涩的推理过程主要出于两个原因。一个原因是为了表明坚守 FOIL 的顺序具有一定的局限性，事实上，FOIL 和 FIOL 给出了相同的答案，这意味着你只需要记住其中的一个，当然，这也揭示了一些深层次的数学知识。另一个原因是强调 FOIL 相对于网格法的缺点。

网格法给了我们一种可视化的方式，不仅能帮助我们计算乘法，还能让我们理解为什么最终结果是 4 项乘积的组合。你也可以用同样的方法制作有 4 种口味的三明治：你可以把两种馅料放在一片面包上，把另外两种馅料放在另一片面包上，然后把它们垂直合在一起，一个同时拥有 4 种口味的三明治就做好了。

以视觉方式呈现抽象概念非常重要，它本身就是数学的一个完整的分支，这是下一章的主题。

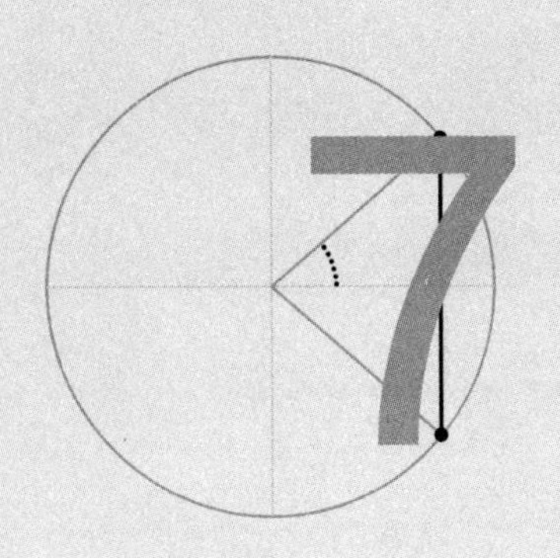

图形

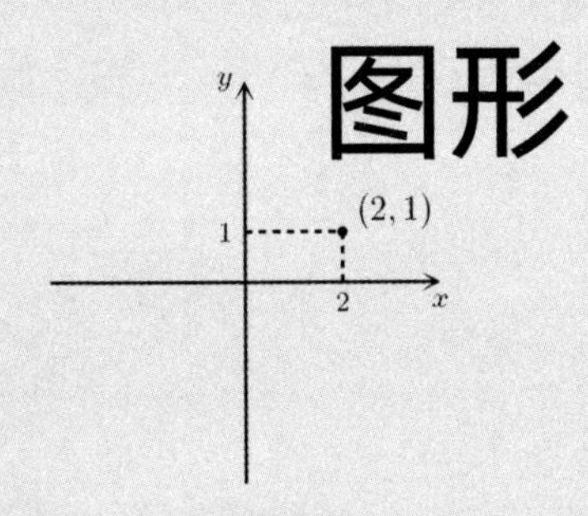

为什么 $2+4=4+2$？

又是一个不痛不痒、显而易见的问题，一个我们在很多年前一瞥之下就已知道的答案：因为等号两边都等于 6。或许在经过前面章节的讨论之后，我们马上就可以把这个问题转变成："在什么情况下 $2+4=4+2$？"形成这样的思维习惯令我深感欣慰，但是这一次我想采取另一种方法，尝试证明二者并不相等。左边表达式的意思是我们先取走 2 个东西，再取走 4 个东西，而右边表达式的意思是我们先取走 4 个东西，再取走 2 个东西。或许值得花一点儿时间思考一下，二者能给出同样的结果并不是那么显而易见。

我将要研究如何从原则上判断结果相等的表达式，而无须计算具体的结果。我们可以采用孩子们的做法，比如使用积木或其他物体，或者画出物体的图形。利用图形研究数学听起来有点儿"孩子气"，但是在这一章，我们恰恰就要讨论数学中深奥的图形问题。我尽量用积极的态度回应图形过于"孩子气"的说法，因为这是一个带有主观评判色彩的词语，好像说只有发育不全的人才会这么做，等他们长大之后自然就不会这么做了。但是“孩子气”往往伴随着诸多美妙、有益的方面，只可惜这些方面经常遭到社会的压力和成年人责任感的排斥。这里有无拘无束的好奇心、对新思想的渴求、施展想象力的巨大勇气，以及浑然懵懂又泰然自若的心态。孩子们知道他们无法理解成人世界里的太多事情，并对此习以为常，我相信这就是他们尽管不甚理解但依然不那么害怕数学的原因之一。然而，如果成年人不理解数学，他们就会陷入失败者的深深自责（或者想起自己曾经被贴上数学菜鸟的标签）。

画图是抽象数学研究者的重要工作内容之一，远比我们想象中与孩子的行为更相似。在我的研究领域范畴论中，到处都是图形，方程和代数线条反而不多见。虽然名为“抽象代数”，但实际上它的大部分推理都是通过图形来完成的（更正式的说法是“图表”），对图形的使用使得它成为数学中一个极富成效的崭新领域。甚至还有一类数学图表，其专业名称就是“dessin d’enfant”（法语“儿童画”），最早由法国数学家亚历山大·格罗滕迪克于1984年提出。

当我在2016年受芝加哥EMC2酒店委托制作数学艺术品时，我从未觉得自己是个视觉艺术家。但是后来我意识到，我在数学研究中画过那么多图形，从某种程度上说我就是抽象视觉艺术家呀。因此，这一章就是有关图形在数学中的应用——它们不仅作为视觉辅助工具，还成为实际数学本身的一部分。

首先我会使用一些图形帮助我们解释为什么$2+4=4+2$，以此来探寻深层次的理解，而不是仅仅说“因为两边都等于6”。

“一切等式都是谎言”

让孩子们接受 2 + 4 等于 4 + 2 这个结论通常要费点儿时间，这当然可以理解，因为表面上看它们毕竟不是一模一样的东西。对于一个依然在用手指头计数的幼童，解答 4 + 2 这个问题应该很简单：他们先在头脑里记住 4 这个数字，然后借助两根手指“往下数”，很快就能得到 6。但是，如果你让他们计算 2 + 4，他们就要先记住 2，然后尝试用 4 根手指往下数。对这个年龄段的孩子来说，摆弄 4 根手指是一项艰巨的任务，他们要花更长的时间，费更多的力气，也更有可能得出错误答案。

因此，对这个年龄段的孩子来说，4 + 2 与 2 + 4 明显不同，后者所涉及的加法比前者更难。这就是我为什么没有问二者为何相等，也没有问在什么情况下相等，而是要重点关注它们在什么意义上相等。

借用这个例子，等号两边在产生相同答案的意义上是相等的，尽管所涉及的过程是不同的。这就是这个等式的全部意义所在：一边复杂，一边简单，所以知道二者的结果相同让我们获益匪浅。这意味着我们可以通过简单的一边来理解复杂的一边，数学所有的等式都是如此。

我们所讨论的等式是加法交换律的一个例子，也就是交换加数的位置，和不变。有关加法的另一项基本定律是加数的组合方式（通常用括号表示）不影响结果，也就是结合律。例如以下等式在加法中成立：

$$(8+5)+5=8+(5+5)$$

我个人觉得等号右边比左边更简单。括号提醒我先做 5 + 5，这很简单，无须思考我就知道等于 10，接下来的 8 加 10 也无须思考就能给出答案。

而左边的括号提醒我先做 8 + 5，这可麻烦了，因为答案超过了 10。当然这个问题还不至于让我望而却步，但它毕竟比 5 + 5 耗费了更多的脑力。与其吹嘘多么轻松就能找到答案，我觉得不如仔细观察哪些因素让问题变得更加复杂了，尤其是当一点一滴的认知负荷迅速积累，最终让我们不堪重负的时候。

顺带提一句，这也是为什么数学有时会强调记忆某些“事实”，因为只要记住了这些东西，你就可以快速地调出答案而不用费更多脑筋，做事情的效率也就更高了。我个人的经验是，我可以通过消化而不是记忆来减轻脑力负荷。我从未“记忆”5 + 5 等于 10，这个答案已经成为我基本意识中的一部分，或者就在我的手上。重要的一点是，尽管记住某件事情可以减轻认知负荷，但它也会让你与真正的理解渐行渐远，最终的结果往往得不偿失。

所以不管怎样，2 + 4 = 4 + 2 这个等式都告诉我们两边有难易上的差别，于是我们可以利用简单的一边来获取答案，反正我们知道结果是一样的。

实际上，这才是所有等式的真正含义：两种事物在某个层面上相同，在另一个层面上不同。这意味着我们可以利用其相同的层面探索二者的不同之处，进而获取更多的知识，并把理解推向更深的层面。我们通常会关注等式所表达出的二者相同的意义，但同样重要的是二者在另一个层面上不同的意义——因此它们其实并不一样。

唯一能表明两边完全相同的等式是 $x = x$，以及与之类似的表现形式。等式两边确实一模一样，因此它完全没用。陈述某个事物等于它自己，无法让我们获得任何新知识。

我有时会说“一切等式都是谎言”，这看起来有博取点击量的“标题党”之嫌。我可能会说：“一切等式都是谎言（或无用的）。”但问题在于，这个等式表明二者相等并非虚言，只不过比我们赋予它的概念具有更微妙的含义。（或者也许是我们在等式上撒了谎。）等式实际上是在说，如果我们现在决定专注于这两种情况的一个特定方面，那么它们是等价的，尽管总体而言，情况在某种意义上有所不同。这是我在高维度范畴论研究中的一个重要部分，因为当研究比数字更微妙的抽象概念时，我们也有更微妙的方法，它们可以是“相同”的，而不仅仅是“相等”的。因此，在任何给定的情况下，我们对什么才算“相同”都有微妙的选择。于是我们回到了最初的问题 $2 + 4 = 4 + 2$，以及我们如何利用积木向孩子们解释清楚这个道理。

积木算术的深奥思想

用积木来做算术，通常被认为是只有小孩子在学会如何进行“正常的”数学运算之前才需要做的事。他们总要长大，然后把积木丢在一边，在头脑中运算，或者使用那些令父母也摸不着头脑的时髦“手法”。

但实际上，用积木做算术包含了深奥的数学思想，它能让我们深刻领会高维度抽象数学微妙的一面。或许我们很难相信高维度理论竟然出现在基本数学运算的过程中，但事实的确如此。

我们在讨论网格乘法时已经见识过一些高维度的思想，这实际上可以归结为我们如何将乘法当作重复的加法。如果我们把 3×2 想象成 3 个 2，结果或许就是以下 3 对积木的样子：

我们也可以把 2×3 想象成两堆三联积木：

在这一点上，二者为什么相等在视觉上看还不是那么明显。我们当然可以分别数出 6 个数，但这只能证明二者相等，原因依然不明。看不到通行规则，我们就很难将其推广到其他数字上。

我们已经知道（在第 3 章），把积木按网格方式排列更具启发意义：

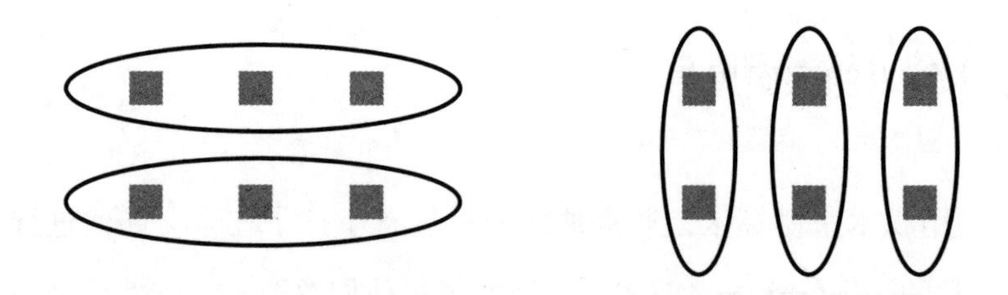

现在我们有机会利用视觉直观感受深入了解为什么二者相等。关键在于，我们根本不需要知道具体答案是什么就能判断二者是否相等。

这张图所描述的事实就是，对于同样一个网格排列，我们既可以将其视为两行三列，也可以视为三列两行。换个方式来说，我们可以在想象中旋转摆放这些积木的桌子，或者围绕这张桌子走动，从不同的视角看它们。积木的数量不会因我们所处的位置而改变。从抽象的角度说，这类似于我们缩放三角形的过程，无论我们从近距离还是远距离观察——我们的视角不同，但三角形本身没有改变。

转换观察积木排列的视角所对应的逻辑结构就是：

$$3\times2=2\times3$$

要注意，这个论证过程让我们跳出一维空间，进入二维空间。如果这些积木都是穿在算盘上的珠子，我们就无法提出这样的论点。

如果考虑加法的交换律，我们甚至需要进入更高的维度。比如用积木计算 4 + 2，或许是这样的：

2 + 4 就是这样的：

我们当然能理解二者概念相同，只需要走到桌子的另一边，或者把积木交换位置：

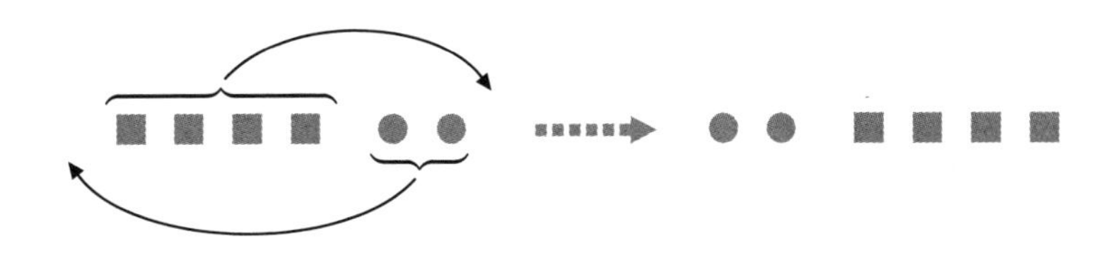

这个过程在视觉上很有吸引力，但同样需要借助二维空间。相比之下，结合律可以在一维空间内得到完美的阐释（比如算盘上的珠子）。如下图所示，只需要左右滑动圆形积木。这张图是滑动圆形积木之前的$(4+2)+3$：

之后变成$4+(2+3)$：

以上探索过程自然会促使我们思考，2 + 4 在什么情况下等于 4 + 2。讨论问题的环境很重要，一维空间无法让我们得出结论，把问题以图形的方式呈现出来有助于我们做到这一点。

图形的作用

图形有时候只是视觉辅助工具，帮助我们理解某个抽象概念，有时候它又是运算过程中的正式符号。后者在范畴论中较为常见，我们在处理极为复杂的代数问题时所需的帮助不仅仅是写在一行中的符号。

我必须承认，这些内容对残障人士不够友好，因为这在一定程度上排斥了盲人群体。我总喜欢在书里添加很多生动有趣的图表，然而，我曾收到一些视力受损人士发来的（非常礼貌的）信息，他们说一直在收听书的音频版本，并且很感兴趣，但无法参阅附带的PDF（可携带文件格式）文件里的图表。我迟迟没有找到解决方法，对此深表歉意。对其他众多读者来说，数学中的视觉表达方式极为重要，它推动了这门学科的发展。

我要补充的是，有一些才华横溢的盲人数学家也在从事几何学和拓扑学的研究，专门研究图形和图形之间的关系。伯纳德·莫林提出了一个著名的数学方法，让球体从内向外翻转（术语叫作“外翻”）。这在物理世界中绝对是违反直觉的，而摒弃对实体物的视觉感受可能有助于这项理论的产生。[1]

我还必须承认，听障人士也很难充分利用视觉辅助工具。最近我的课堂上出现了一名聋哑学生，他身边跟着一位手语翻译。我发现他无法兼顾我的视觉图形讲解和翻译的手语，于是我只好把所有视觉图形部分讲解两遍，但结果仍不理想，因为他总是不能同时看到手语和图形。

这里列出我在范畴论研究中使用的一些视觉表达工具。下面是一项严谨的论证过程的两个部分：

1 《美国数学会通告》卷 49，第 10 期的文章《盲人数学家的世界》生动记载了莫林和其他几位视觉受损的数学家的工作成果。见 https://www.ams.org/notices/200210/comm-morin.pdf。

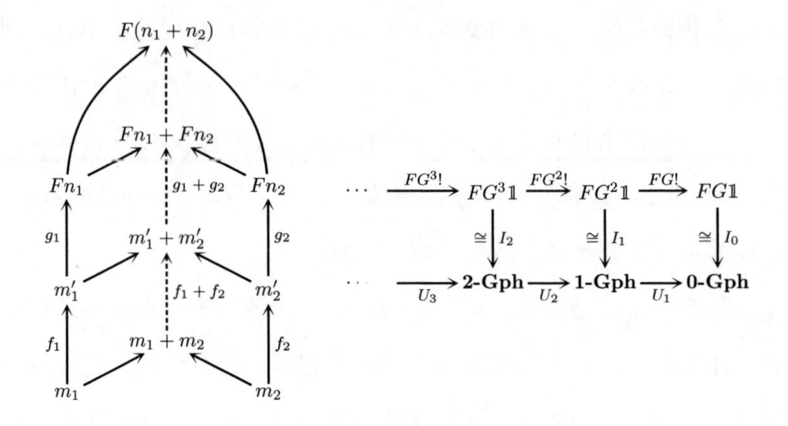

下面是一些能帮助我们获得直观感受的视觉辅助工具：

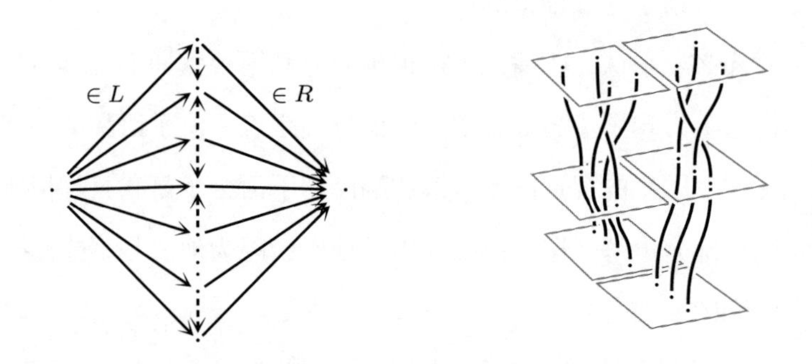

这两类图形能帮助我们理解逻辑如何与视觉对应，以及视觉如何与逻辑对应。这种对应和转化的过程不仅限于高等级的数学研究，也是我们日常绘图制表的关键，这也是学校里折磨很多学生的事情。

绘图

为什么绘图如此重要？我曾听到有人抱怨，称绘图是一项艺术技能而非数学技能，那么它为什么会出现在数学里?

对于这个问题，我的第一个答案是，一个艺术问题并不排除它也是数学问题。但是从更深层次来看，问题的答案取决于我们如何定义“好”的绘图。我认为绘制一张“数学意义上好的”图形与绘制一张“艺术意义上好的”图形是不同的，二者都很重要，但分别出于不同（又有些重叠）的目的。在标准的数学教育中，我们的目标是绘制数学意义上好的图表，但不顾及艺术感是我们的一种疏忽（oversight）。

顺便说一句，oversight（监督、失察）是一个奇怪的单词，它能表达两个相反的意思，就像 overlooking（忽视、俯瞰）：它既表示在查看某事时忽略、错过了一些东西，也表示从上方把景色尽收眼底。一个有众多人参与的项目需要良好的 oversight（监督），如果没有人 oversight（监督）那就算 oversight（失察）了。这类单词被称为“自动反义词”，我觉得很有趣。

不管怎样，图形往往都与那些令人痛苦又毫无意义的数学课联系在一起，面对各种各样含义不明又令人毫无兴趣的公式，你不得不把它们画出来。这一点已经被完全抹杀了，我们不知道为什么要绘图，也看不到这一过程是多么美妙。

我对数学最早期的记忆之一，是母亲告诉我如何画出一个开平方图形。也就是说，你可以用下面的图形来展示数字开平方的运算过程：对于横轴上的每个数字，都要在它的上方一定距离处标记一个点，其垂直距离就是横轴上数字的平方。

于是我们先从这个运算开始：

$$
\begin{array}{ccc}
1 & \longmapsto & 1 \\
2 & \longmapsto & 4 \\
3 & \longmapsto & 9 \\
4 & \longmapsto & 16 \\
 & \vdots &
\end{array}
$$

我们还要把 0、负数和非整数包括进来，最终的结果就是这样一张图：

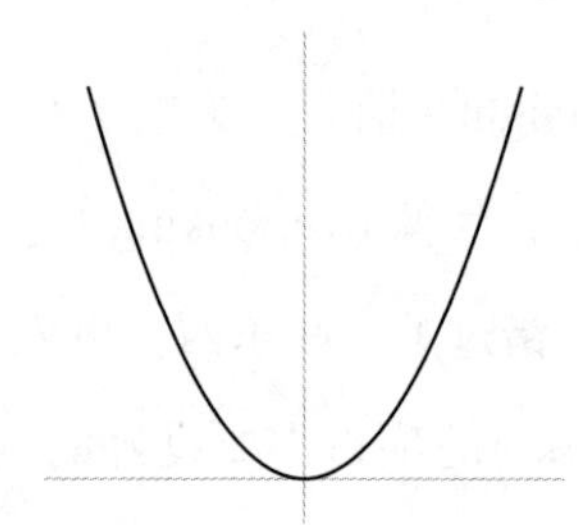

我当时还很小，只记得在看到将数学计算过程变成一个图形之后，大脑飞速运转的情景，就好像打开一个新世界的大门，我感受到数学的神奇魅力。现在我能联想到的是我的一位好友阿玛妮亚·家本桃修所说的“多式联运翻译”概念，她是一位文学翻译家、作家、诗人、音乐家和综合品类创作者。她既教书育人也自己从事一些翻译工作，但不限于语言之间的转换，还涉及各类艺术形式之间的转换，比如从音乐到诗歌、从诗歌到舞蹈或从食物到舞蹈。从某种意义上说，我们可以把绘图当成一种多式联运翻译，如此一来，我们就能从各类形式的优势和直觉中受益。在绘图这件事上，我们最开始的“形式”是严谨、正规的数学计算，通常用一个公式来表达。公式便于推理，也适合构建逻辑论证。在被翻译成图形之后，它好像就没那么严谨、正规了，似乎也不适宜构建逻辑论证。但它更有利于唤醒人类其他方面的直觉，或许是更具人性化、对形状和趋势的直觉。

例如，下面的列表显示了 2020 年 3 月纽约市新冠病毒感染者人数：[1]

3/3	1	10/3	70	17/3	2 452	24/3	4 503
4/3	5	11/3	155	18/3	2 971	25/3	4 874
5/3	3	12/3	357	19/3	3 707	26/3	5 048
6/3	8	13/3	619	20/3	4 007	27/3	5 118
7/3	7	14/3	642	21/3	2 637	28/3	3 479
8/3	21	15/3	1 032	22/3	2 580	29/3	3 563
9/3	75	16/3	2 121	23/3	3 570	30/3	5 461

除了能看到患者数量在持续增长，我们很难做出任何本能反应。下面是经过转换的图形：左图呈现出的趋势不甚明朗，但右图显示了连续 7 天的平均值，消除了每日数据波动的干扰。

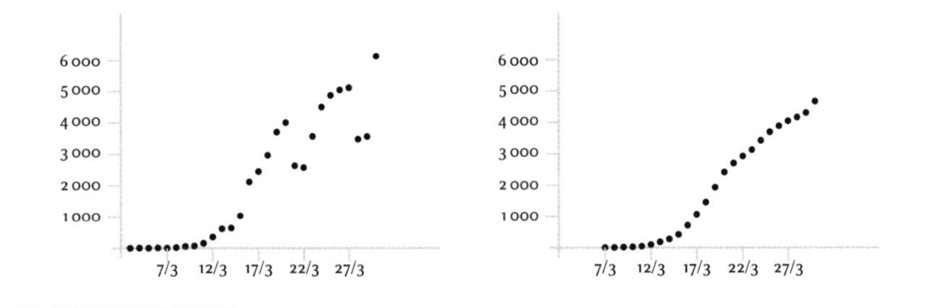

1　数据来源：https://github.com/nychealth/coronavirus-data。

视觉直观感受在这时发挥了作用，让我们看到令人担忧的增长趋势，不仅是数字的增长，曲线也越来越陡峭，直到 3 月 22 日左右才开始放缓。

与抽象概念打交道不是件容易的事，因为……它就是很抽象。所以将其转换到一个更能唤起我们直觉的领域会大有帮助。把抽象的概念转化成视觉图形，这样我们就能充分利用我们的视觉直觉，为数学研究带来累累硕果。因此，重要的是要了解哪些抽象特征对应于哪些视觉特征。

特征转化

当面对一个图形时，我们或许会提出一些与视觉特征有关的问题：它有角吗？它有洞吗？它是上升的还是下降的？它会反转吗？它在哪里上升更快，或下降更快？它是否从某一点开始趋向于无穷？它是否会以稳定的趋势走向无穷大？它会变成一条水平线吗？哪里的波动最剧烈？

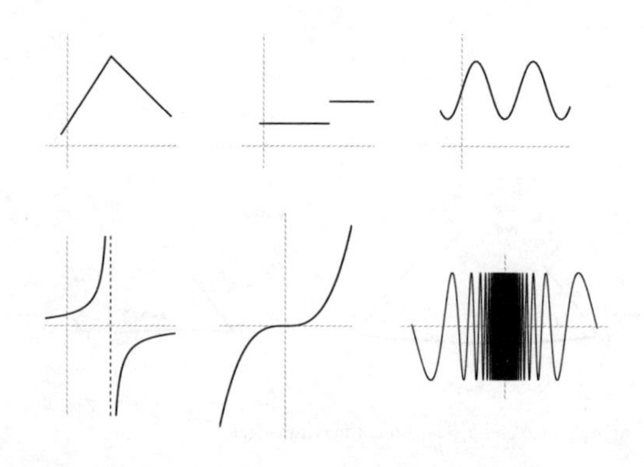

接下来我们开始分析这些特征出现的原因。视觉特征相当生动，它们都对应了哪些逻辑特征呢？之后我们可以从反方向思考：如果我们有了一个抽象概念，它会展现出哪些视觉特征？这就是绘图的意义所在，它能让我们更好地了解公式的运作原理。

画好图形不是要画出优美的曲线，而是要清晰地表现出我们感兴趣的关键特征。在某种程度上，这也是艺术的意义所在——先确定你想要引起人们对世界上的哪些问题的关注，然后选择一种真正将我们的注意力集中在该特征上的呈现方式。立体主义和印象派就分别采用不同的方式让我们关注不同的问题。

现在，在某些情况下，“清晰地”表现某事物的确意味着漂亮地表现它，这取决于你的受众是谁。我最早在艺术学校教书时讲到了等边三角形的对称性，我交给每个学生一张纸和一把剪刀，让他们剪出一个大致形状的等边三角形。我没想到学生们竟然如此力求完美。我还没有告诉他们接下来要做什么，也没告诉他们并不需要完美的等边三角形，因为我们不打算搭建什么东西或者把这些三角形拼在一起。重要的是，这个三角形符合他们头脑中的等边概念就好。但即使我说了也无济于事，因为每个人对“差不多的”等边三角形都有不同的容忍度。下面的作品已经让我非常满意了：

就像我也可以画出下面的图形，并宣布它们就是圆：

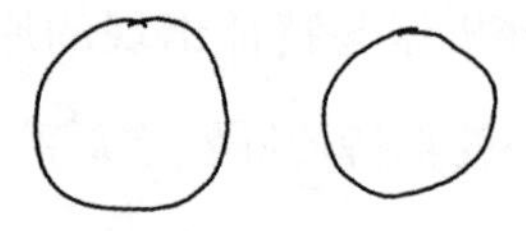

但幼童或容忍度较低的人可能没办法把这样的图形想象成圆。这有点儿像我们在看电影或歌剧时，没必要过分纠结演员是否和角色中的人物一样，是个 14 岁的少年或肺结核患者。我们中的一些人很容易被音乐深深吸引并为之感动，当音乐响起，他们能产生各种各样的想象力，而另一些人不那么容易被感动，不能（或不愿）说服自己相信舞台上的演员刚好也是 14 岁。更糟糕的是，评论人士和导演都认为影片中的男女主角必须很瘦，否则这个角色就不能让观众相信。这不仅是对肥胖者的侮辱，而且说明评论人士无法想象人们会爱上一个胖子。我跑题了。

数学课上的学生可能搞不清哪些特征是“重要”的，哪些特征不重要，主要是因为“重要”在不同的背景下有不同的定义，而且往往很难被说清。教育家克里斯托弗·丹尼尔森曾经指出，如果你让孩子们看下面两个图形：

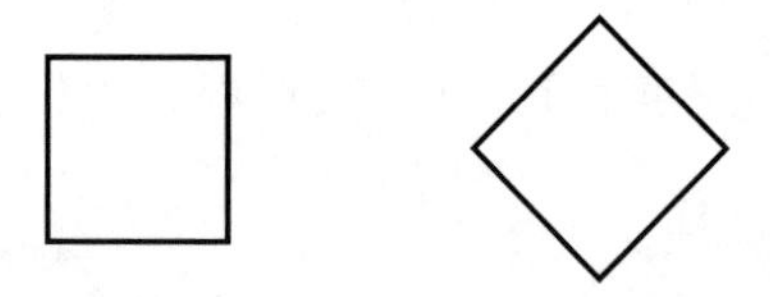

很多孩子会说左边的图形是正方形，右边的图形不是正方形，而是菱形。但实际上二者都是同样的正方形，只是摆放的方向不同。我们当然可以告诉他们两个图形相同，但是如果他们把数字 7

写成下面这个样子，我们就会告诉他们方向搞错了。

看看，图形改变方向还是同样的图形，数字改变方向就是错误的，所以背景很重要。

我们在第 1 章讨论不同背景下三角形的不同概念时看到了这一点。要想知道哪些特征最值得被强调，我们必须了解（或者选择）我们所处的背景。

你或许会说，计算机完全有能力精确地绘制出具有所有特征的图形，我们为什么还要自己动手呢？这是个好问题，当图形计算器最早出现的时候，我喜欢只输入公式，然后看着计算器为我画出图形。真省事呀！现在你可以在搜索栏输入一个公式，搜索引擎就能帮你把图画好，我其实很喜欢这样做。有时我会输入“sin (1/x)”，然后输入“x sin (1/x)”，然后惊叹于即刻呈现在眼前的图形，真是太了不起了。下面就是这两个图形：

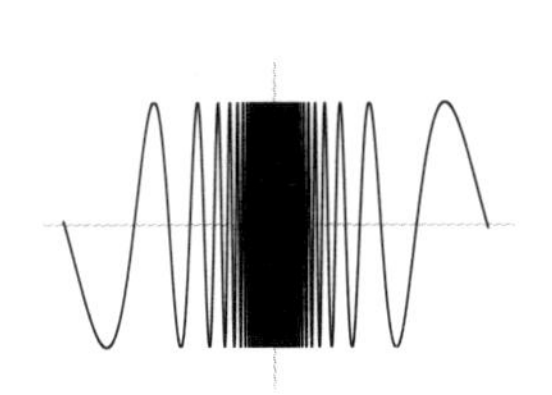

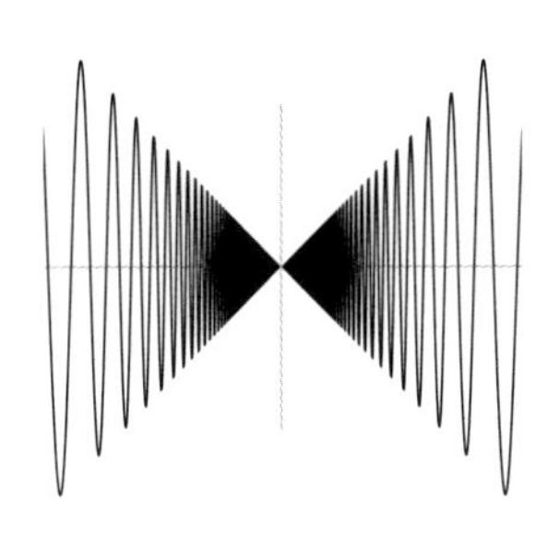

然而，绘图并不是为了生成一张图片，而是要了解哪些代数、

逻辑特征产生了哪些视觉特征。即使有一张图片摆在眼前，你也需要理解为什么出现的会是这张图片。当观察一个图形脑海中浮现出“为什么”的时候，你就是在像数学家一样思考。如果直觉告诉你走为上计，那就说明你也许曾经被图形伤害过，这也是我们当前的教育制度的失败之处。（请注意，我无意指责某些教师，而是在指责约束他们的体制。）

用图形来表示数学是一套深奥的理论，也容易让人感到困惑，因为它涉及理解或选择与当前情况相关的内容，并且只表示这些内容。刻意忽略其他特征尤其能帮助那些不熟悉当前环境的人，他们不知道该忽略哪些特征。有时候“艺术”特征也很重要，但数学家有时忽略了这一点，因为他们早已习惯使用抽象的思维方式。

这也是数据视觉化过程中一个很重要的方面，弗洛伦斯·南丁格尔深谙其道。

数学家弗洛伦斯·南丁格尔

弗洛伦斯·南丁格尔也被称作“提灯女神”，或许她最广为人知的身份是一名优秀的护士，但实际上她还是一位卓越的数学家和统计学家。她毫无争议的一项伟大成就是对克里米亚战争期间士兵死亡的数据进行了严谨的量化分析。在她参与这项工作之前，士兵的死亡率高达 40%，但是经过仔细分析，她发现死于疾病的士兵是死于战争的士兵的 10 倍多。于是她采取了一些措施大幅减少了这些因素导致的死亡人数，包括清理医院的环境，改进通风和排污系统，改善士兵的饮食。更重要的是，她不仅独自完成了数据分析，还深刻地意识到把这些数据清晰、生动地呈现给掌权者的重要性，因为那些人或许不像她那样对数据有深刻的洞察力。于是她设计出极具视觉冲击力的数据表达方式，她当时使用的工具是饼状图的一个变体，她称其为“鸡冠花图”，现在这类图的正式名称变成了平淡无奇的“极坐标区域图”。下面是一个例子。这张图按月展示了死亡人数，每个月的数据还分为战争伤害死亡、疾病死亡和其他原因死亡几个类别。[1]

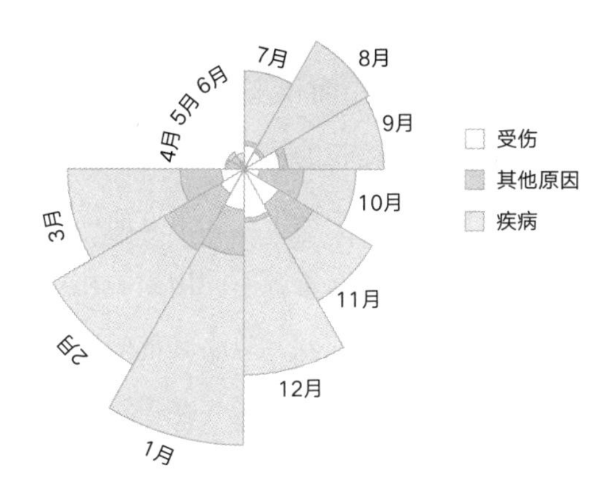

这里展示的一个重要信息是相对死亡比例，而非单纯的数字。这张图极其生动地表明，疾病不但是最重要的死因，而且具有很强的季节性。具体的数字用图中的扇形面积来表示，计算过程比较复杂，但极富视觉冲击力。饼状图是一种较为简单的表达形式，但需

1　南丁格尔的原始数据图名为“东部军队死亡原因示意图”，出现在1858年呈交给维多利亚女王的报告《关于影响英国军队健康、效率和医院管理的事项的说明》中。我重新绘制了其中的一部分。完整的数据图见 https://en.wikipedia.org/wiki/Florence_Nightingale#/media/File:Nightingale-mortality.jpg。

要再次强调：重点在于比例，而非具体数值。下面这张饼状图展现了美国水资源的使用情况：[1]

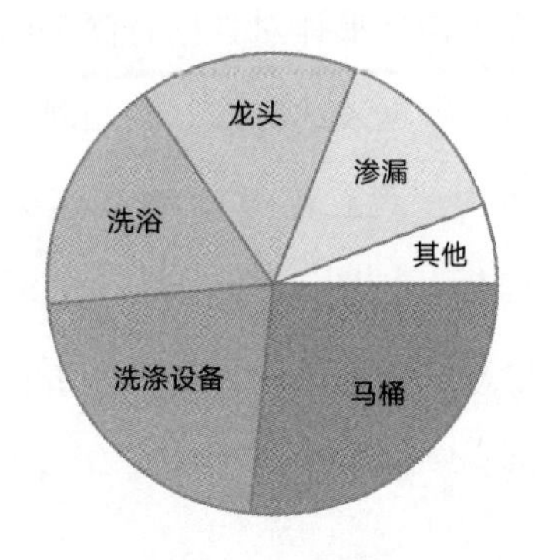

这张饼状图里的数字也用面积来表示，但计算起来不那么复杂，每块区域毕竟都是圆形面积的若干分之一。图的内容也比较简单，因为我们只关注整体现象中极少的几个方面：我们没有展示一年中各个月的数据，只说明了水资源不同用途的相对比例。

在特定条件下只关心一个问题并忽略其他问题，让我想起了芝加哥的冬天，到了一定月份，那里的天气变得极其寒冷，我已经不在乎自己的模样，一心想要保暖，当时的我看起来一定有些滑稽。有时候我希望在夏天也能享受这种程度的自由，但来自社会的压力制止了我的冲动。

饼状图和极坐标区域图都可以用来展示数据，但是在抽象的数学领域，我们不仅要关注“事实”，还要思考过程，因此我们需要

1 我在 https://www.statisticshowto.com/probability-and-statistics/descriptive-statistics/pie-chart/ 找到这些数据，它来自美国水研究基金会 1999 年的一项研究“住宅端水资源使用”。数据早已过时，我只是用它来说明饼状图的特点。

用视觉化的方式来表现过程。这是我的范畴论研究的核心部分。与此相关的一个形象的例子，就是我们如何研究交换律的较为微妙的方面。

微妙的交换律

利用视觉手段解释为什么 2 + 4 = 4 + 2，让我们更深入地理解了等式成立的原因，但它也带来更多的问题。我们看到，只要能摆脱一维空间的局限，我们就可以通过交换积木的位置来证明等式成立：

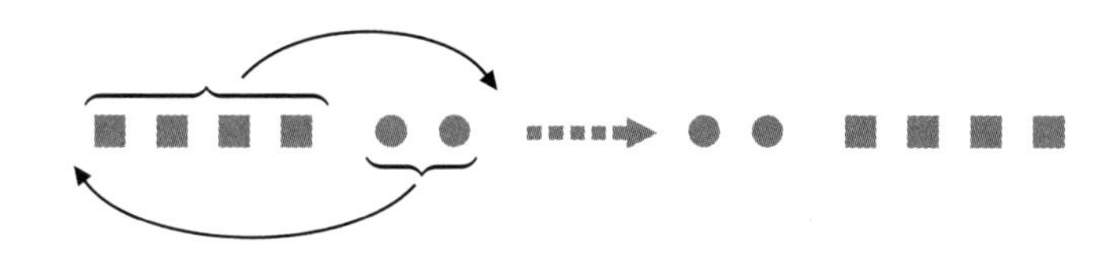

但是还有另一种交换位置的方法：

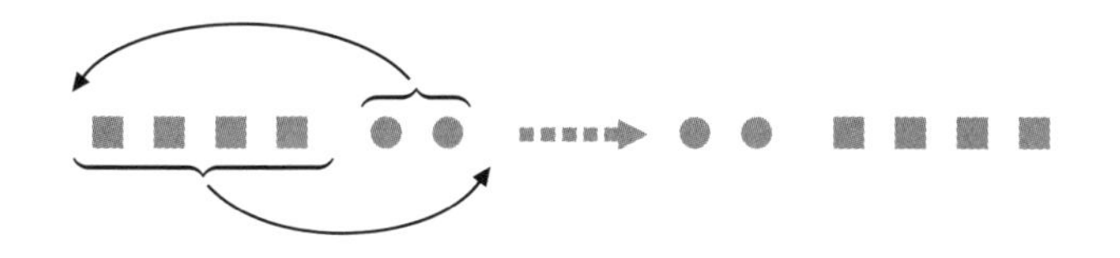

因此让 4 + 2 变成与其等同的 2 + 4 存在两种稍微不同的方法。在抽象数学领域，我们更关心过程而非结果，所以或许我们也应该关心一下交换积木位置的不同方法。

我们关心的理由或许是兴趣使然，也或许是不同的方法的确会造成某些潜在的影响。在英国传统的五月柱舞中，舞者们手持一根从花柱上垂下的彩带，在舞蹈过程中交换彼此的位置，同时把彩带缠绕在花柱上。小时候我被这项活动深深地吸引了，但直到后来才发现它所包含的数学意义。舞者以何种方式彼此交织极为重要，这能让花柱上的彩带呈现出不同的图案。如果舞者从未交换彼此的位置，花柱上也就不会出现任何图案。

这个例子可能有点儿深奥，但你编辫子的手法也阐明了同样的道理，尤其是法式辫子。下面是我头发的两张照片，第一张照片是我把外侧发束压在中间发束之下，结成了法式辫子。第二张照片是我把外侧发束放在中间发束之上穿过，就结成了瑞典式辫子。

小时候我总是对如何编出发辫的不同图案很感兴趣，现在的我更是超级着迷，因为这与我从事的高维度范畴论研究有关。

我这项理论研究的出发点就是基于我们不仅关心某物是否发生了互换，而且关心互换的具体方式。如果它最终不具备互换的特性，那么为什么会这样？它具有“某种程度”的互换性吗？这些问题要比仅仅用是和否来回答“它能互换吗”微妙得多，也深奥得多。

我最喜欢的几个例子都发生在厨房里，如果打算制作蛋黄酱，你就需要先准备好蛋黄，然后缓慢地加入橄榄油。如果反过来，你把蛋黄倒入橄榄油中必然会失败，因为二者不能互换，甚至没有丝毫互换的余地。了解食物制作过程中哪些东西可以互换、哪些东西不可以互换非常重要，这样你才能知道什么时候必须按顺序添加什么东西。当我制作巧克力慕斯的时候，重要的一步是把蛋黄（缓慢地）倒入融化的巧克力，而不能把巧克力倒入蛋黄，这有利于巧克力凝固。在制作提拉米苏的时候，我曾经尝试把马斯卡普奶酪加到蛋黄混合物中，但是反过来把蛋黄加到马斯卡普奶酪中的效果更好，因为这不会让奶酪结成块状。有人说微微加热也能避免结块的现象，但我尝试之后发现整块蛋糕变成了一摊稀泥，太让人失望了。（现在肯定有人想和我分享制作提拉米苏的诀窍，但我在这里可不想讨论厨艺。）

在抽象的数学领域，我们希望能通过研究那些几乎有效的案例来寻求对问题更细微的理解。对于交换律，我们严肃地接受了 4 + 2 与 2 + 4 并不相同的事实，二者只不过产生了相等的结果。经过仔细分析计算的过程，我们发现二者的关系可以用交换积木的位置来类比，然而我们也注意到，让积木彼此交换位置存在两种方式。

于是就出现了一个新的问题：这两种交换位置的方式算是相同的吗？

问题变得越来越有趣了，因为这取决于我们要不要引入一个更高的维度。到目前为止，我们认为在一维空间里积木的位置无法互换，在二维空间里有两种互换的方式。如果进入三维空间，我们就会发现这两种互换方式是相互关联的。我被更高维度的数学吸引，因为当我想了解答案的细微之处时，这些问题一直在推动我。

接下来我想要简要介绍一下交换律的故事在我的研究领域的发展历程。我们已经深入一层又一层的抽象概念，所以下面的内容或许会令人生畏——你可以随意浏览这一部分，或者只看看图形。传统观点认为，很难向非数学专业人士解释数学研究理论，因此没必要做这样的尝试。但是我觉得这样做还是有意义的，即使只是想了解一下事情的进展，并有机会激发出人们的一丁点儿兴趣。这就像我很喜欢阅读 Alinea 餐厅的烹饪手册，尽管这些菜谱几乎完全超出了任何普通家庭厨房的技术范围。我尤其喜欢这样的鼓励式注释，“没有冷食反扒炉也不用担心，可以用液氮替代”（因为我们肯定都在厨房里放液氮）。不过，我仍然喜欢欣赏美食的照片，还喜欢阅读主厨格兰特·阿卡兹和他的团队在厨房里的工作故事。下面几个段落的内容或许让你摸不着头脑，但至少能让你对纯粹的数学研究产生一丝兴趣。

数学发辫

在抽象数学领域，我们会研究一般意义上的交换律，而不必指明是加法还是乘法。我们非常重视物体空间位置彼此交换的思想，比如下图 A 和 B 交换位置的过程：

之后我们开始想象一些变化，就如同真的在摆弄几根绳子。如果有 3 根绳子，我们可以把两根并在一起与另一根交叉，最终的效果和我们分别用两根绳子之中的一根与第三根绳子交叉相同。这个过程可以表示为以下的辫子等式：

我们还可以让一根绳子与另外两根并在一起的绳子交叉，这与一次交叉一根绳子的效果相同：

我希望你能让自己相信，如果这是现实世界中相互交叉的 3 根绳子，上面等式所表明的构造与你的直观感受并无不同，因为你可以拉紧或移动某些绳子，让左边的构造变成右边的构造。这就是我们在数学中认定辫子结构“相等”的含义，即它们之间的差别仅在于移动和拉紧，而与解开和重新缠绕无关。

这个解释其实不大严谨，也有些模糊，但是可以借用埃米尔·阿廷于20世纪中期提出的某些辫子理论使其合乎严格的逻辑。这项理论指引我们如何利用“基本构成要素”来编织辫子结构。下图的基本构成要素就是一个简单的交叉：

重要的是，一根绳子与另一根绳子交叉——如果它们交叉两次，并不等于什么都没有发生，尽管A和B最终都回到了原来的位置，因为两根绳子阻挡了彼此的路径：

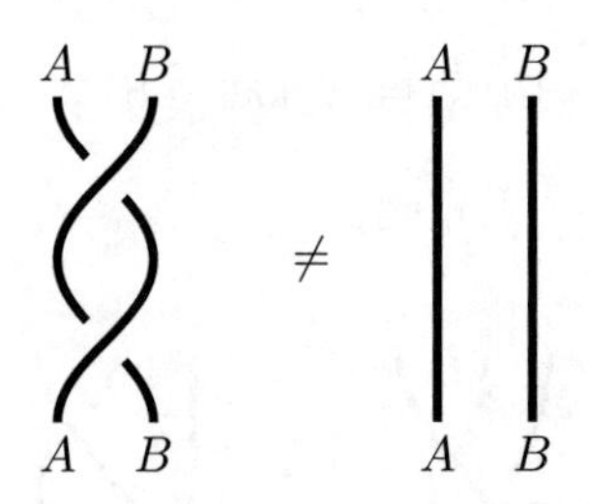

这些辫子的确表明了A和B彼此交换位置的过程。

要想撤销这个交叉过程，我们需要使用“反向交叉”：原本右侧的绳子从左侧的绳子上方穿过，而反向交叉时左侧的绳子要位于上方：

这等于逆转了最初的交叉，因为如果你先后完成了这样的两次交叉，两根绳子就会各归原位。这在辫子的概念里等同于什么都没有发生。

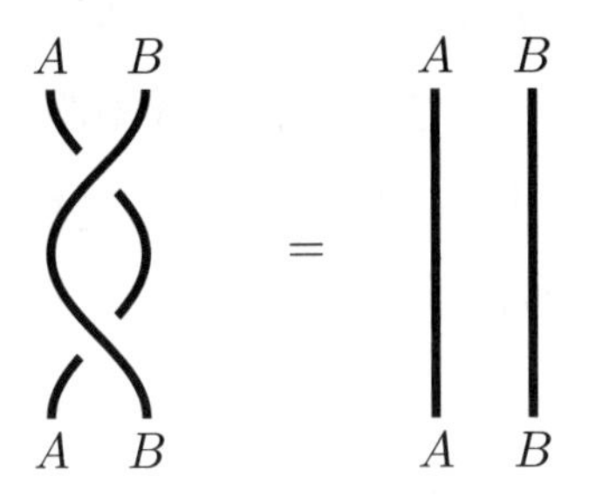

就如同你在编辫子时，左边那绺发束如果不跟任何发束交叉，它就会孤零零地散在一旁。

请注意，基本交叉的定义存在一定的主观因素，我们也可以说后者是基本交叉，前者是反向交叉。整个论述过程因此就会发生掉转，但整体结构不受影响。

现在我们就可以重复利用这两种交叉方式（基本交叉和反向交叉），来梳起一个长发人士经常使用的基本的三股辫子。我们先让右边两个发束基本交叉，再让左边两个发束反向交叉，之后重复这个过程。下方左图展示了具体的步骤，如果我们把发束“拉紧”，就会出现右图平滑的辫子结构。在数学意义上二者相等，因为我们并未改变发束交叉的方式，只是将其拉紧了。

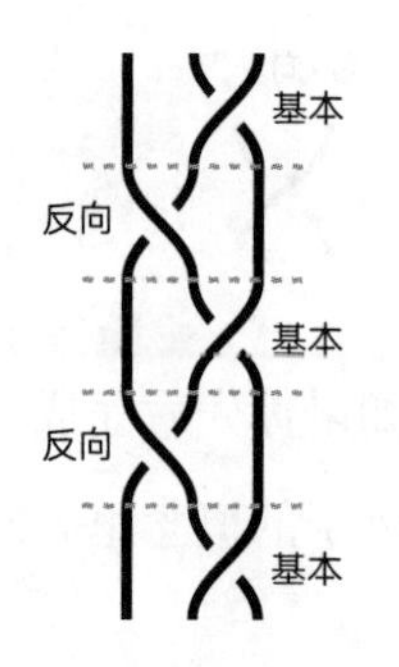

我们可以把基本交叉想象成数字 1，即整数的基本构成要素。反向交叉就像数字 -1，它在加法的世界里能与数字 1 相“抵消”。我们可以用这些来构建所有的整数世界（包括正整数和负整数），也能利用基本交叉和反向交叉构建所有的辫子结构。然而，编辫子存在更多的可能性，因为我们有机会使用数量更多的绳子，所以不能仅考虑两根绳子相互缠绕的各类情形。

使用更多的绳子的情形之一就是辫子面包。我虽然算不上面点专家，但也曾饶有兴趣地尝试制作辫子面包：

我最熟悉的辫子面包是哈拉面包，但我毕竟不是犹太人，做不出最正宗的版本，因为它不仅是一种面包，也是一种宗教仪式。当然，辫子面包并非犹太人独有，瑞士民间传说称它源于一项古老的

父系社会传统：女人在丈夫去世后必须陪葬。后来这项传统变得更加人性化（但在我看来依然带有性别歧视和愚蠢的色彩），女人只需要把她的一束头发编成辫子与丈夫一同下葬，最后变成了一个金黄色的辫子面包，这就是瑞士的辫子面包（Zopf）。另一种说法称辫子面包不容易变质，我猜原因在于每一根面束都形成了一层外壳。但我很难相信这个理由，因为切开辫子面包后的横截面都是一整块面团，看不到每根面束的样子。

辫子面包的制作过程让我很着迷，我建议你去看看相关视频，观察重复的动作是如何塑造出面包上的图案的。[1] 软软的面团在烘焙师的操作下变来变去，让我有一种满足感，把这种手法转变成数学模型的过程更让我着迷。面包视频的目的是让更多人能复制其编织的过程，而数学表述单纯是为了确保严谨性。

对数学来说，重要的是证明图形推理具有逻辑上的正确性。在这个例子中，我们可以利用直觉把辫子想象成现实中的辫子。我已经提到，如果通过“拉紧”的方式能把一种辫子变成另一种辫子，二者就被视为“相等”。但是如果我们让一根绳子与一个交叉再次交叉，或者让两个交叉相互交叉，这种“相等”的现象就会变得更加复杂。对于常规的发辫来说，任何一股发束都无法绕过其他发束，这就是为什么它是一种安全的扎头发方式。但是在其他辫子结构中，我们或许可以让某些辫子自由运动，观察其展现出的差异，同时不需要改变端点的位置，也不需要解开或重新缠绕。在这种情

1　我喜欢这个网站：thebreadkitchen.com。

况下，我们也认为辫子是“相等”的。

例如，你如果仔细观察下面两张图或许会发现，把左图绳子的位置稍加移动，不需要解开或重新缠绕，就能呈现出右图的样子：

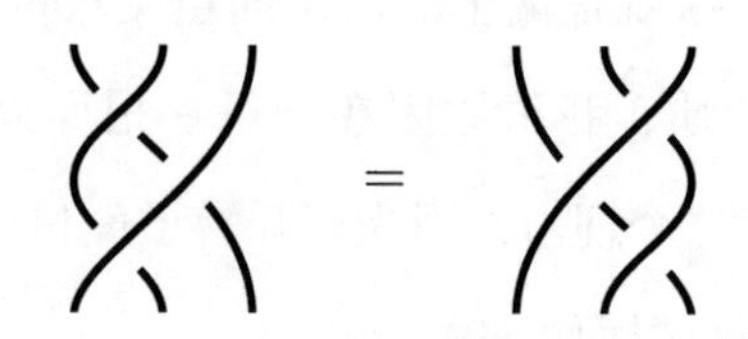

你可以采用这样的方式来观察两个图形：起点在右侧的那根绳子位于最上方，没有绳子从它的上方穿过，它的终点是左下角。起点位于中间的那根绳子路线比较曲折，但终点还是到达下方中间的位置。最后是起点位于左侧的那根绳子，它在最下方，没有压在任何一根绳子之上，终点是右下方的位置。我始终相信，观察并思考这两个图形就是在学习数学，尽管你既没有计算和解答，也没有处理任何数字。

这意味着我们可以先选取左侧那根最底层的绳子，把它向下拉，然后把中间那根绳子拉到右侧，最后让最上层那根绳子向左移动，这就变成了右侧的图形。然而，这只是图形带给我们的直觉，并不正规，因此证明逻辑与直觉相互对应就变得非常重要，这也是我在范畴论中的一项重要研究成果。

范畴论中的辫子

在讨论普通乘法里的普通交换律时，我们只有两个选择，要么互换要么不互换：

$$a \times b = b \times a \text{或} a \times b \neq b \times a$$

但是如果想要深入理解乘法互换的过程，我们就需要一种更富表现力的代数表达式。我们需要一种介于“等于”和“不等于”之间的关系，这样才能判定和记录积木相互之间移动的抽象过程。范畴论就提供了这样一种代数表达方式。

这里的“范畴”（category）不是英语中的一个单词，而是一个数学术语。它是研究对象间的关系而非对象本身的一个数学分支。在范畴论中，这些关系通常用箭头来表示，被称为“态射”，因为它们往往表示一种“形态”变成另一种“形态”。于是我们可以把交换律写成这样一个过程：

$$a \times b \longrightarrow b \times a$$

但是我们通常会使用这个符号⊗，它可以代表乘法、加法或者其他运算过程，就像我们用字母取代数字一样，这样我们就可以笼统地谈论数字而不必谈论具体数字。现在我们用一个一般意义上的符号⊗来取代特定的运算符号，比如 + 或 ×，还继续用字母来表示数字、物体或其他任何对象。于是我们可以把 A、B 两个对象放在一起，表示为 $A \otimes B$。抽象数学中的抽象概念真的是在一层层地叠加啊。

这样的抽象理论还让我们有机会用符号来表示更多的事物，比如类似于乘法的关系，尽管它并不是严格意义上的乘法。我们在第 1 章讨论过非数字相乘的可能性，比如图形与图形相乘。有太多的事物可以在某种意义上相乘，范畴论就是将这些概念本身作为一个抽象结构来研究。一组具有某种乘法关系的对象集合被称为“幺半群”。如果这种所谓的乘法可以互换，它就被称为“可交换幺半群”。一个包含了某种乘法关系的范畴叫作“幺半范畴”，它就是一个范畴与一个幺半群的交叉。

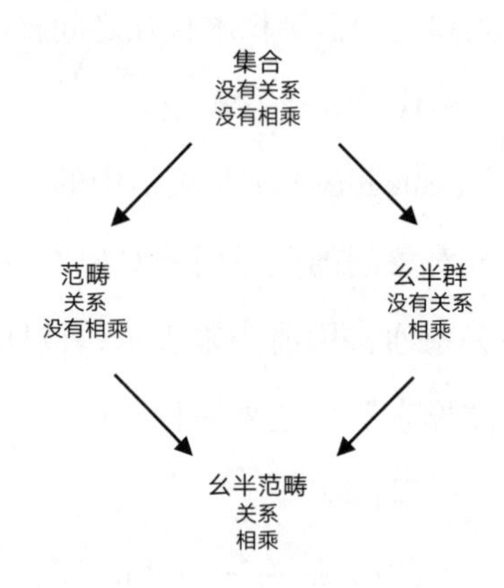

互换的过程可以被表示为一种状态向另一种状态逐渐演化的方式，在范畴论中被称作“辫状结构”，灵感来自我们编发辫的过程，每一股发束都记录下精确的走向。在范畴论中，我们可以把辫状结构写成一个过程，或者一个态射，比如：

$$A \otimes B \longrightarrow B \otimes A$$

它表示 A 与 B 相互交织运动的过程。我们要求辫状结构必须符合一些基本的规则，这些规则与我们上一节的图解相对应，只不过我们需要用代数而非图形的方法来表示。由此产生的代数结构被称为“辫状幺半范畴”。

我们接下来要证明，如果两个辫状图被视为“相同的辫状图”，那么它们将表示与该范畴中的代数方法所表示的态射相同的态射。

这在范畴论中被称为“一致性定理”，因为我们要借此来判断各种不同的推理方式是一致的。

一致性定理让我深为着迷，因为这表明对同一结构的不同推理方法是等价的，我们因此可以充分利用二者的优势。如果一个是代数方法，一个是图形方法，那就意味着我们可以同时获得不同形式的直觉。

这让我想到了生活中那些令人心旷神怡的连贯现象。记得有一次，我高兴地发现一家商店里的橄榄瓶盖竟然能盖在另一家商店里的橄榄瓶上。四处寻找匹配的瓶盖（当时我正在重复使用瓶子）的确令人疲惫不堪。我的脑海中有一个关于哪些品牌的瓶盖能交换使用的印象，我最近（无意中）发现是蓓妮妈妈果酱瓶和克劳森泡菜瓶。

看起来我们总是要借助（强大的）视觉直觉来引领（孱弱的）代数直觉，在低维空间或许的确如此。但随着空间维度的增加，我们的视觉直觉会突然达到极限，我们只好转而依赖代数手段。

高维度空间里的辫状结构

我们也许可以再上升一个维度，并且仍然可以用形象化的方式进行想象。我们还是在讨论交换律，所以我们的直觉感受依然是把积木滑来滑去。到目前为止，我们已经看到以下这些维度：

- 在一维世界中，积木被固定在单一的路径上，相互之间不能交换位置。

- 在二维世界中，积木可以在两个不同的方向上交换位置。

在我们思考两种交换位置的方法是否被视为相同的时候，请允许我提醒，这取决于我们所在的空间维度。像往常一样，关键的问题依然是什么才算“相同”。如果我们让左侧的积木绕着右侧的积木滑动，依然是同样的方向，但再往上走一点儿，这真的重要吗？

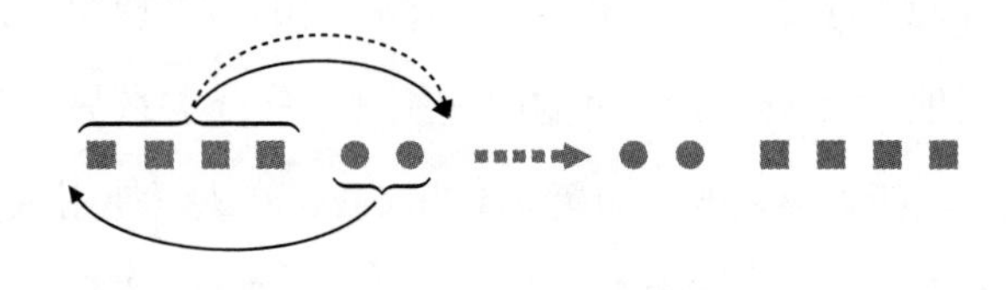

我们打心眼里不觉得高一点儿还是低一点儿有什么区别。在二维空间里，我们只承认两种交换位置的方式：从上边绕过去还是从下边绕过去，而不用操心它们在上边或下边的位置。如果觉得好笑，我们还可以让积木绕几个圈，但无论如何我们不会关心确切的绕圈路径。

现在假设我们进入了三维空间，我们不但能让方形积木向更上方滑动，还能让它们离开纸张。同样的道理，这也不能算作完全不同的方法。你可以让它们离纸张越来越远，然后从空中慢慢降落，最终重新落回到纸张上，但位置是在圆形积木的下方。所以在三维空间里，从上边绕过去和从下边绕过去似乎没什么区别。

另一种思考方式是，如果你看到两个人在地面上（二维）绕圈行走，我们可以明确判断出他们行走的方向是顺时针还是逆时针。但如果是两只鸟在空中（三维）相互围绕着对方飞来飞去，那就不存在“顺时针”和“逆时针”的概念了，因为没有一个（时针所依赖的）固定的平面，所以方向完全取决于我们观察的角度。

从数学意义上说，我们无法在三维空间里识别顺时针和逆时针，因为有一种方法能让顺时针路线“态射”成逆时针路线。我们一开始认为，把 2 + 4 变成 4 + 2 存在两种方法，而现在又出现了一个更高维的版本。

现在我们已经采用了一些态射的方法，结果发现我们可以依次把一种变化态射成另一种变化。现在问题有点儿令人难以置信了，因为我们可以采取两种方法来进行更高级别的态射：我们可以把最初的路径拉向我们（远离纸张），然后放到页面的下方，或者我们可以将其向后推（进入纸张），同样放到页面的下方。或许就像交换律一样，我们不关心采取哪种方法，只知道存在这种可能性。也或许如同辫状结构，我们想要记录下不同的路径，并进行测量。为了做到这一点，我们就需要一个新的范畴论维度。于是我们就来到了二维范畴，高级别的交换律态射被称为“异叙”。尽管这是一个二维范畴，但它源于我们对三维空间路径的思考。

最终出现的结构被称为“异叙幺半二范畴”——几个单词的概念排列在一起，这绝对是令数学很难被理解的原因之一。但我们的确是逐渐将这些概念构建起来的，每一个新的概念都基于对前期问题的理解。我们有了一些研究对象，想要了解它们之间的关系，于是创建了一个范畴。我们想要理解乘法等概念，于是有了“幺半群”结构。我们想要增加一些微妙的变化，于是有了二维范畴。我们想要记录实现交换律的各类过程，于是有了辫状结构。我们想要测量把一种辫状结构态射成另一种辫状结构的方法，于是有了异叙。

我们感兴趣的问题	→	数学结构
关系	→	范畴
乘法	→	幺半群
互换过程	→	辫状结构
比较互换的过程	→	异叙

如果你的大脑还没有燃烧，你或许还可以猜测、设想、预计或推断这个过程还在继续。在这么多的维度中，从前方异叙和从后方异叙要么相同要么不同。如果有另一个维度，我们就可以测量具体的路径，有两种方法。如果再上升一个维度，我们就可以测量它们之间的差异，以此类推。最终的结果就是无穷维度范畴论中具有细微差别的交换律理论，这就是我的主要研究方向：如何理解、组织、分析这些细微差别。因为视觉直观感受虽然可以在二维和三维空间助我们一臂之力，但到了无穷维度就无计可施了，所以我们只能回到严谨的代数学方法上。

如果要把所有这些问题解释清楚，那就肯定不止本书现在这么多内容了（前面的一些内容或许已经超出本书真正要讲的范围）。如果你觉得你的大脑快要爆炸了，那么你可能是对的，因为这些问题也时常让我感到脑力不支。问题的答案肯定不是显而易见的，但与此同时，我们可以通过描绘我们周围熟悉的三维世界来获得一些直觉。这个过程给我带来了无穷的乐趣。

这类研究甚至有一些直接应用的机会，因为它与空间中的路径和物体交换位置的方式有关。尽管我们生活在一个三维的物理世界中，但更高维度的空间其实也与我们息息相关。我以前写过这样一个事实，一个具有多个铰链的机械臂在更高维度的空间有效地运行，因为每个铰链都需要一个坐标来指定其位置。我们自己的手臂能做出各种复杂的动作，是由肩膀、肘部和手腕决定的，每一处都有前后、上下、左右的空间定位，可能还有一些旋转。手臂本身位于三维空间，但所有这些数据可以更准确地描述出它的运动，这些数据可能是八维甚至更高维度的。因此，高维空间里的路径就是机器人科学的重要研究内容，抽象高维空间的路径理论也能帮助我们了解类似计算机这种复杂的系统何时将崩溃。过程在抽象空间中可以被描述成路径，路径冲突就会导致崩溃，就像你从一个编织紧密的发辫里强行抽出一绺发束。

但我不想过分关注这些实际用途，因为这不是推动我继续研究的动力，也不是推动纯粹数学理论发展的动力。驱动我和整个纯粹数学进步的是它的神奇、有趣和神秘。所有这些都来自我对积木滑动相互经过时的视觉表现的思考，以及随之而来的敏锐嗅觉。

抽象结构的视觉表达

以视觉方式呈现抽象结构的力量极为强大，因为它能唤醒我们的视觉直观感受。但更重要的是，它也能让我们在面对同样的抽象结构时以不同的方式调用视觉直觉。

我最喜欢的例子是标准伦敦地铁地图。出于版权原因，我无法在这里展示它，但我希望你能想象或者找到这张地图，来了解我想要说明什么。它的设计非常清晰，服务于特定的目的，即让人搞清楚地铁将如何从一个地方开到另一个地方。然而，这份地图所标注的地理位置并不准确，如果有机会看到严格按照地理位置绘制的地铁图，你会发现你很难读懂它，你反而会赞叹伦敦地铁地图的精妙之处。最早期的伦敦地铁图并不是这样的，1931 年一名制图员哈里・贝克受绘制电路图的启发设计出这种地图。电路图只关注各个部位之间的连接，而非物理位置。贝克意识到地铁图也可以沿用这样的思路：标准地铁图所展现的重要结构只表示各条地铁线路之间的连接，而不是它们真实的地理位置。于是他改变了原有地图的布局，只保留了正确的连接关系。这样的改变遇到当局的一些抵制，但是试用版受到了乘客的欢迎。

变换物理位置但保留原有关系的思路，类似于我们前面给 30 分解因子绘制的 8 的因子图。我们可以这样开始：8 的因子是 1、2、4、8，8 等于 2×4，因此可以用下图来表示：

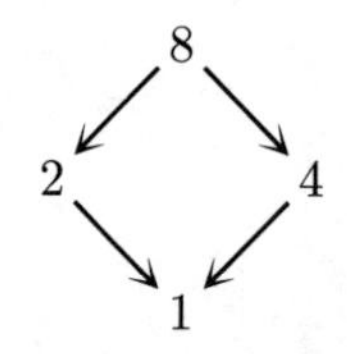

但是好像缺了一层关系：2 也是 4 的因子，这里却没有体现出

来，于是我们可以添加一个从 4 到 2 的箭头。接着我们发现了一些冗余：8 就像 2 的祖父，所以它们之间不需要箭头，通过 4 就可以推导出来。同样我们也不需要从 4 到 1 的箭头。于是我们就得到这样的一个 Z 字形图：

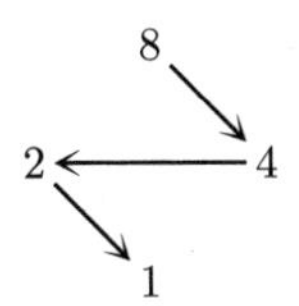

抽象结构至此都已就位，但在物理位置上还有所欠缺：它其实并不需要摆成 Z 字形。抽象的关系完全可以是一条直线，所以我们干脆把它拉成一条直线：

$$8 \longrightarrow 4 \longrightarrow 2 \longrightarrow 1$$

就像伦敦地铁图，我们改变了物理布局但保留了抽象的结构关系。这种灵活性具有重要的意义。有时候我们会发现自己画出来的图形不那么直观，就像这样：

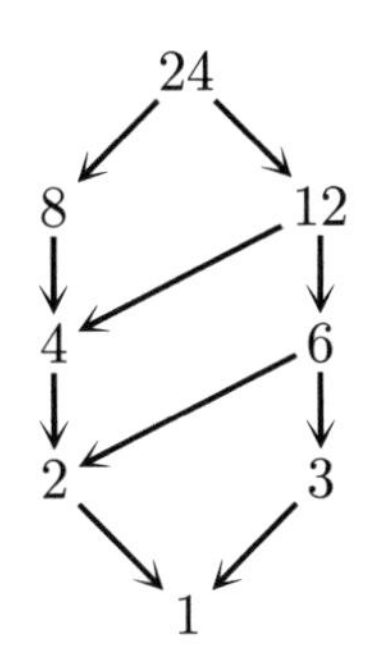

但稍作改变之后它就变成了 3 个并排堆叠的正方形：

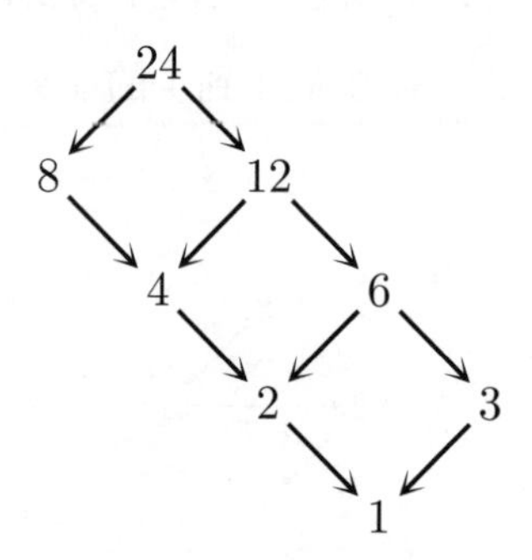

如果视觉符号能保留一定的物理灵活度，它就具有强大的功能。我们可以想一想家谱的排列方式，一代又一代家族成员必须按部就班地出现在一个页面上：

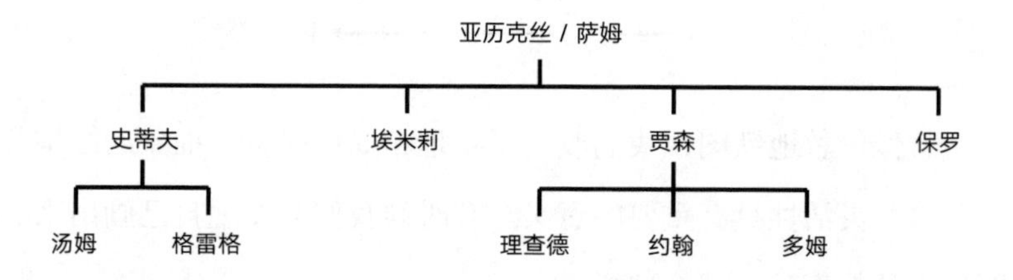

在范畴论中，对象之间的关系用箭头来表示，而不取决于对象在页面上的位置。这样做的一个结果就是，我们可以随意改变对象的位置而不会改变我们试图表达的意思。例如，我们可以用下列任何一种方式画出 8 的因子图解，它们表达的都是相同的抽象概念，但是不同的视觉表现可能会引发不同的情感联系。

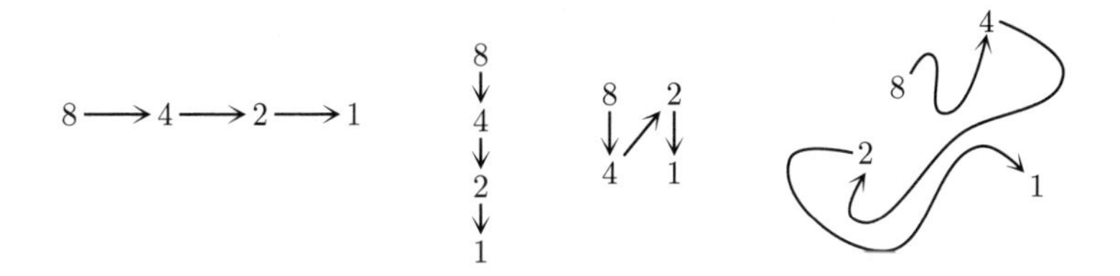

有些例子只是杜撰的，目的是说明问题，但是这些观点可以作为我们深入推理的强大工具。下面的例子来自我个人的研究，同样的关系用不同的方式来表现，就会产生不同的视觉效果。就我们讨论的目的而言，图解的具体含义并不重要，但从图形来看，我希望你能感觉到，这个版本的图解在几何学上并没有表现出太多意义。

$$
\begin{array}{ccccc}
 & & T^2B & & \\
T^2A & \xrightarrow{\mu_A^T} & TA & \xrightarrow{Tf} & TB \\
\downarrow Ta & = & \downarrow a & \Swarrow \tau & \downarrow b \\
TA & \xrightarrow{a} & A & \xrightarrow{f} & B
\end{array}
\quad = \quad
\begin{array}{ccccc}
T^2A & \xrightarrow{T^2f} & T^2B & \xrightarrow{\mu_B^T} & TB \\
\downarrow Ta & \Swarrow T\tau & \downarrow Tf & = & \downarrow b \\
TA & \xrightarrow{Tf} & TB & \xrightarrow{b} & B \\
 & \searrow a & \Swarrow \tau & \nearrow f & \\
 & & A & &
\end{array}
$$

但是如果我们稍加改动，它就变成了一个立方体：

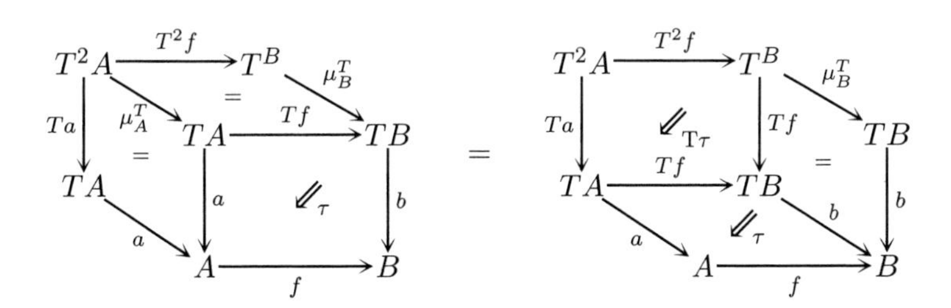

这是一个强大的想法，它能帮助我们更好地理解抽象概念，然而遗憾的是，它也可以被用来实现某些邪恶的目的：有人利用误导性视觉效果操纵毫无戒心的读者。这并不是严格意义上的错误，因为它依然表达了正确的逻辑概念，但被刻意扭曲的视觉效果左右了我们的思想。一个广为人知的例子是用下面这样的图形来表现数据变化的趋势：

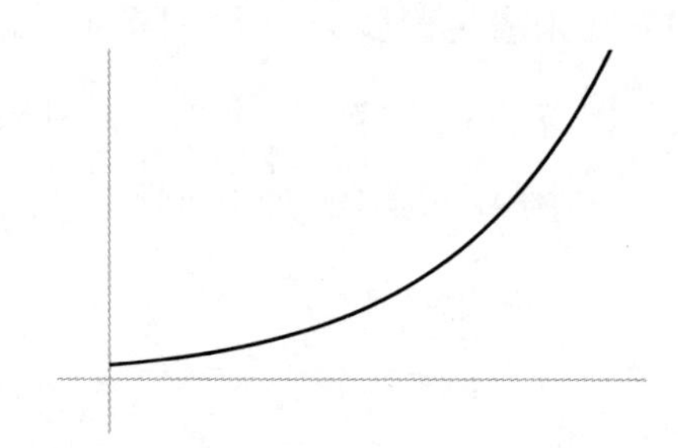

但仔细观察之后你会发现，纵坐标从 100 万开始。如果纵坐标从 0 开始，图形就会变成下面这样：明显没那么夸张了。

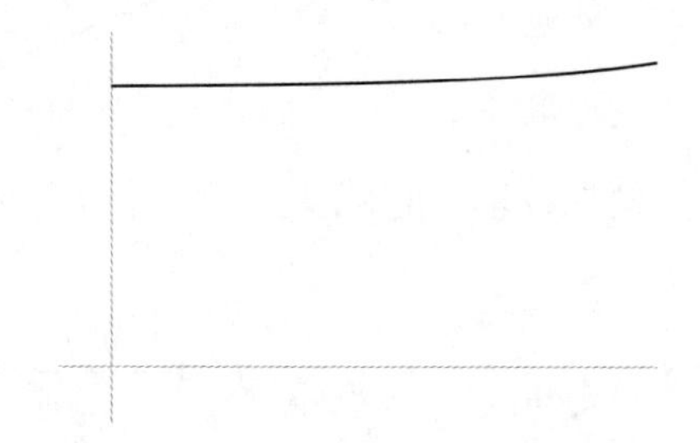

另一种视觉操纵手法是利用三维饼状图，也就是把圆形变成圆柱体。这样一来，我们自然会看到“前面”露出更多的面积，这可能会让我们产生前面“切片”数据量更大的印象。这种手法可以被用来刻意夸大前面部分的重要意义，同时弱化后面部分的意义。在下面的例子中，人们很容易忽略因“渗漏”而导致的水资源消耗。

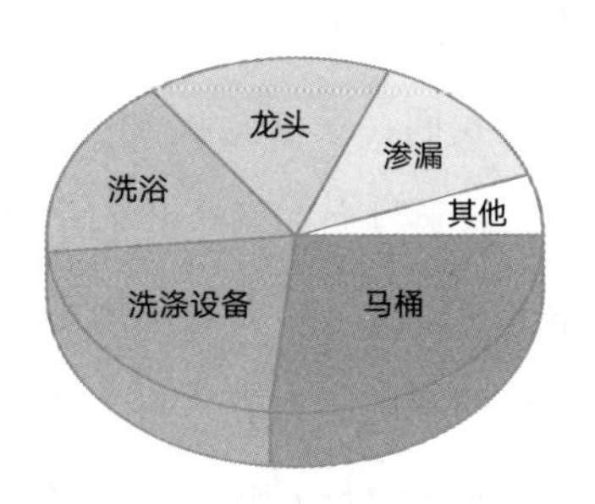

让我们觉得某些东西比实际尺寸更大的另一个例子，就是广为人知的世界地图的呈现方式。这个问题把我们带回到圆形与正方形的关系上，但是要上升一个维度，因为我们想要把一个（或多或少）球形的地球展现在一张平面纸上。形状失真必然不可避免，因此我们不得不尽量选择失真度最低的方法。针对不同的目的，球体的二维投影有很多种方法，其中最经典的就是“墨卡托投影”，它是导航的利器，因为它可以保持角度准确，这意味着你在前往某地时可以准确判断出前进的方向。然而，它的负面效果是某些地区的形状被严重扭曲，离赤道越远的地带，面积看起来就越大。这意味着北半球（帝国主义）国家在地图上的面积比实际大很多，而赤道附近的国家看起来要小得多。例如美国就被不成比例地放大，而非洲大陆的面积显得格外小。

在不改变理论内涵的情况下左右我们的情绪，这无疑是一种巧妙的操纵技巧。这种现象也出现在我们的语言中，不管是好是坏。用一个可爱的绰号来指代某样东西，能让我们对其产生温柔的感觉，比如，“毛球定理”是一个神秘的定理，“毛球”的形象让这个相当晦涩的概念变得栩栩如生，简单来说这项理论认为，当我们想要把一个毛球梳理平整时，我们必然会遇到至少一个无法梳理平整的点。另一个绰号是我们在第 4 章提到的“三明治定理”，它的意思是把一个匪夷所思的函数夹在两个我们早已了如指掌的函数之间，就像两片形状齐整的面包之间夹着不规则的馅料。

这种改变情绪认知的手段也被用于达成某些居心叵测的目的。美国“平价医疗法案”被共和党人贴上“奥巴马医改”的标签，因为他们知道，这件事一旦与奥巴马扯上关系，一些原本支持这项法案的人就会转变立场，只是因为他们讨厌奥巴马。因此出现了一些声称支持平价医疗法案但反对奥巴马医改的人，尽管二者本来就是一回事。

然而，如果专注于左右人们情绪反应的阴险手段，我们就看不到它是一个多么强大的工具。比如，当分析新冠病毒感染疫情期间的感染率时，我们可以用对数刻度取代线性刻度。这意味着纵轴的刻度值不再以数字的相同增量向上，比如 10、20、30、40 等等，而是变成以相等的倍数向上，比如 10、100、1 000、10 000。如果我们预期数字将以相等的倍数增长，而不是以相同的增量增长，那么这是个非常有用的方法。

下面是我们在前面讨论过的新冠病毒感染率趋势图（取动态 7 天的平均值）。左图是以 y 轴线性刻度绘制的数据，右图是以 y 轴对数刻度绘制的数据。

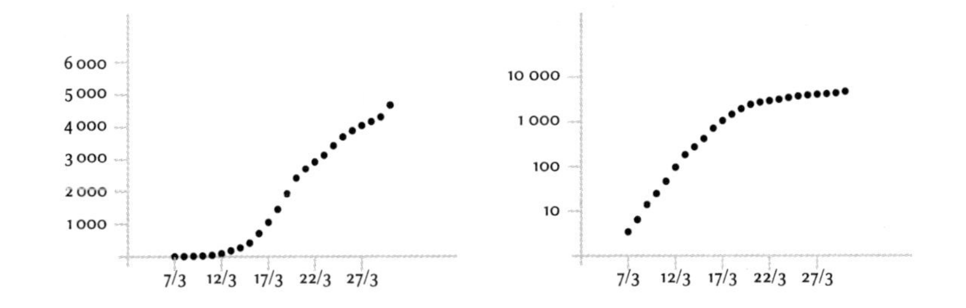

右侧的趋势图在一开始像一条直线，表明这是一条指数线，指数以常数倍增长，因此在 y 轴上以常数倍间隔来绘制这些点，看起来就是一条直线。相较于指数曲线，我们的眼睛更容易识别直线，也更容易察觉到增长趋势的放缓，因为我们能看到本应继续向上延伸的直线变“平”了。关键的是要时刻记住我们在使用对数刻度，有些居心不良的人在使用对数刻度时不做特殊说明，就是为了隐瞒数字急剧增长的事实。

这就是把抽象概念转化为图形所包含的真正力量。我们最好能透彻理解它是如何运作的，这样我们才能用最生动的方式表达我们的思想，也可以确保我们免受心怀不轨之人的操纵。我甚至会借助图形来了解自己生活的方方面面。

我的图形生活

我已经展示了一些我最喜欢的纯粹数学图形。本书的前言部分有一张图，描述了随着时间的推移我与数学课的爱恨情仇，以及我对数学坚定不移的爱。

这里还有一些我钟爱有加的图形，它们曾经帮助我了解自己生活的方方面面。我相信，从我所有的写作中你可以明显看出，我喜欢使用图形来表述抽象的概念，以帮助读者深入理解某些事物。我设计的很多图形都是用来向他人解释我的想法的，但是有些图形是真正用来帮助我理解自己的生活的，也可以用来给他人解释某些事情。

我的冰激凌满足感

下面这张图表示随着时间的推移冰激凌让我获得的满足感。

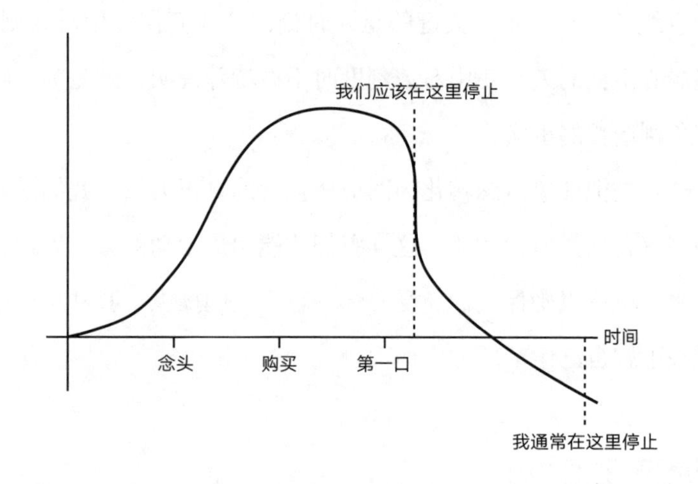

根据这张图，我在想到冰激凌的时候兴奋感开始迅速增强。冰激凌到手的那一刻兴奋感差不多达到了顶点，就连吃第一口的感觉也抵不上购买和期待的感觉。之后我的满足感急剧下降，但我还在继续吃手中的冰激凌，徒劳地想要留住那转瞬即逝的满足感。到了某一时刻满足感开始反噬，但可惜的是，我依然没有停止的意思，直到我因为吃了太多冰激凌而感到非常痛苦。

不管怎样，这的确是我的真实经历。画这张图让我相信，最好还是在吃第一口冰激凌之后，在满足感开始下降之前尽快住嘴。这样我就可以等到下一次最大限度地享受第一口所带来的满足感，从而达到兴奋的顶峰。这个道理为我打开了一扇神奇的大门，我完全可以把一桶冰激凌放在冰箱里，一次吃上一两口，这样一来，同样一桶冰激凌所带来的满足感的总和大大超过了我从前一口气把它吃光所获得的满足感。

睡眠

下面这张图是我的清醒程度与睡眠时间的比较。

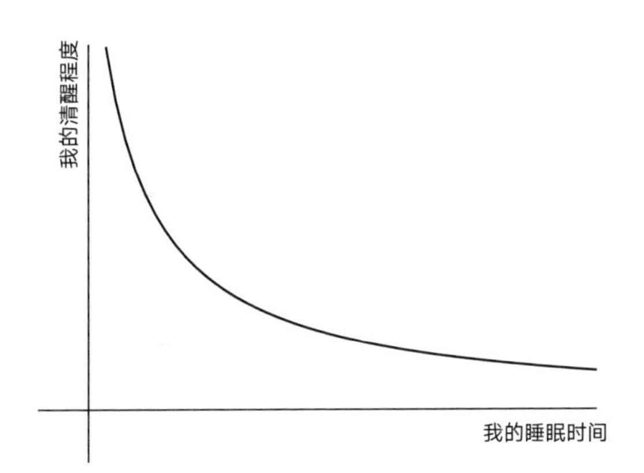

这是一个相当典型的反比关系：一物减少则另一物增加。我睡得越少就越清醒，这似乎跟我们的常识不一样，但如果我们从下面这个方向看待因果关系：

睡眠——→清醒

然而在现实中，对我来说，因果关系的方向是这样的：

清醒——→睡眠

显然，如果我很清醒，我就不需要太多睡眠；但如果我很疲惫，我就需要大量的睡眠。这个逻辑让我意识到清醒的程度与昨晚的睡眠关系不大，而是与最近几个星期总体的生活状态有关。还有其他一些在你看来似乎矛盾的现象，只是因为你从不同的角度考虑因果关系。如果一个行业，比如学术界，有很多贫穷从业者，女性和有色人种很少，那么这个行业更关心如何进一步包容贫困人群，而不关心是否包容女性和有色人种，这似乎是矛盾的。作为对当前行业包容性水平的回应，这种立场显然是没有道理的。但是如果你考虑到人们往往比其他人更关心自己的劣势，这就是有道理的，如果一个行业没有太多的女性和有色人种从业者，这个行业就不大会考虑女性和有色人种的福祉。

人

有些图形还能帮助我了解关于人的一些事情。我曾经参加过帕蒂·洛克教授的一次讲座，当时看到一张生动的数据图，内容是针对在线婚恋网站 OKCupid 用户的研究案例。这张图展现的是受访者眼中最具吸引力的约会对象的年龄情况，有女性对男性的看法，也有男性对女性的看法：

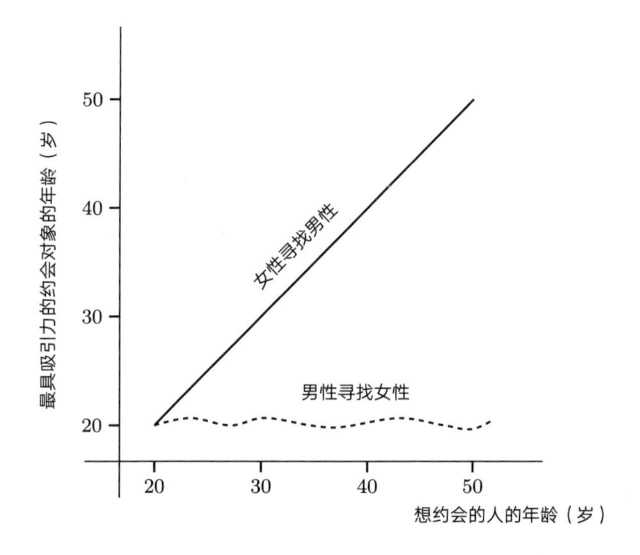

我只是凭印象画出这样一张图，你可以在洛克教授的网站上看到原图。[1] 她在演示过程中采用了颇富戏剧性的方法：她首先展示出女性对男性的看法，于是我们都想到了自己，“对呀，女人当然都喜欢和她们年龄相仿的男人”。然后她亮出了男性对女性的看法：男人无论多大年龄，都喜欢寻找年轻女人。观众集体翻起了白眼，如此生动的数据展示让现场爆发出一阵笑声。

对他人的关心

下图展示的是我对他人的关心程度和我与对方关系的紧密程度（实线）。

---

1 *Data Analysis in the Mathematics Curriculum*, 2018, available via https://www.lock5stat.com/powerpoint.html brockport 2018.

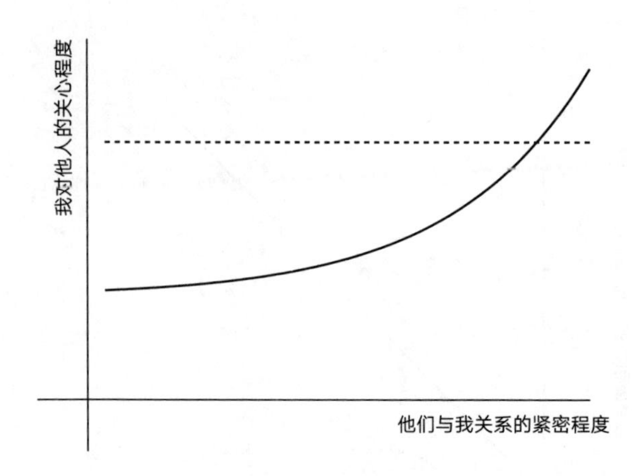

这张图表明我关心每个人，但我更关心那些与我关系紧密的人。我觉得这是人之常情，家人发生不幸要比与我从未谋面的陌生人发生不幸更让我难过。然而这样的态度也存在一些争议，因为一些有怜悯心的自由主义者哀叹我们只关心身边的人，对生活在地球另一边人的遭遇不闻不问。我的确认识一些积极主张平等关心所有人的人士，就是图中的那条虚线。对这些人的主张我没有异议，但是这张图让我看到友谊能带来一些有趣的互动。

悲伤

这里有一张图帮助我了解为何我们会有悲伤的情绪，以及我们该如何防止它出现。下面需要更多的叙述性解释，先看看它的样子：

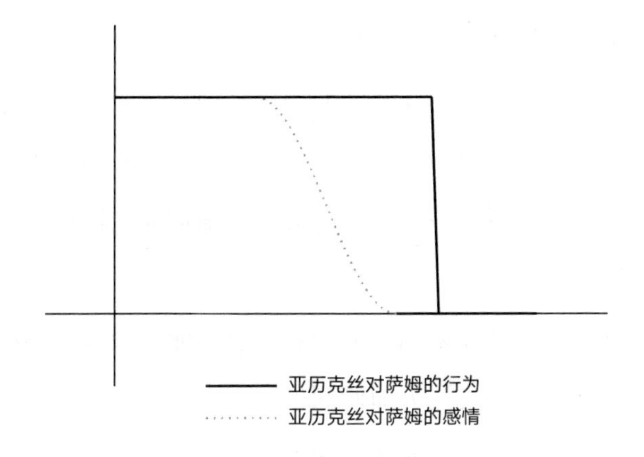

有些关系不可避免地会走到尽头，但几乎所有的悲伤都源于人们跌入感情的悬崖。然而，人们通常不会在一夜之间恩断义绝或移情别恋，感情的破裂往往是在一段时间内逐渐发生、发展的。沿袭前面的例子，我称呼这两个人为亚历克丝和萨姆。图中的虚线表示亚历克丝对萨姆的爱意逐渐减退。问题在于，尽管逐渐心灰意冷，但亚历克丝依然表现得一如既往，至少萨姆的感觉是一如既往。之后亚历克丝的爱跌入谷底，再也无法维持这段感情，萨姆这才猛然醒悟，对亚历克丝的心态认知发生了彻底的翻转，进而从感情的悬崖上跌落，就是图中的那条实线。

或许实际的情况是，亚历克丝在对萨姆逐渐心灰意冷的过程中一直有新欢，只是不想跟萨姆开诚布公，直到另一份感情已经牢不可破。也或许亚历克丝早已对二人的生活失去幸福感，但不知道原因出在哪里，也不想捅破这层窗户纸，担心萨姆会有过激的反应。于是亚历克丝只能装作一切如常，直到有一天发现再也无力继续这种同床异梦的关系。

无论是哪种情况，我都认为关键在于确保实线与虚线之间不会出现间隙，这样就不会出现感情的悬崖。但是这需要亚历克丝的自我意识，还需要双方之间的信任，他们可以开诚布公地表达自己的感受。或许这本就不是一段美好的关系，他们无法用这种方式来解决感情问题。

如果亚历克丝已经来到感情的悬崖边，而且没有足够的自我意识，那么该当如何？我认为即使到了这个时候，最好的做法也是小心翼翼地搭建一个缓坡，就像下图那条新的虚线：

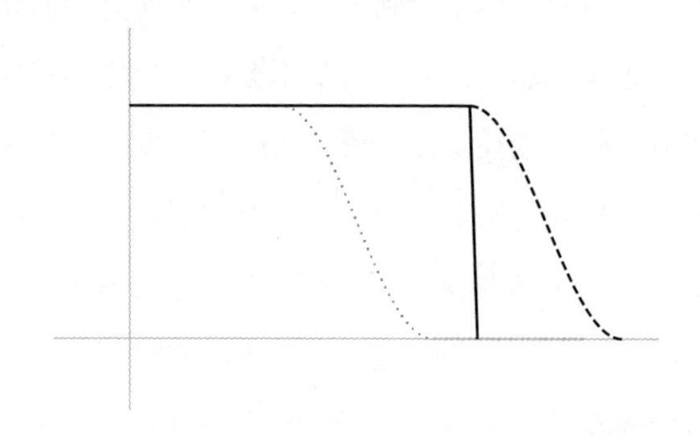

这条虚线对应了最初感情逐渐消失的过程，尽管是在事情发生之后。有很多人反对这种做法，说这是不诚实的行为，但是我觉得，亚历克丝最初隐瞒第一条虚线已经构成了不诚实的行为。而且，以不诚实的方式搭建一道缓坡，是为了保护另一方免受伤害，在这种情况下，不诚实可能是合理的。换个方式来说，诚实不是伤害他人的正当理由。在生活中，我们为了照顾他人的情绪，或者为了表现出我们的礼貌、善良，我们可以采取很多方式隐藏我们直截了当的诚实。事实诚实与情感诚实不同。如果有人送给你一件你不大喜欢的礼物，但是你说自己很喜欢，这就是事实谎言。但如果你感谢对方的好意，这就是情感诚实。同样，如果有人说：“你喜欢我的新发型吗？”说喜欢或许构成事实谎言，但如果你真正的意思是希望支持和验证对方的选择，这就是情感诚实，而这些选择与你无关。

把感情悬崖改造成一道感情缓坡同样是事实谎言，但如果你不想让自己成为一个糟糕的人，也不想为这个世界带来更多悲伤，那么搭建一道感情缓坡就是情感诚实。有时我会想到莎士比亚的十四行诗，或者更久远的卡图卢斯的诗句，并惊叹于我们人类依然像数千年前的人类一样在彼此伤害着对方。如果无法学会该如何停止伤别人的心，我们所做的一切努力——学校里传授的知识、技术的进步、外太空旅行、高耸入云的摩天大楼、无穷维度的范畴——都将失去意义。

这并不是学校里的数学课曾经教授的内容，但我多么希望它是啊，我自己就把这部分内容作为艺术系学生数学课的结尾。一名学生后来写信告诉我，她给朋友们讲述了这张图的故事，而且仅凭这张图她就说服了几个朋友开始选修我的课程。

如果感受不到与数学的任何缘分，你的确很难把它学好。对有些人来说，所谓的缘分就是找出正确的答案并受到表扬；有些人觉得摆弄数学符号乐趣无穷；有些人觉得数学内在的逻辑给人一种满足感；有些人觉得学以致用的过程令人兴奋。但是还有些人在数学方面从未受到过表扬，符号和逻辑令他们望而却步，他们对学以致用也很冷淡，他们或许更喜欢开放性的问题、生动的视觉形象，甚至喜欢数学的间接应用能揭示生活中通常被认为与数学无关的部分。如果我还没有把这件事讲清楚，请允许我再次强调：这是数学的一个重要部分。这些可能被当成“数学外行人”说的话，但这更接近专业抽象数学家的态度，我们这些专业的抽象数学家应当投入更多的时间和精力让人们知道这一点。

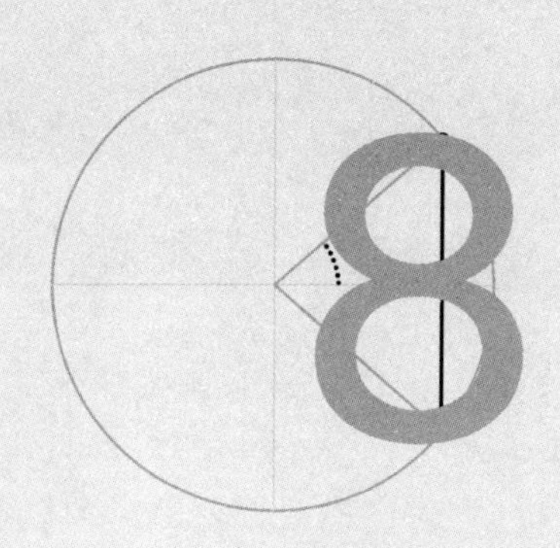

8 故事

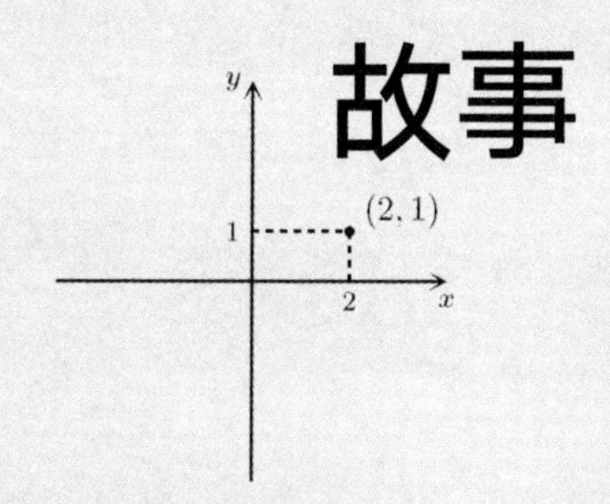

到目前为止，我已经讲了很多看似天真的问题是如何引领数学家开拓出抽象数学崭新分支的内容。现在我想另辟蹊径，看看现存的抽象数学理念是如何解决一些天真的问题，并把它们变成一个又一个引人入胜的故事的；看看我们是如何从一个简单的思想出发，最终越过高山、跨过海洋、飞上云端的。我不再赘述该如何开发崭新的数学领域，而是要讲述数学怎样带领我们踏上这段神奇的旅程。基本的问题仅仅是一个开端，就像寻宝游戏的第一条线索指引你在房间里转来转去，之后把你引到花园的尽头，然后穿过田野，进入广袤未知的荒原。这些只是抽象数学讲述的几个“睡前故事”，从一些看似天真或琐碎的问题讲起。不像其他一些问题，它们并不是那些天真的问题，它们本身就很深刻，它们是能引发具有深刻意义的数学故事的天真问题。

一颗星星有几个角

我们首先想象一个五角星。

我一直很喜欢画五角星，因为它是一个让笔无须离开纸面就能一挥而就的图形，我们只要用 5 条直线依次连接每个点。当然你不能按顺序连接每一个点，因为这样就变成了一个五边形，而是要每次跳过一个点去连接下一个点。这样的方法之所以能奏效，是因为 5 是一个奇数。但是用这种方法无法画出一个六角星。如果在一个圆上选取 6 个点，每次间隔一个点把两点相连，那么在把所有 6 个点都连起来之前，我们就已经回到了原点，而且会得到一个三角形。所以我们只能用两个三角形拼出一个六边形，而不能用连续的直线将其一笔画出。我在下面的图形中把一个三角形用虚线标出来，以表明二者相互分离的关系。

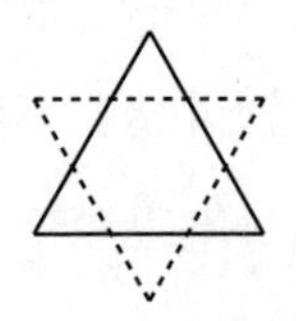

六角星是著名的大卫之星，是犹太教符号。

对于一个七角星，我们可以像五角星一样，用一条直线每次间隔一个点连接而成，因为 7 也是奇数。但是这里还有另外一种可能性：我们每次不是间隔一个点，而是间隔两个点，七角星依然被画出来了，但是变了一个样子。下面的两个图形都有 7 个角，但是连接的方式不同，因此角度也不同。

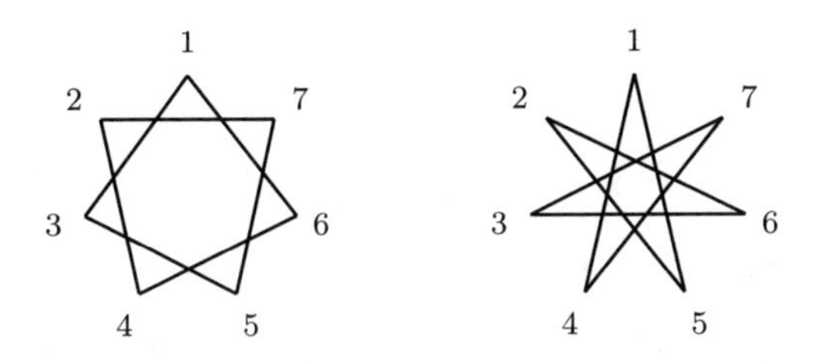

如果我们尝试每次间隔 3 个点，那么与间隔两个点的轨迹相同，只不过顺序反过来了，因此不会出现一个新的图形。所以我们一共有两种方法来画出一个七角星。

对于八角星，事情变得更有趣了。如果我们依旧每次跳过一个点，就得到了一个正方形，因此八角星就是两个正方形的错位叠加。

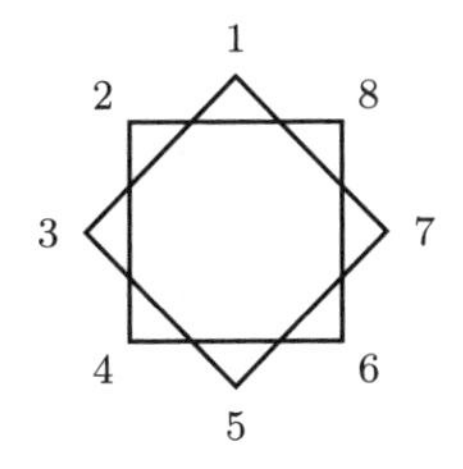

我们可以将其推广到任何偶数 $2n$ ：所有"$2n$ 角星"都可以由两个"n 边形"错位叠加而成。

但是我们还可以尝试一次跳过两个点，这基本上意味着三分制（跳过两个点，落在第三个点）。我们发现，采用这种方法的确能用一笔画出八角星。

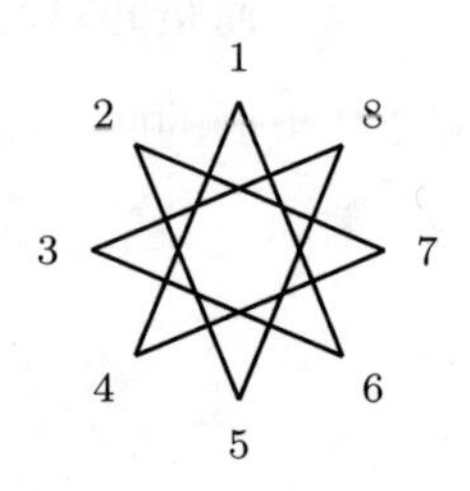

我觉得这是个有趣的涂鸦活动，但其真正的原理在于数字的因子。如果你均分所有的点，并以这个数字为基础跳跃连接，那么你在连起所有的点之前就会回到原点。如果你跳跃的点数并不是一个因子，但是与点的总数有相同的因子（1 除外），那就会发生同样的情形。例如，对于 10 个点，你以跳 4 的方式连接，在连接了 5 个点之后就会回到原点：你只需要 10 个点中的一半就可以得到一个五角星。所以，要画一个十角星，你可以利用剩下的 5 个点再画出一个五角星。

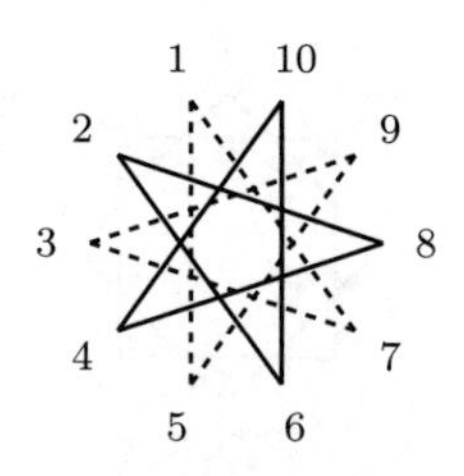

最大公因数的概念为我们揭示了其中的规律。两个数字的最大公因数是指二者共有因子中最大的一个。在上面的例子中，10 和 4 的最大公因数是 2，但 10 和 3 的最大公因数是 1。这意味着你在 10 个点中以跳 3 的间隔连接，就能在回到原点之前连接起所有的点。

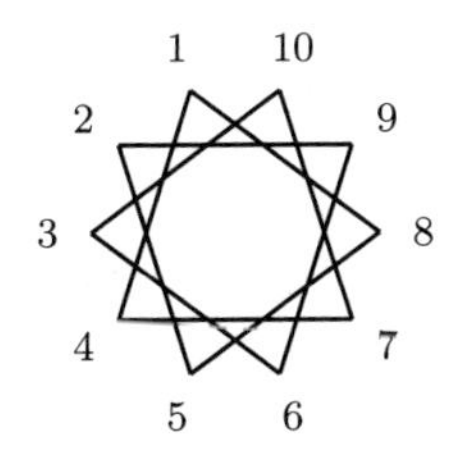

这让我想起我住在尼斯的那段时间，健身房每周日关门。也就是说，如果我每隔一天去一次健身房，每两个星期就会吃一次闭门羹。但是如果换一种方式，每 3 天去两次健身房，我依然无法躲开周日。似乎不管采取什么样的模式，我都无法避免周日健身的安排，除非我按周而不是按更少的天数来制订健身计划。这是因为 7 是一个质数，7 与任何比它更小的数字的最大公因数都是 1。

星星涂鸦带领我探索了最大公因数和循环模式的概念，它也让我开始思考角的概念。回到前面的问题，我们为什么管这个图形叫“五角星”？那些指向内部的角呢？它们就不算角吗？这颗星到底有几个角？

和往常一样，这些问题的答案取决于你如何定义“角”的概念，以及你的目的是什么。指向外部的角显然更“尖锐”，而指向内部的角更像一个缺口。尖锐的东西可能会伤害到你，指向内部的东西恐怕不会。（除非你本来就站在里面，在这种情况下事情正好相反。）

然而，我们在数学中的计数，无论是形状、角，还是分解因子的方法、三角形，我们首先都要判断什么是计数的对象[1]，以及哪些计数对象应该被认为是相同的。因此，当想要统计有多少个三角形的时候，我们首先要决定什么才算三角形（它的边必须是直线吗？长度必须大于零吗？），然后决定满足哪些条件的三角形才算是一模一样的。在抽象数学领域，这两个步骤是目前计数理论中最有趣的部分，而不是实际的枚举过程。

对于角我们不需要考虑哪些是相同的，但我们需要考虑什么才算是角。如果我们把朝里朝外的角都包括进来，那么这个星星就有10个角。这个说法也有一定的道理，尤其是当我们考虑图形的外在轮廓时，因为它就是由10条直线边组成的。

但是如果我们想要区分朝外和朝里的角该怎么办？如何从严格的意义上来定义“朝外”和“朝里”？一个方法是测量这个角的角度：小于180° 的角就是朝外，大于180° 的角就是朝里。

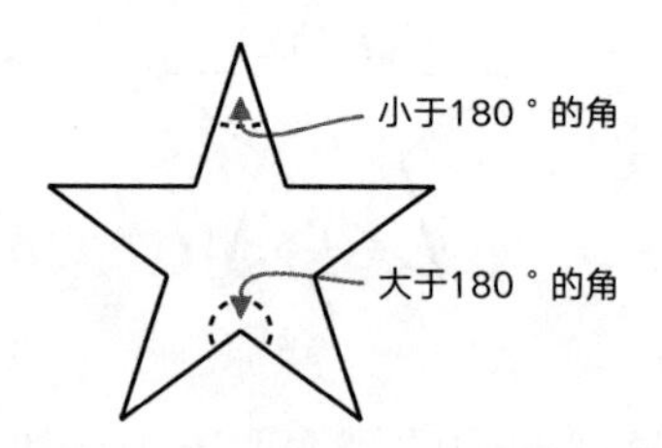

1　德博拉·斯通在她的书《计数》（*Counting*）中谈到了计数概念对社会的影响。

利用角的度数的确能判断一个角朝里还是朝外，而又不需要用到“朝里”“朝外”这样的描述。数学界还有另一种判断方法，那就是看你是否可以在图形内以直线路径从一条边抵达另一条边。对于一个朝外的角，我们可以直接从这个角的一条边到达另一条边，而且不会离开星星的内部。但是对一个朝内的角来说，它形成的原因就是“缺少”了一部分面积，这意味着要从这个角的一条边抵达另一条边必须走到星星的外部，穿过那部分缺少的面积。

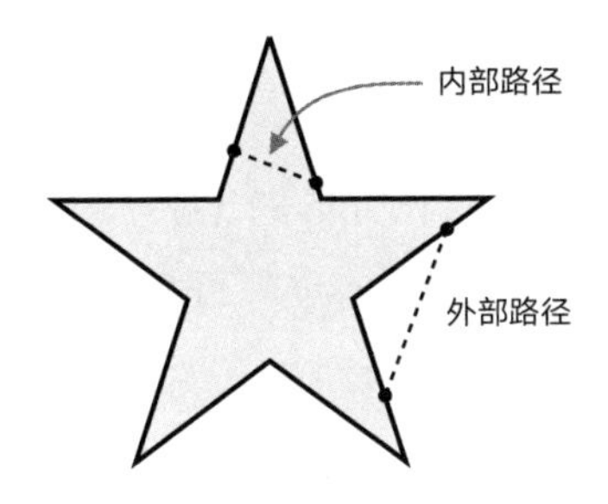

这就是数学里的凸图形和非凸图形理论。在凸图形中，连接任意两点的直线不会落到图形之外，如果连接两点的直线有任何一部分落到图形之外，它就不是凸图形。这个理论与我们对正多面体的思考有关，因为凸图形的完整定义也包括了凸多面体。多面体是由多边形构成的三维形状，而多边形是由直线边构成的二维形状。凸多面体没有凹陷的部分，更像球体，因此我们会利用它来模拟球体的形状。这类似于我们用多边形来模拟圆形，边数越多，它就越近似圆形。这时我们遇到了另一个问题，我在第 2 章提到过，就是有关圆形的边。

一个圆有几条边

一个圆是只有一条边，就是环绕一周的那条曲线？还是一条都没有，因为它没有直线边？还是有无数条极短的边？抑或以上数量之间的某个数？

从某种程度上说，以上回答都算正确，关键是我们如何来定义“边”。

我最近发现，芝加哥一家著名的比萨店制作八角形比萨。他们通常制作的比萨是长方形的，还有一个专门的名称，叫“底特律比萨”，但我相信意大利也有长方形的比萨。事实上，小时候我曾经吃过一次，那时还不懂名称的含义，只是被比萨的形状惊到了。(毫无疑问，意大利人也会被“底特律比萨”惊到。如果本书有机会被翻译成意大利语，我要对意大利翻译表示歉意。)

不管怎样，这种特殊的比萨都有酥脆的焦糖味饼边，有人专门爱吃它的脆角。长方形比萨的 4 个角显然不够食客享用，于是就出现了“八角形比萨”。当看到菜单上的这道菜品时我的大脑一片混乱，我迫切地想知道它究竟是什么样的。是八边形的比萨吗？但这样的话转角部分就不那么松脆了，因为角度很大。是八角星的形状吗？那么他们是不是只计算了朝外的角？

我怀着兴奋的心情开始探索这个问题，但完全没有猜出他们实际的做法：还是同样尺寸的比萨，只是切成两个较小的长方形分别烘烤，这样就出现了 8 个角。我不禁笑话自己用无谓的深奥数学理论把简单的问题搞复杂了。

但是我对八角形比萨的思考带出了一些重要的问题：它的确有更多的角，但是与正方形的角相比，它们更“尖”了吗？当然这取决于我们如何定义“尖”。如果它表示角的数量多少，那么角越多它就越尖。但是这个说法会带来意想不到的结果，你如果让一个图形有很多角，比如无穷多的角，它就跟圆差不多了，而圆根本不“尖”。这说明，暗示了“尖”的概念可能不是很绝对。

以上说法都不怎么严谨（尤其是有关无穷的部分），但是严谨的微积分理论就是以此为出发点的。我们已经讨论过多边形与圆形的近似，从这个意义上说，我们可以认为圆有无穷多条边，每条边的长度都无穷小。当然，严格来说并不是这样，圆依然是由平面上与圆心距离相等的点构成的图形，但是我们可以通过 n 边形的边长来计算圆的周长，然后看看当 n 趋于无穷大时会发生什么。严谨的方法是我们定义一个数字序列，第 n 项是正 n 边形的边长，然后我们取 n 趋于无穷大时的数列极限值。数字序列的极限在微积分中有完整的定义，但图形序列的极限没有。作为思考圆本身特征的一种方法，这也不正规，但是作为计算圆周长的一个方法，它绝对是严谨的。

实际上，这就是曲线长度的一般性定义。微积分从数字序列极限的概念出发，然后我们通过画直线得到曲线长度的一系列近似值。例如，我可以用这样一些直线来近似这条曲线：

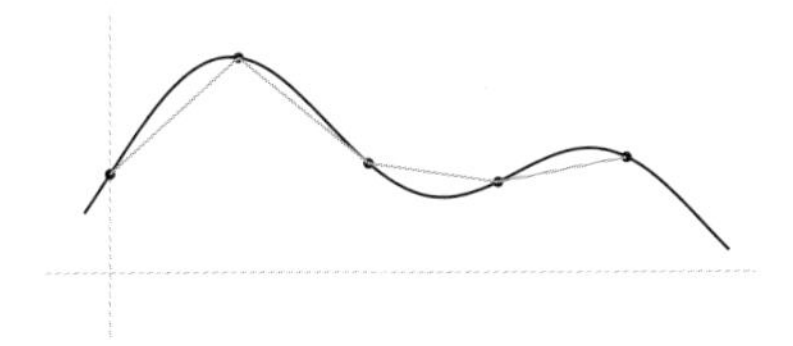

这算不上一个很好的近似，因为点与点之间的距离太远了。如果我加入更多的点，二者就会更为贴近，点越多相似性就越高。下图的 10 个点已经颇具说服力了：

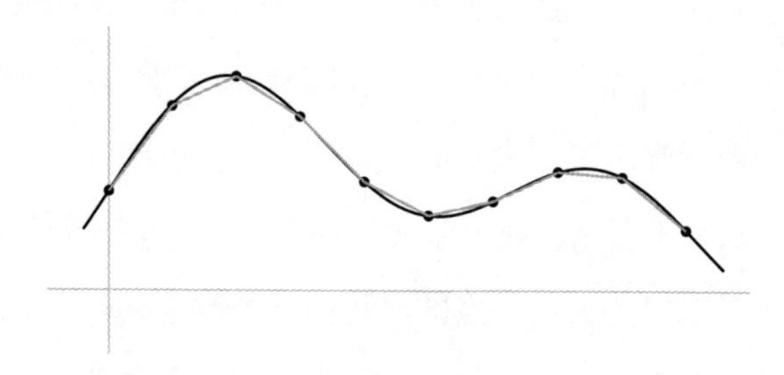

如果在两点之间再加入一个点，两个图形就几乎重合了，至少我已经看不出什么区别。

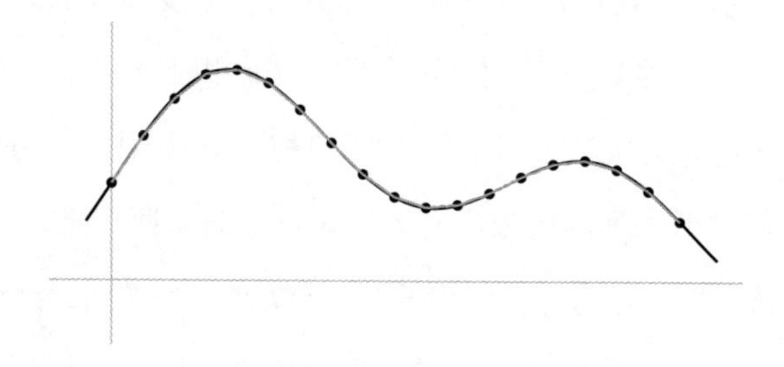

于是我们就得到了一个越来越精确的长度序列：序列中的第 n 项是由 n 个等长线段计算的长度。我们接下来可以看看当 n 趋于无穷大时，这个序列将是怎样的。这就是曲线长度的定义。

也许现在你已经相信，我们可以认为圆有无穷多条边，也可以说它只有一条边，如果我们把边视为一条没有拐角的路径。但我们还可以说它没有边，因为毕竟它不存在直线边。那么一个半圆有几条边呢？一条，因为它只有一条直线边？还是两条？说它只有一条边似乎有点儿奇怪，除非我们表明只考虑“直线边”。

我们该怎样定义“边”来给我们（也许）更直观的答案，即半圆有两条边？我们可以说边是连接两个角的一条线（可直可不直），半圆有两个角，因此就有两条边。下面这个形状只有一个角，因此它就只有一条边：

以此来看，圆就没有边了。

然而，在数学的某些领域里，我们可以说圆有任意多条边，因为它可以被分成任意多的部分。就如同我们经常说的“绕圈”，即使我们并非按照完美的圆形轨迹运动。在范畴论中，如果出现下面这样的箭头，我们也可以说箭头绕了一个圆圈。

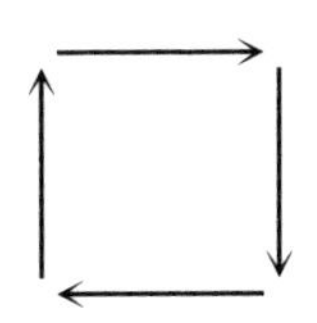

这就涉及拓扑学的一个概念：角不重要，直线还是曲线、线与线之间的夹角也不重要——真正重要的是某样东西有几个洞。如果我们只在意洞而不关心角，那么一个图形有几条边就完全无关紧要了，三角形的概念也随之烟消云散。在拓扑学的世界里，正方形与三角形、五边形、六边形，甚至圆形都是“一样的”，它们都被视为圆形，因为拓扑学不在乎角和曲线，只在乎洞。所以这样看来，一个圆可以有任意多条边。

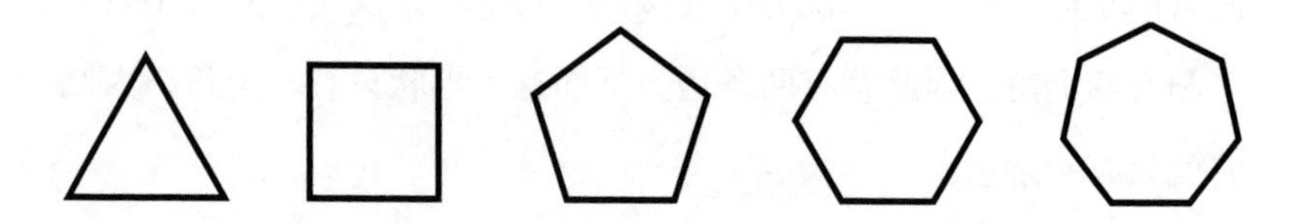

然而，下面的图形不是一个圆（我认为白色部分是空的，所以这个图形看起来像个皮带扣：一个圆环中间穿过一道横杠），因为它有两个洞。

这个图形让我想到互联网上一个颇具争议的话题，关于吸管。

一支吸管上有多少个洞

不断有学生向我提出这个问题，通常是因为互联网上出现了与之相关的讨论。一方面，我很高兴看到这个问题引起了人们的兴趣，另一方面我又有些担忧，就像讨论运算顺序的网络梗文，是不是又有些自以为是的人觉得别人都是傻瓜，无论对方提出什么观点都一概斥为愚蠢？

和往常一样，我对这个问题产生数学上的兴趣并不在于答案究竟是什么，因为从不同的角度出发能得到不同的正确答案。真正有趣的是，我们可以用不同的方式来思考洞以及吸管的问题。于是我们回到了计数的方法上：首先，什么才是可被统计在内的对象；其次，什么时候两个对象实际上是相同的。

我们可以说一根吸管有一个洞，或者有两个洞，或者有无穷多个洞，甚至还可以说它没有洞。最后一种说法或许令人茫然不解，但你可以想象用一根吸管喝饮料，结果吸不上来，这时你发现吸管上有一个洞。我的意思是说它本不该有这个洞，就如同你说衬衫上有个洞，尽管它原本就有几个洞，才能被人穿在身上。所以从这个意义上讲，一根功能健全的吸管不会"有一个洞"。

从另一个极端来看，我们或许可以说，一根（功能健全的）吸管是由相互间轻微接触的分子构成的，而分子之间的空隙就是洞。我们当然不能说这样的洞有无穷多个，因为组成一根吸管的分子并不是无穷多的，但这也是一个极其庞大的数字了。

现在让我们回到现实的争论上，也就是有人认为吸管只有一个洞（贯穿头尾），还有人认为有两个洞（位于两端）。

那么，如果我们封闭吸管的一端，它还有洞吗？这时候的吸管有点儿像一只袜子，袜子的顶部有洞吗？我个人觉得那只是袜子上的"开口"，算不上一个"洞"。但是当我们教孩子穿袜子的时候，我们或许会提醒他们拿起一只袜子，把脚伸进"洞"里。

沿袭以往的数学思想，我认为关键不在于判断哪个答案是正确的，而是要确定它们在何种意义上是正确的。如果觉得一根吸管只有一个洞，我们该怎样定义洞？同样，如果觉得一根吸管有两个洞，我们就必须采纳另一种洞的定义。那我们该怎么做呢？

拓扑学是专门研究形状的数学分支，它依据一种特定的“相同”理论判断哪些形状与另一些形状相同。它来自将一个东西逐渐变形为另一个东西的过程，就像我们摆弄一块培乐多彩泥。假设你能在不切断也不拼接的情况下，把一个用彩泥捏出来的物体变成另外一个物体，拓扑学就认为两个物体相同。这就产生了咖啡杯可以“等于”甜甜圈的说法，前提是咖啡杯有一个手柄，甜甜圈有一个洞。

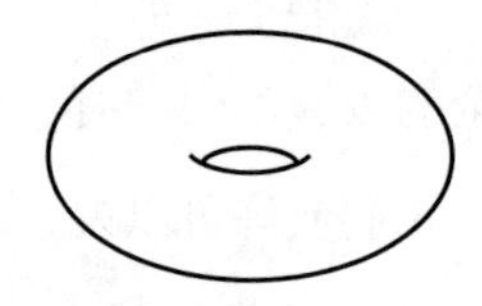

互联网上时常会出现这样的说法：

数学家认为甜甜圈和咖啡杯一样。
让他们把咖啡杯当早餐吃吧。

我猜这之所以能吸引眼球，是因为他们喜欢拿数学家来开玩笑，或许是针对数学家超凡脱俗的行为方式，或许是觉得数学家讨论的东西完全脱离实际生活。

这种说法在一定程度上假设你知道拓扑学里的这种等价概念，但同时你又（或许是有意的）不明白其中的含义。我们并不是说咖啡杯和甜甜圈是一模一样的东西，它们当然有所不同（最显著的差别是以现实生活为背景来观察），但是从某种意义上说，它们又是相同的，而这种令它们相同的背景能帮助我们深入理解形状的概念。咖啡杯只不过是一个具有说明性的例子，其根本思想在于培乐多彩泥甜甜圈有一个贯穿其中的洞。无论你怎样摆弄这块彩泥，只要不将其扯断（切断）或填上那个洞（拼接），你就无法将这个洞消除。当然，培乐多彩泥的例子比较模糊，不具备数学上的严谨性。严格的数学定义包含了很多专业性内容，但基本上利用了“连续变形”的概念。这意味着我们改变物体的形状必须以一种“连续性”的方式，即不能将其切断（也包括不能拼接，因为拼接就是切断的逆向操作）。

不管怎样，我们现在面对的问题都是在这种相同理论的框架下，判断哪些形状是彼此相同的，以及每个维度存在多少种可能的形状。中间有一个洞的甜甜圈等于一个有手柄的咖啡杯，但我们也可以把甜甜圈压扁，让它变成一个菠萝圈或垫片，或者用专业术语来说，变成一个“环”。

我们还可以拿起这个甜甜圈，把拇指插进洞里，用拇指和食指压扁它的侧壁。如果我们不停地挤压，甜甜圈最终会变成一个

圆筒。然后我们将其拉长，它就变成了一根吸管。从这个意义上看，吸管的确只有一个洞，就像一个菠萝圈（环）。同样，我们也可以想象吸管变得越来越短，直到变成一个圆圈，它的中间只有一个洞。

这只是拓扑学研究洞的方法之一。数学家一般不使用“洞”这个名称，因为我们发现它相当模糊。而且在某些情况下，我们的直觉并不喜欢拓扑学做出的解释。强烈的直觉告诉我们，袜子的开口就是一个洞，然而从拓扑学的角度来看，袜子就“等于”一块有边缘但没有洞的扁平材料。一条裤子呢？你或许觉得裤子有 3 个洞——两条裤腿，还有一个裤腰。但是拓扑学告诉我们，它只有两个洞：你可以想象用培乐多彩泥捏出一个有两个洞的甜甜圈，把两个洞向一个方向拉长就可以做成裤腿。

但强烈的直觉依然让我们不愿改口，裤腰也算一个洞，袜子的开口也算一个洞。如果想让这种说法成立，我们就必须转移到另一个层面上：如果我们放大物体的特定部位，它看起来就像一个表面，中间有一个洞。如果是吸管，那么它的两端各有一个洞，前提是我们把吸管更多地看成一个表面，而不是一个立体物。

这使我们更倾向于“流形理论”。“流形”是一个异常扭曲或复杂的表面，但只要我们将其放大到足够大，它的任何地方看起来都是平的。球体就是流形的一类，因为如果我们把它近距离放大，它看起来就是平的。这就是为什么我觉得人们一度相信地球是平的还是有一定道理的。当然，事到如今我肯定不会这么想，我们已经有太多的证据证明地球是一个（稍扁的）球体，包括来自外太空的照片。如果还想继续相信地球是平的，你就要想办法否定掉被无数人奉为真理的海量证据。当然，如果真理被推翻就不再是真理了。

不管怎样，甜甜圈的表面也是一个流形，叫“环面”。现在我们只考虑物体的表面（而非实心甜甜圈），它更像一根空心管被弯曲之后首尾相连。至于球体，我们也只是把它想象成一只气球，而非实心球。环面当中有一个“洞”，但是这个洞与众不同，它不是人们从物体的表面上切下来的，它是在没有破坏表面的情况下形成的。它没有边界，这在拓扑学中被称为“亏格”。球体的亏格为 0，环面的亏格为 1，我们可以在物体的表面创造出任意数量的亏格，就如同在一个甜甜圈上戳出很多洞，然后观察它的表面。

如果我们在环面上戳一个洞，它就变成了“有洞的环面”，尽管从某种程度上说环面本身就有一个洞。我们在表面上戳出的那个洞属于另一种类型的洞，数学上我们称其为“孔”，就像自行车轮胎上的充气孔。这个新的形状有一个孔，但我们认为它的亏格仍然是 1。

现在我们可以思考通过表面打孔的方式来制作一根吸管。我们必须在一个球体上戳出两个洞，然后将其拉直，所以从这个意义上看，吸管的确有两个洞。如果用一种颠覆性的方式来解释，这就像说圆也有两个洞：内部的洞和外部的洞。这有点儿像你在房子周围竖起一圈篱笆，然后声称你围住了全世界，只是把房子留在外面。

我略微倾向于“局部来看只有一个洞”的解释，数学也将其视为一个圆形边界。现在我们进入一个圆不必呈现出精确圆形的世界，因为拓扑学没有距离的概念。一根束发带不管缠绕了几圈，仍然被视为一个圆。因此袜子的开口是一个圆形边界，吸管两端的开口也都是圆形边界。

因此，在这种情况下，重要的是思考如何定义某些事物，并且能够在不同的视角之间转换，而不是停留在一个视角上。我们把一根吸管分别想象成一个预先设定的形状、一个分子的集合体、一个立体物、一个表面，那么它究竟有几个洞，每个角度都给出了不同的答案。或许，这些不同的答案也引领着我们用不同的角度来观察这根吸管。

从我的数学观点来看，数学中最有趣的问题是那些貌似简单、易于陈述但存在诸多可能答案的问题，这取决于我们当前想要关注什么，我们所处的环境，以及与环境相关的各类因素。数学不仅仅与数字和方程有关，它还与图形、模式、想法和论点有关。为了利用这些微妙的因素进行推理，我们不得不做出很多决定，包括我们将如何观察它们，如何处理它们，我们现在要考虑哪些因素，以后要考虑哪些因素。我们还要考虑哪些东西现在可被当成“在某种意义上是相同的”，也许之后我们会把另一些东西也当成“在某种意义上是相同的”。

确实，一旦选择了某一观点，我们在一段时间内就会沿着这条路走下去，以便推断出可靠的结论，就像我们决定了一个游戏的规则，然后就会按照这些规则来玩游戏一样。但是如果愿意，我们随时可以玩一个新的游戏，或者改变现有的规则。说数学没有原则是不对的，说数学亘古不变也是不对的。数学的关键、强大、美妙之处就在于它那强大的体系架构与灵活的视角观点之间微妙的相互作用。人体也是刚柔并济的结合体，我们有一副惊人的骨架，它让我们仅凭双脚就能直立。但是在这副骨架中，我们有大约 200 块骨头、360 个关节、600 块肌肉和 4 000 根肌腱，这让我们能做出无数种动作。我们可以跑、跳、攀、爬、唱歌、跳舞、微笑。这也是数学所能做到的。如果只关注数学核心理论中的逻辑规则，我们就只会看到它那僵化的一面，我们会错过它的规则所带来的充满活力的歌曲和令人叹为观止的舞蹈。

数学是真实的吗？

正如我们在本书中提到的所有问题（也可能是生活中的一切问题）一样，它取决于我们想要表达的意思。什么是真实的？真实又是什么？所有的东西都是真实的吗？

我在第 1 章提到，成年人通常不相信圣诞老人是“真实的”，但是我相信圣诞老人的概念是真实的，而且对我们的世界产生了真实的影响。作为一个抽象概念，它就是真实的。

在这个意义上，数学也是真实的。数学并非触手可及的实体，但是也有很多其他真实的东西，我们同样看不见摸不着。有时出于物理形态的原因，比如地球的核心或我们自己大脑的内部，还有一些原因在于它们是抽象的，比如爱情、饥饿、人口密度、贪婪、悲伤、善良、欢乐。

对于几乎所有的问题，我都更倾向于思考不同答案在何种意义上是有效的。在某种意义上，数学不是真实的，在另一种意义上，数学又是真实的。还有一个更深层次的问题潜伏其中：不管数学是不是真实的，它到底是好还是不好呢？

数学是一种思想，思想是真实的，所以数学也是真实的。这很好，因为如果数学不是真实的存在，我们就是在学习一些不存在的东西，这毫无意义。

但是从另一种意义上讲，如果我们把“真实”定义为触手可及的具体事物而不包括我们在大脑中创造的思想，那么数学就是不真实的。但总的来说这也很好，尽管这层意思给数学赋予了无比艰难、很难接近的色彩。数学的力量恰恰源自它的非实体存在。抽象思想让我们能够构建起强大的理论框架，为逻辑论证打下坚实的理论基础。抽象思想也能让我们保持观点的灵活性，在不同的背景下统一不同范围的概念，穿梭在不同的环境之间，获取对事物更深层次的理解。抽象让我们既能站稳脚跟又能翩翩起舞。抽象也使我们能够从一个天真幼稚的问题出发，编织出多姿多彩的故事，就像一名作家从一句话开始创作出波澜壮阔的故事情节。数学是直觉与严密论证之间的持续互动：我们用严谨来改进我们的直觉，用直觉来引导我们的严谨。

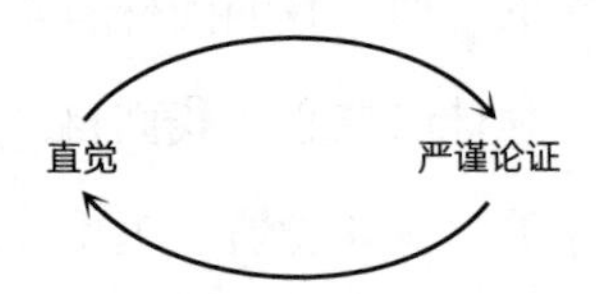

天真的问题源自好奇和疑惑的心理，带有诚恳和坦诚的色彩，它们都是最好的问题。数学最美妙、强大，同时也是最神秘之处，就在于即使简单的问题也能激发强大的数学思想。这让数学教学工作变得非常令人不安，但也非常有益，因为我们可以从这些问题出发，踏上漫长而精彩的旅程，最终了解客观、具体的世界。

我希望我们能张开双臂欢迎这类问题，无论是积极提出问题还是勇敢接受问题，无论我们的身份是教师还是学生，是父母还是孩子，是数学家还是非专业人士。我希望教师、父母和数学家积极鼓励大家提出那些貌似天真但难以回答的问题，尤其是当你不知道该如何回答的时候。我希望我们都能学会用孩子般的心态接近数学，既不要求自己无所不知也不期望他人全知全能。相反，我们应当把每一个不理解的时刻都当作拓展自己和他人思维的大好机会。

我希望我们能把数学当成一个提出问题、探索答案的地方，而不是一个答案是固定的、我们应该知道它们的地方。因此，我希望我们能重新思考哪些事情值得赞扬，不要过分推崇能很快回答很多问题的人，要多关注那些追随自身的好奇心，走上一条崎岖坎坷、不知通向何方道路的人，就像在乡间的小路上安静地散步，而不是开着跑车冲向终点。

至关重要的是，我希望我们能给教育工作者更多的空间，让他们把这样的数学带给各个年龄段的学生。如果我们连最天真、最美妙的问题都无法回答，教育也就无从谈起。

最具天真色彩的问题之一，就是我们为什么要学习数学。直截了当的回答是我们要寻找现实应用的机会，让数学具体、准确地回答“现实世界”中的问题。但我希望我们也能认识到数学不那么具体但更广泛的目的，那就是帮助我们更清晰地思考一切。

如果数学明显的非现实特征令人望而却步，一个补救的方法就是用不那么抽象的方式来呈现它。但这样做必然会削弱它的力量，无法展示它的真实本质，从而让那些更愿意追求梦想和可能性而不在乎实用工具的人失去兴趣。另一个补救的方法是用更加引人入胜的方式呈现抽象的概念，鼓励梦想，展现数学强大的力量和无限的可能性。

如果某些人不喜欢阅读小说类的作品，那么他们有可能更喜欢非虚构类的作品，比如人物传记和纪实文学。但也有可能他们只是还没有找到吸引他们的小说。我既喜欢虚构类也喜欢非虚构类作品。小说是真实的吗？它的情节可能不是在现实世界中发生的，但它对世界的洞察是真实的。对于债务累积这个问题，我从《包法利夫人》这本书中学到了生动的一课，远非研究复利所能比。阅读简·奥斯汀的书也比研究统计数字让我更深刻地认识到性别不平等的现象。

数学是真实的吗？抽象数学中的概念可能不是现实世界的一部分，但这些想法和其他想法一样真实，正如我们从小说中获取的对现实世界的认知也是真实的。

更重要的是，不管我们认为数学真实与否，它都是让人兴奋的、神秘的、灵活多变的、令人敬畏的、不可思议的、给人以满足感的、令人振奋的、令人感到安慰的、美妙的、强大的、有启发性的。遗憾的是，依然有人试图把我们排斥在外，他们守护着一扇本不该存在的大门。但通往抽象数学这个辉煌梦想世界的道路还有很多条，我相信我们终将携起手来，走上那些风景优美的道路，同时拆除那扇大门，扫除所有的障碍。数学就在那里，静静地等待着那些想要投入其怀抱、充满好奇心和想象力、心怀梦想、善于提出问题的人。

致谢

本书是在全球和我个人遭受前所未有的创伤时写成的，我要感谢在我生命中这段非常糟糕的时期帮助我继续前行的每个人。也许有一天我会写更多关于这方面的文章。流产是可怕的，创伤性流产更糟糕，而当它导致“非自愿无子女”时，那是一种无法用言语表述的复合性创伤。

首先，我要感谢我的心理医生艾莎·卡齐博士，在卡齐的帮助下，我终于能度过不流眼泪的一天。这件事依然只占我生活的一小部分，但事实上，它是一个巨大的胜利。

感谢 Profile 出版社的安德鲁·富兰克林和美国 Basic 出版社的拉腊·海默特的理解与支持。

感谢我的家人。

感谢西北纪念医院挽救了我的生命。

除此之外，我还要感谢很多朋友。我无法写出所有人的名字，因为每次想到你们我都忍不住泪流满面。我相信你们会理解的。